Friedrich von Bernhardi

Unsere Kavallerie im nächsten Kriege

Friedrich von Bernhardi

Unsere Kavallerie im nächsten Kriege

ISBN/EAN: 9783741192975

Hergestellt in Europa, USA, Kanada, Australien, Japan

Cover: Foto ©Andreas Hilbeck / pixelio.de

Manufactured and distributed by brebook publishing software
(www.brebook.com)

Friedrich von Bernhardi

Unsere Kavallerie im nächsten Kriege

Unsere Kavallerie
im nächsten Kriege.

Betrachtungen
über
ihre Verwendung, Organisation und Ausbildung

von

Friedrich v. Bernhardi,
Oberst und Abtheilungs-Chef im Großen Generalstab.

Berlin 1899.
Ernst Siegfried Mittler und Sohn
Königliche Hofbuchhandlung
Kochstraße 68—71.

Vorwort.

Zu der deutschen Armee wird im Laufe des Ausbildungsjahres eine Summe von Arbeit geleistet, von deren Umfang sich der außerhalb stehende Laie wohl kaum einen Begriff macht. Das überall rege Bewußtsein der Anforderungen, die eine vielleicht nahe Zukunft an uns stellen kann, und die Wahrnehmung, daß die Mittel, mit denen wir zu arbeiten gezwungen sind, nicht überall mit dem Wünschenswerthen übereinstimmen, spornen zur Anspannung aller Kräfte an, und ich glaube nicht fehl zu geben, wenn ich hinzufüge, daß diese Arbeit in der Kavallerie unter dem Zwange der Verhältnisse vielleicht am intensivsten betrieben wird. Das liegt an der Vielseitigkeit des Reiterdienstes.

Ob das Ziel solcher Anstrengungen dabei überall erreicht wird, muß trotzdem dahingestellt bleiben. Jede übermäßig lange Friedensperiode birgt die Gefahr, daß die Ausbildung mehr oder weniger auf Abwege geräth, in Aeußerlichkeiten aufgeht und über wechselnden Ansichten und Urtheilen Einzelner das wirklich Kriegsgemäße aus den Augen verliert.

Diese Gefahr liegt um so näher, je rascher sich Form und Charakter des Krieges selbst verändern und damit immer von Neuem sich ändernde Anforderungen auch an die Truppe stellen, über deren Tragweite sich klar zu werden für den mitten im Einerlei des Friedensdienstes Stehenden nicht immer leicht ist.

Es erscheint demnach gerade in einer Zeit wie der unsrigen, in der veränderte soziale Bedingungen und immer sich steigernde technische Erfindungen den nachhaltigsten Einfluß auf die äußeren Verhältnisse und

Bedingungen der Kriegführung ausüben und dieselben in steter Wandelung erhalten, dringend geboten, die Ziele der Friedensausbildung immer von Neuem mit den voraussichtlichen Anforderungen des Krieges zu vergleichen und diesen immer von Neuem anzupassen. Doch darf man diese Anforderungen nicht nur im Einzelnen ins Auge fassen: man muß vielmehr trachten sie in ihrer Gesammtheit zu überschauen und in ihren wechselseitigen Beziehungen zu erkennen.

Wer die einzelnen Dinge immer nur an und für sich betreibt, der verliert leicht den Maßstab für ihren relativen Werth und läuft Gefahr das Wesentliche über dem Nebensächlichen zu vergessen. — Nur wer sich gewöhnt das Einzelne stets im Zusammenhange mit allen bedingenden Verhältnissen und den letzten Zwecken zu betrachten, wird diese Gefahr vermeiden. Nur ihm offenbar kann es gelingen das Einzelne in harmonische Uebereinstimmung mit der Gesammtheit des Erstrebten zu bringen und — indem er das Wesentliche scharf im Auge behält — das Nebensächliche auch wirklich nebensächlich zu behandeln.

Aus diesem Gesichtspunkt heraus ist die vorliegende Arbeit erwachsen.

Indem ich mir überall volle und klare Rechenschaft zu geben strebte, worauf es bei den einzelnen Zweigen der Ausbildung wesentlich ankommt, welche Wichtigkeit, welche Zeit und Kraft dem Einzelnen zugemessen werden dürfe, wie weit das Hergebrachte, Gewohnte annoch berechtigt oder der Weiterentwickelung und Läuterung bedürftig sei, wurde ich immer wieder darauf geführt den Maßstab hierfür in den Anforderungen des Krieges selbst zu suchen.

So stellt die vorliegende Studie einen Versuch dar, die Aufgaben der Kavallerie, wie sie ein zukünftiger Krieg mit sich bringen muß, in großen Zügen zu veranschaulichen und aus ihnen heraus die Anforderungen einer rationellen Organisation und Ausbildung logisch zu entwickeln.

Wer sich die Aufgaben unserer Waffe anders vorstellt als ich, wird demnach auch zu anderen Resultaten für die Werthe der Friedensausbildung gelangen. Auch will ich keineswegs etwa meine Ansichten als irgend maßgebend hinstellen, wenn ich auch bestrebt war, sie mir ohne vorgefaßte Meinungen objektiv zu gestalten.

Immerhin dürften die Fragen, die hierbei zur Erwägung gestellt werden, nicht nur von allgemeinem militärischen Interesse sondern auch von nicht zu unterschätzender militärischer Wichtigkeit sein, so daß sie einer mehrseitigen Beleuchtung werth erscheinen. Lediglich von diesem Gesichtspunkte aus habe ich es für zweckmäßig gehalten diese Blätter, die ihre Entstehung einem individuellen praktischen Bedürfniß verdanken, das sich mir bei meinen dienstlichen Obliegenheiten aufdrängte, allen denen zugänglich zu machen, denen eine gesunde, den Zeitforderungen entsprechende Entwickelung der Kavallerie am Herzen liegt und nothwendig erscheint.

Berlin, im März 1899.

Der Verfasser.

Inhaltsverzeichniß.

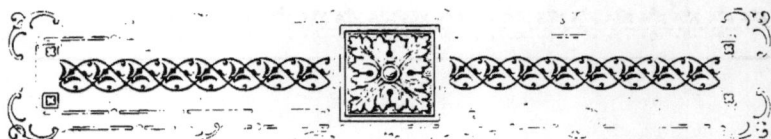

I.

Verwendung und Führung.

1. Einfluß der modernen Kriegsverhältnisse auf Thätigkeit und Bedeutung der Kavallerie.

Gewaltige Veränderungen und Umwälzungen sind seit der Zeit des deutsch-französischen Krieges auf fast allen Gebieten der Kriegskunst eingetreten.

Die Bedingungen des kriegerischen Handelns erscheinen fast in jeder Richtung verändert.

Die Waffentechnik hat einen Aufschwung genommen, der uns zwingt heute mit Wirkungen zu rechnen, an die noch vor wenigen Jahren gar nicht zu denken war, für die uns die Vergangenheit nirgends einen Maßstab bietet.

Die überall eingeführte allgemeine Wehrpflicht und die damit zusammenhängende Verkürzung der Dienstzeit hat den Charakter der Armeen verändert.

Ueberall erscheint das Typische stehender Heere bei den Feldformationen mehr oder weniger verwischt. Zahlreiche Neuformationen bilden sich beim Beginn des Krieges.

Mit der Aufstellung dieser letzteren im Mobilmachungsfalle und der Verkürzung der Dienstzeit steht eine Herabsetzung des Durchschnittswerthes der Truppe naturgemäß in engem Zusammenhange. Die Massen dagegen sind schier ins Unermeßliche gestiegen — die „folie du nombre" ist kein leerer Begriff.

Indem diese Aenderungen sich vollzogen, war es unausbleiblich, daß schon die Kriegsvorbereitung die Nationen selbst mehr und mehr in ihren Tiefen erregte, und es steht zu erwarten, daß in Zukunft, überall wo Kulturvölker des Festlandes mit den Waffen aufeinander stoßen, der Operationskrieg der Armeen zugleich einen Volks= und Massenkrieg entfesseln wird.

Der gewaltige Ausbau des europäischen Eisenbahnnetzes ferner hat alle Bedingungen der operativen Bewegungen verändert. Einerseits erscheint die Bewegungsschnelligkeit in der Richtung der Bahnen gegen 1870/71 durch Zahl und Beschaffenheit der durchgehenden Linien, wohl in allen Staaten wesentlich erhöht, andererseits aber sind auch die Heere durch das Eisenbahnnetz in der vielfachsten Weise gebunden. Dampf= kraft und Elektrizität werden möglicherweise noch weitere umfassende Neuerungen für deren rückwärtige Verbindungen ermöglichen und nothwendig machen.

So erscheinen alle operativen Verhältnisse verändert.

Die Massen bedingen selbst für die reichsten Kriegsschauplätze die Rückkehr zum Magazinsystem; die rückwärtigen Verbindungen ge= winnen damit eine erhöhte Bedeutung und Empfindlichkeit.

Die gesteigerte Waffenwirkung andererseits kommt zunächst und unmittelbar der lokalen Vertheidigung zu Gute. Der direkte Angriff starker Stellungen hat an Chancen unendlich eingebüßt.

Der Angreifer, der frontal nicht mehr zum Siege gelangen kann, wird gezwungen zu umgehen und auf die Verbindungen des Gegners zu drücken. Er muß bestrebt sein — wie Friedrich der Große sagen würde — den Gegner „außerhalb seines Postens" zum Kampfe zu zwingen. Die gesteigerte Wichtigkeit der Verbindungen andererseits, die besonders in bereits ausgesogenen Landstrichen zu Tage treten wird, zwingt zu deren energischer Vertheidigung.

Alle diese Verhältnisse zusammen genommen müssen nothwendig das operative Element in den Kriegen der Zukunft in einer Weise steigern, von der man sich, meiner Ueberzeugung nach, im Allgemeinen kaum einen zureichenden Begriff macht. Diese Wahrheit werden wir anerkennen müssen, so sehr man sich auch auf Grund der vielfach ein= seitigen Erfahrungen von 1870/71 und der — durch die größeren Massen und das starre Eisenbahnnetz gesteigerten — Schwierigkeit alles Operirens gegen dieselbe sträuben mag. Die Ueberlegenheit der Operative wird neben der Leistungsfähigkeit der Truppen der ent= scheidende Faktor des Krieges werden.

Diesem ganzen, gewaltigen Umschwung aller Verhältnisse gegenüber nun, unter dessen Wucht die Artillerie zu ganz neuer Entwickelung sich aufschwang, die Infanterie sich — ob zu ihrem Vortheil muß dahin gestellt bleiben — in ihrer ganzen Zusammensetzung veränderte, hat in der Kavallerie eine der Größe der Verhältnisse auch nur einigermaßen entsprechende Entwickelung überhaupt nicht stattgefunden.

Artillerie und Infanterie haben sich zum Volksheer ausgestaltet und besitzen in der Masse der Nation bezw. ihrer militärisch aus gebildeten Mannschaften eine fast unerschöpfliche Reserve zu steter Er neuerung. Die Kavallerie ist eine stehende Truppe geblieben — wie sie das ihrer Eigenthümlichkeit nach stets bleiben muß — die auf Er neuerung während eines Krieges, auf Ersatz, kaum zu rechnen hat. Trotzdem aber hat sich das Stärkeverhältniß der Reiterei zu den anderen Waffen bei allen europäischen Heeren — bei dem einen mehr, bei dem anderen weniger — bei allen aber in außerordentlichem Grade zu Ungunsten der Kavallerie verschoben. Faßt man die mobilen Armeen ins Auge, so bildet die Kavallerie zahlenmäßig nur noch einen fast verschwindend geringen Faktor unter der Masse der aufgebotenen Legionen. Dies erweisen am klarsten folgende für die deutschen Ver= hältnisse geltenden Zahlen:

1870	1898
422 Bataillone,	624 Bataillone,
252 Batterien (1512 Geschütze),	500 Batterien (3000 Geschütze),
366 Eskadrons.	378 Eskadrons.*)

Im Mobilmachungsfalle verschieben sich diese Stärken noch er heblich mehr zu Ungunsten der Kavallerie wegen der vielen Reserve-, Landwehr= und Ersatz=Formationen der Infanterie und Artillerie.

Dann aber kommt noch ein Anderes in Betracht.

Allerdings hat auch in der Kavallerie eine rege Reformthätigkeit geherrscht.

*) Anm. Bei diesen Zahlen sind die, durch die Militär=Vorlage von 1898 vorgeschlagenen Veränderungen noch nicht berücksichtigt. Sie bedeuten eine abermalige Verschiebung zu Ungunsten der Kavallerie.

Auf Grund der Erfahrungen, die die großen Kriege der letzten
35 Jahre brachten — auch den amerikanischen Sezessionskrieg rechne
ich noch in diese Kategorie — hat man Verbesserungen der Taktik
und der Ausrüstung in den verschiedensten Richtungen vorgenommen.
Die Nothwendigkeit und Möglichkeit strategischer Aufklärung durch
selbständige Kavalleriemassen wurde erkannt.   Die Ueberzeugung wurde
gewonnen, daß nur die Ausrüstung mit einer tüchtigen Feuerwaffe und die Zutheilung reitender Artillerie dieselben befähigen könne
ihrer Aufgabe zu genügen. Zu gleichen und ähnlichen Zwecken wurden
der Reiterei die Mittel gewährt Eisenbahnen und Telegraphen zu
zerstören, Flüsse zu übersetzen und dergleichen mehr. Die Einsicht
wurde gewonnen, daß die Kavallerie gewohnter taktischer Formen auch
für die Massenverwendung bedürfte, wenn sie überhaupt mit Aussicht
auf Erfolg sollte kämpfen können.

Alles aber, was man auf Grund solcher Ueberzeugungen gebessert
und eingeführt hat, ist in vielen Richtungen unzulänglich geblieben.
Einerseits konnten die eingeführten Neuerungen die entscheidenden Umwälzungen, die gerade die letzten Jahre brachten, noch nicht in
Betracht ziehen und erscheinen daher mehrfach von der Zeit überholt;
andererseits aber dürfen wir auch nicht vergessen, daß weder die
preußische Kavallerie 1870/71 in Frankreich, noch auch die russische im
Kampf gegen die Türken 1877/78 einen auch nur einigermaßen eben-
bürtigen kavalleristischen Gegner zu bekämpfen hatte. Auch die großen
Erfolge der amerikanischen Kavallerie beider Parteien sind im Allgemeinen unter Umständen erreicht worden, unter denen eine nach Zahl
oder Tüchtigkeit ebenbürtige Reiterei noch nicht bezw. nicht mehr zu
bekämpfen war. Man konnte daher meist nur auf Grund recht ein-
seitiger Erfahrungen vorgehen, die schon jetzt nicht mehr als durchweg
maßgebend anerkannt werden können. In Zukunft wird schon die bloße
Möglichkeit von Ergebnissen blutig erkämpft werden müssen, wie sie
z. B. 1870/71, wenn auch nicht mühelos, so doch meistens ohne Gefährdung durch einen kavalleristischen Gegner erreicht wurden. Es bedarf
wohl keines besonderen Nachweises, welche Gesammtsumme von Schwierigkeiten in dieser einen Nothwendigkeit eingeschlossen ist, wie mit ihr sich
alle Bedingungen des Handelns verändern müssen.

So sieht sich die Kavallerie überall neuen Kampf- und Thätig
keitsbedingungen gegenübergestellt, für welche sie in der Vergangenheit nur
sehr allgemeine Anknüpfungspunkte findet.

Will sie sich als Waffe behaupten und Dem genügen, was man auch
unter den neuen Bedingungen von ihr erwarten muß und zu fordern
gezwungen ist, so muß sie in den verschiedensten Richtungen mit den
Ergebnissen früherer Erfahrung brechen und sich Gesetze des Handelns vor
schreiben, die im Wesentlichen aus den wahrscheinlichen Verhältnissen des
Zukunftskrieges hergeleitet werden müssen. Jeder epochemachende
Krieg schafft sich eben seine eigenen Bedingungen und
Forderungen, und nur dem blüht die Palme des Erfolges,
der diesen Bedingungen zu entsprechen und diesen Forde
rungen gerecht zu werden vermag, weil er in weiser Voraus=
sicht sich im Frieden auf dieselben vorbereitete.

Wollen wir uns demnach von den Zukunftsaufgaben der Kavallerie
ein einigermaßen zutreffendes Bild schaffen, so müssen wir uns zunächst
die Frage vorlegen, welchen Einfluß die veränderten Gesammtverhält
nisse des Krieges auf die mögliche Thätigkeit derselben ausüben werden.
Erst hieraus lassen sich die Anforderungen an die Waffe im Besonderen
entwickeln, und diese Anforderungen geben dann den Maßstab für ihre
Verwendung, ihre Organisation und ihre Ausbildung.

Faßt man die Gesammtheit aller Veränderungen in den bedingen
den Verhältnissen des Krieges ins Auge und vergleicht hiermit dann,
was Kavallerie überhaupt ihrem Wesen nach zu leisten im Stande ist,
so gewinnt es zunächst den Anschein, als ob jede Bethätigung der be
rittenen Waffe in hohem Grade erschwert und beschränkt sei.

Das gilt in erster Linie für den Kampf gegen die erhöhte Wir
kung der Feuerwaffen. Allerdings ist die Geschoßwirkung des modernen
Infanteriegewehrs unter Umständen eine wenigstens momentan ge
ringere als früher. Es sind Fälle bekannt, wo selbst schwere Ver
wundungen den Betroffenen erst nach längerer Zeit kampfunfähig
machten, und es ist daher anzunehmen, daß zahlreiche Pferde sich auch
durch schwere Verwundung in der Attacke nicht werden aufhalten lassen,
und erst zusammenbrechen, nachdem sie das Attackenziel erreichten. Diesem
Uebelstande kann jedoch die Infanterie durch frühere Feuereröffnung

begegnen; für die Artillerie trifft er so wie so nicht zu — und ist überhaupt wohl kaum so schwerwiegender Art, daß er die übrigen Vortheile der neuen Waffen irgend paralysiren könnte. Indem die Verlustzonen sich ganz wesentlich erweitert haben, indem innerhalb dieser Zonen die Bestreichung des Raumes in einer Weise an Intensität gewonnen hat, die bisher kaum geahnt werden konnte, ist es zur Unmöglichkeit geworden direct bestrichene Räume zu durchreiten. Die Kavallerie ist damit im Wesentlichen aus ihrem bisherigen Schlacht und Ehrenfelde der Ebene so gut wie verdrängt und gezwungen, den Schutz des Geländes in Anspruch zu nehmen, um ihre Waffenwirkung an den feuernden Gegner heranzutragen. Nur noch unter ganz besonders günstigen Umständen wird man über das Blachfeld attaciren können. Beobachtung und Aufklärung erscheinen ferner durch die Feuerwaffen wesentlich erschwert. Denn einerseits muß man weiter als bisher vom Gegner abbleiben und kann demnach Stärke und Verhalten desselben weniger sicher beurtheilen, andererseits zwingt die Verwendung rauchschwachen Pulvers, das die Stellung des Schießenden nicht mehr verräth, doch wieder zu eingebender Untersuchung des Geländes.

Aeußerst erschwerend muß ferner für jede Thätigkeit der Kavallerie außerhalb des Schlachtfeldes, sobald sie in Feindesland vor sich geht, die Betheiligung des Volkes am Kriege wirken. Es wird hiermit besonders für die Offensive ein durchgehendes Element der Gefahr und der Behinderung geschaffen, das in bedecktem Gelände genügend erscheint, die Patrouillenthätigkeit geradezu lahm zu legen. Schon der zweite Theil des deutsch-französischen Krieges hat uns einen Vorgeschmack hiervon gewährt. Doch ist wohl mit Bestimmtheit anzunehmen, daß dieses Element in Zukunft an Intensität der Wirksamkeit noch wesentlich zunehmen wird.

Endlich fällt zu Ungunsten der Kavallerie das Zahlenverhältniß schwer ins Gewicht, in dem sie sich zu den anderen Waffen befinden wird. Die größeren Massen dieser letzteren umfassen größere Räume. Sowohl sie zu decken als sie zu erkunden muß daher die Kavallerie weit größere Raumzonen umspannen als bisher, ohne daß sie numerisch dieser gesteigerten Aufgabe entsprechend vermehrt worden wäre. Auf gleiche Räume wird sie im Durchschnitt nur sehr viel geringere Kräfte, weniger Patrouillen rc. einsetzen können als früher. Auch taktisch kommt das Zahlenverhältniß zum Ausdruck. Kommt die Truppe zum Eingreifen ins Gefecht, so befindet sie sich außer verbesserten Feuerwaffen auch noch relativ zahlreicheren Truppen gegenüber als bisher. Jeder von ihr erzielte taktische Erfolg fällt daher weit weniger ins Gewicht als früher, da der betroffene gegnerische Theil eben nur einen viel geringeren Bruchtheil von dessen Gesammtmacht darstellt. Wird von einer zehn Armeekorps starken Armee eine Infanterie-Brigade niedergeritten, so ist der Erfolg eben nicht entfernt so wichtig, als wenn diese Brigade zu einer Armee von zwei oder drei Armeekorps gehört.

Sind in diesen Verhältnissen ganz offenbar Faktoren gegeben, welche die bisherige Gefechtsbedeutung der Reiterei ganz wesentlich heruntersetzen und ihre möglichen strategischen Aufgaben in hohem Grade erschweren müssen, so zeigen sich doch andererseits, allerdings weniger in die Augen springend, in den voraussichtlichen Erscheinungen eines zukünftigen Krieges auch Momente, welche die Bedeutung der Kavallerie gegen früher erhöht erscheinen lassen, ihr ein erweitertes Gebiet der Thätigkeit zuweisen und ihr sogar für ihre Schlachtenarbeit neue Chancen des Erfolges eröffnen. Es erscheint erforderlich, diese Momente besonders scharf ins Auge zu fassen.

Je höher die Spannungen im Kriege, desto wichtiger, desto entscheidender ihre taktischen Entladungen. Wie nun alle europäischen Staaten mit äußerster Kraftanspannung bestrebt sind möglichst große Massen in erster Linie zu verwenden und dem Gegner in Aufmarsch und Entwickelung einen Vortheil abzugewinnen, wie dadurch die Spannung gleich zu Beginn eines Krieges aufs Aeußerste gesteigert werden muß, so muß es als zweifelloses bezeichnet werden, daß die ersten großen Waffenentscheidungen von ganz überwiegender Wichtigkeit sein werden. Nicht nur absolut sondern auch relativ größere Truppenmassen werden sich auf einmal in Sieg oder Niederlage verwickelt finden. — Der Rückschlag nach der einen oder anderen Richtung muß bei dem durchschnittlichen Minderwerth der Truppen, ihrer größeren absoluten Masse, der gesteigerten Schwierigkeit ihrer Bewegung und der Empfindlichkeit bezw. Belastung ihrer rückwärtigen Verbindungen noch viel größer, viel gewaltiger sich gestalten als bisher unter gleichen taktischen Ergebnissen. Je bedeutender nun aber voraussichtlich eine Entscheidung ist, je schwieriger es bei wachsenden Massen ist einmal eingeleiteten Operationen eine neue Richtung bezw. einen veränderten Zweck zu geben, je weniger man Anordnungen ändern kann, welche vielleicht auf Grund falscher Voraussetzungen getroffen wurden, desto mehr wächst der Werth einer ausgiebigen und genauen Auf klärung. Gilt das für die ersten großen Entscheidungen in besonderem Maße, so bleibt dieses Gesetz in gewissem Grade auch für alle anderen zukünftigen Operationen in Geltung. Denn einerseits läßt es sich voraussehen, daß auch in den späteren Stadien die Kriege mit ver hältnißmäßig großen Massen geführt werden, andererseits ist, wie wir sahen, die Bedeutung des operativen Elements überhaupt gewachsen, und damit wächst an und für sich der Werth der Aufklärung.

Ebenso wächst aber auch der Werth der Verschleierung. Ist der Angreifer auf Umgebungen und Ueberraschungen, die Vertheidigung auf rechtzeitige Frontveränderung und unvermutheten Gegenstoß an gewiesen, so wächst für beide die Rothwendigkeit nicht nur rechtzeitiger Aufklärung der gegnerischen, sondern auch — um das Moment der Ueberraschung sicher zu stellen — zuverlässiger Verschleierung der eigenen Maßnahmen. D. h. also: strategische Aufklärung und Ver schleierung durch die Kavallerie erscheinen einerseits durch die Verhältnisse der Zukunft erheblich erschwert, haben aber anderer seits ganz wesentlich gegen früher an Bedeutung gewonnen.

Wie in dieser Richtung der Werth der Kavallerie gesteigert er scheint, so eröffnet sich ihr auch in der Wichtigkeit der rückwärtigen Ver bindungen und der Eisenbahnen ein neues wichtiges Feld gesteigerter Thätigkeit. Je schwieriger sich mit Massen auf der einen Seite offensive Flankenoperationen, auf der anderen Frontveränderungen oder Gegen offensive — gerade mit Rücksicht auf die Komplizirtheit und hohe Be lastung der rückwärtigen Verbindungen gestalten, die zum Ueber fluß auch noch durch die Eisenbahnlinien in hohem Grade gebunden und also schwer zu verlegen sind, je leichter ein Stocken im Nachschub von Munition und Proviant, die Unterbrechung einer wichtigen Eisen bahnlinie die vielleicht auch zum Truppentransport benutzt wird — nachtheilig oder gar entscheidend auf die Operation selbst einwirken kann, je mehr das Festhalten gewisser Landstriche bei der Größe der

Armeen von dem für dieselben nötbigen Nachschub abhängt, desto mehr steigen Unternehmungen gegen die feindlichen Ver= bindungen an strategischem Werth. Die Kavallerie sieht sich also hier vor eine Aufgabe gestellt, in deren Lösung sie in neuer Weise zu entscheidender Bedeutung gelangen kann.

Ist somit ihre relative Wichtigkeit für die Zeit der Operationen offenbar wesentlich gestiegen, so bieten auch die Zeiten der Konzen tration zum Kampfe — trotzdem der absolute Gefechtswerth der Reiterei gegen die Feuerwaffen sich verminderte — doch bei genauer Prüfung Momente, die unter Umständen erhöhte Erfolge in Aus= sicht stellen.

Aus je breiterer Front eine Konzentration zur Schlacht erfolgt, je nachtheiliger damit jede Verzögerung des Marsches werden muß, desto wichtiger werden alle Aufenthalte, wie solche durch Ein wirkung der Kavallerie, vornehmlich auf die äußeren Anmarschlinien, wohl zu erreichen sein dürften, desto schwieriger muß sich aber anderer= seits vor Allem ein eventueller Rückzug nach verlorener Schlacht ge stalten. Sehr selten wird es bei einem solchen möglich sein excentrisch auf den benutzten Anmarschstraßen wieder zurückzugehen. In der Rich= tung, in welcher sie taktisch geworfen wurden, fluthen die geschlagenen Truppen meistens ganz unwillkürlich zurück. Je größer die ursprüng= liche Operationsfront war, je größer die Massen sind, um die es sich handelt — die nun nicht nur selbst in mehr oder weniger zerrüttetem Zustande zurückgeben sondern zugleich bestrebt sein müssen ihre ge= sammten rückwärtigen Verbindungen während eines vom Sieger be= drängten Rückzuges in neue Bahnen zu lenken und die zur Konzentration herangezogenen Kolonnen in veränderter Richtung abfließen zu lassen — desto mehr müssen sich Zustände ergeben, die einer thätigen Reiterei ein reicheres Erntefeld eröffnen wie je bisher. Das wird um so mehr der Fall sein, als es sich in Zukunft oft um minderwerthige und daher um so schwerer erschütterte Truppen handeln wird. Denn Reserve formationen, Landwehren und dergleichen, die unter günstigen Be dingungen vielleicht ganz Erfprießliches leisten mögen, verlieren, einmal geschlagen, ohne Offiziere, ermüdet und schlecht verpflegt, gewiß sehr bald allen Halt, wenn sie sich mit Wagen, Verwundeten und Ver sprengten auf überfüllten Straßen rückwärts drängen, und werden

dann — so gut sie immer bewaffnet sein mögen — der Reiterei eine
sichere Beute werden. Wer in die Luft schießt oder das Gewehr weg=
wirft, dem hilft weder Packladung noch rauchschwaches Pulver gegen
die Lanze des rücksichtslos verfolgenden Reiters. Das Gleiche gilt aber
auch für den Kampf selbst. — Freilich, auch minderwerthige Infanterie
kann man nicht angreifen, solange sie nur wagerecht anschlägt und schießt.
Ist dieselbe aber moralisch erschüttert und gelingt es sie zu überraschen,
dann sind voraussichtlich die größten Erfolge auch in offener Feld
schlacht gegen sie möglich. Das wenigstens hat auch schon der Krieg
1870/71 gezeigt, wo es unserer Kavallerie leider so selten vergönnt
war, die reife Lorbeerernte einzuheimsen. Es kommt hinzu, daß die
moderne Artilleriewirkung die Vertheidigung von Ortschaften und
Wäldern fast zur Unmöglichkeit machen dürfte. Die Infanterie wird
gezwungen sein offenes aber welliges Gelände aufzusuchen, das ihr
Schußfeld gewährt, sie aber zugleich der Sicht des Gegners möglichst
entzieht und sie nicht an ein so günstiges Ziel bindet, wie es ein Dorf
oder ein Wald darstellen. In solchem Gelände wird dann auch die
Kavallerie wieder besser operiren und die Möglichkeit zu überraschendem
Auftreten finden können. Auch hierin muß ein Moment erblickt werden,
das ihr unter Umständen erhöhte Wirksamkeit ermöglichen wird.

Fassen wir die Gesammtheit dieser bisher allerdings nur andeutungs=
weise entwickelten Gesichtspunkte zusammen, so ergiebt sich, daß auf der
einen Seite der absolute Gefechtswerth der Kavallerie sich wesentlich
gemindert hat und der moderne Krieg die kavalleristische Thätigkeit in
fast jeder Richtung erschweren wird, daß aber andererseits die strate=
gische Bedeutung der Waffe wie der Umfang der ihr zu=
fallenden Aufgaben ganz eminent gewachsen sind, und daß sich
ihr auch bedeutende neue Chancen des Erfolges eröffnet haben.

Es kann meines Erachtens auf diese positive Rückwirkung der
allgemeinen Veränderungen des Kriegswesens auf die Kavallerie gar
nicht ernst und energisch genug hingewiesen werden. Denn nicht nur
hat die öffentliche Meinung lediglich die andere Seite des veränderten
Verhältnisses aufgefaßt, sondern auch in der Armee selbst findet die
positive Anschauung vielfach keineswegs die gebührende Würdigung.

Man hat einerseits allgemein die Erfolge unserer Kavallerie im
Feldzuge 1870/71 in hohem Grade bewundert, ohne sie immer ihrem

relativen Werth nach zu würdigen, und man ist andererseits angesichts der modernen Waffenwirkung in recht mechanischer Weise zu der Anschauung gelangt, daß gegen Infanterie und Artillerie Reiterei nichts mehr ausrichten könne. Man hat festgestellt, daß 1870/71 die deutsche Reiterei einen großen Kraftüberschuß aufzuweisen hatte, daß zahlreiche Regimenter während des gesammten Krieges überhaupt nicht zum Gefecht bezw. niemals dazu gekommen sind, ihre volle Kraft auch in anderem Dienst einzusetzen, und hat daraus geschlossen, daß eine numerische Verstärkung oder organisatorische Umgestaltung der, wie man meint, einigermaßen antiquirten Kavallerie überflüssig sei.

Ein Versuch der Reichsregierung, durch die Vorbereitung von Neuformationen Wandel zu schaffen, ist erfolglos aufgegeben bezw. hat vor wichtiger erachteten Gesichtspunkten zurücktreten müssen. Kurz, thatsächlich hat man die deutsche Kavallerie in numerischer und organisatorischer Hinsicht im Großen und Ganzen noch auf dem Standpunkt von 1870/71 belassen. Auch die neueste Militär-Vorlage schafft in dieser Hinsicht keinen irgend erheblichen Wandel.

Die Aufgaben, die in Zukunft an die Kavallerie herantreten werden, sind aber von so weitgehender und für die Kriegführung vielfach geradezu entscheidender Bedeutung, daß von ihrer Lösung der endgültige Erfolg eines Krieges sehr wesentlich mit abhängen wird. Befindet sich die Kavallerie in einem Zustande, der es ihr nicht möglich macht diese Aufgaben zu lösen, so ist damit eine ernste Gefahr heraufbeschworen.

Es erwächst hieraus die unbedingte Pflicht die bessernde Hand anzulegen, wo wichtige Mängel und thatsächliche Unzulänglichkeiten zu erkennen sind.

Um aber den Hebel der Reform gleich an den wichtigsten Punkten ansetzen zu können, muß man sich zunächst darüber klar werden, auf welchem Gebiet der kriegerischen Thätigkeit die Bedeutung der Reiterei vornehmlich liegen wird. Erst aus der Erkenntniß der hier erwachsenden Anforderungen wird sich folgern lassen, in welcher Richtung die Weiterentwickelung in erster Linie zu fördern und zu betreiben ist.

Wir müssen daher die voraussichtliche Thätigkeit der Waffe in den einzelnen Phasen eines zukünftigen Krieges ins Auge fassen, auf ihren relativen Werth für den Erfolg der Gesammthandlung prüfen und zu erkennen suchen, auf welchen Faktoren überall der Erfolg hauptsächlich beruht.

Zunächst handelt es sich hierbei naturgemäß um die Anforderungen, die in den ersten Stadien eines Krieges, also während der Mobilmachungs- und Konzentrationsperiode, an die Kavallerie herantreten. Diese fordern um so mehr besondere Betrachtung als, wie wir sahen, gerade die Anfangshandlungen zukünftiger Kriege von besonderer Wichtigkeit sind, und als die Auffassungen auch schon in dieser Richtung vielfach auseinandergehen. Dann aber müssen wir die Thätigkeit der Waffe auch im Verlauf der weiteren Operationen verfolgen und festzustellen suchen, in welchen Richtungen sie die bedeutendsten Erfolge erzielen kann.

2. Aufgaben zu Beginn und im Verlauf des Krieges.

Die Bedeutung, die den ersten taktischen Entscheidungen beigemessen wird; die Erwägung, daß der Sieg in denselben wesentlich bedingt wird durch die ungestörte Durchführung des Eisenbahnaufmarsches, die sichere Heranführung der Truppen und des gesammten Kampfmaterials in die gewählten Versammlungsräume; die fernere Erwägung, daß auch die Weiterführung der Operationen nach den ersten Schlachten — Rückzug oder Verfolgung — in den wesentlichsten Beziehungen durch das ungestörte Funktioniren der rückwärtigen Verbindungen beeinflußt wird, läßt es zweifellos als äußerst wünschenswerth erscheinen den gegnerischen Aufmarsch zu stören und damit der eigenen Armee von Anfang an einen operativen und materiellen Vortheil zu sichern. Da nun die Kavallerie nicht nur große Entfernungen mit überraschender Schnelligkeit zurückzulegen im Stande ist sondern — ihrem Charakter als stehende Truppe entsprechend — eigentlich jeder zeit marschbereit und in der Lage ist schon zu einer Zeit zu operiren, in welcher die übrigen Heerestheile noch damit beschäftigt sind sich auf Kriegsfuß zu setzen, so ist man vielfach zu der Auffassung gelangt, daß es vortheilhaft sei die Zeit der Mobilmachung und Eisenbahnbeförderung der anderen Waffen zu Unternehmungen der Kavallerie in das Aufmarschgebiet bezw. gegen das Verbindungsnetz des Gegners auszunutzen. Rußland hat zu solchem Zwecke eine ungeheure Reitermasse — unterstützt durch leichte Infanterie — an der deutsch-österreichischen Grenze versammelt. Frankreich hat ebenfalls eine zahlreiche Reiterei in fast kriegsfertigem und mobilem Zustande an die lothringische Grenze vorgeschoben. Bei ausbrechendem Kriege stehen diese Massen bereit in kürzester Frist über unsere Grenzen zu brechen, unsere Eisenbahnen zu zerstören, unsere Kompletirungsmannschaften und Pferde aufzuheben, unsere Magazine zu zerstören, Schrecken und Verwirrung in unsere Versammlungsgebiete zu tragen.

Es ist nicht zu leugnen, daß auf solche Weise ein an sich nicht unerheblicher Schaden verursacht werden kann, und es muß daher ernstlich erwogen werden: einmal, welche Chancen des Gelingens derartige Unter= nehmungen bieten, und ferner, ob auch die relative Größe der wahr= scheinlichen Erfolge mit den voraussichtlichen Opfern im Einklang steht.

Ruhige und objektive Prüfung dieser Verhältnisse muß, meine ich, wenigstens für uns zur Ablehnung derartiger Unternehmungen führen.

Zunächst wird der Gegner wohl stets in der Lage sein durch ange= messene Anordnungen des Grenzschutzes und des Aufmarsches sich den Ein= wirkungen der Kavallerie entweder ganz zu entziehen oder doch deren Vorwärtskommen auf das Aeußerste zu erschweren und zu gefährden. Diese Gefährdung wird um so größer sein, je mehr es möglich war die Volksbewaffnung in den Grenzprovinzen intensiv zu gestalten.

Wo nicht besonders ungünstige Verhältnisse auf Seiten des Ver= theidigers vorliegen, wie weite ungeschützte Grenzen oder Truppen= mangel in strategisch weniger bedeutenden Gebieten, da finden die einbrechenden Massen, mögen sie auch schon am ersten Mobil= machungstage die Grenze überschreiten, Eisenbahnen, Defileen und Flußübergänge durch Infanterie und Volkswehren besetzt. Treffen sie auf eine insurgirte Bevölkerung, so werden sie große Schwierigkeiten in der Verpflegung und Aufklärung finden. Mit jedem Schritt, den sie vorwärts thun, vermehren sich um sie her die immer rascher an= wachsenden Massen des Gegners, während die eigenen Kräfte abnehmen: hinter ihrem Rücken werden die Defileen besetzt, nach allen Seiten müssen sie sich sichern, ihre Trains und Bagagen gerathen in Bedrängniß, die Verpflegung ist um so schwieriger, je schneller die Bewegung ist, da dann die Wagen nicht folgen können, und die Zeit zum Requiriren mangelt. Bald erscheinen Batterien und Infanterielinien an den wichtigeren Abschnitten, die gegnerische Reiterei in den Flanken. Die aufs Aeußerste angespannten Kräfte von Mann und Pferd sind erschöpft, die Munition beginnt zu mangeln. Der Rückzug wird un= vermeidlich, und wenn überhaupt, so gelangt man nur tief erschöpft mit schweren Verlusten und gebrochener Kraft in den Bereich der

eigenen Armee zurück. Der Schaden aber, den man dem Gegner zu-
fügte, bleibt im Verhältniß zu dessen Gesammtmaßnahmen gering, auch
wenn er total nicht unerheblich ist. Bestenfalls gelingt es eine von der
Grenze nicht allzu entfernte Eisenbahn zu zerstören, Telegraphenleitungen
zu unterbrechen, Magazine zu vernichten, Reservistentransporte und
Pferdedepots zu sprengen oder wegzunehmen. Der Gegner aber hat
bei der Veranlagung seines Aufmarsches mit derartigen Störungen
bereits gerechnet; sie werden rasch überwunden. Seine Anordnungen
im Großen werden dadurch gar nicht berührt.

War andererseits die Kavallerie von Infanterie begleitet, so
ist sie in ihrer Bewegungsfreiheit noch mehr gehemmt als durch die
eigenen Trains und steht sehr bald vor der Entscheidung, ihre Bewegungen entweder von denen der Infanterie abhängig zu machen und
dabei auf weiter liegende Erfolge wohl überhaupt zu verzichten, oder
die Infanterie allein ihrem Schicksal zu überlassen. Einzelne Defileen
in der Nähe der Grenze, deren sie sich zu bemächtigen vermochte, wird
sie dann allerdings zur Sicherung des Rückzugs vielleicht offen halten
können, sucht sie dagegen den Spuren der Reiterei zu folgen, so bleibt
sie wohl sicherer Vernichtung preisgegeben. Auch das Fahrrad dürfte
in dieser Richtung — soweit sich die Entwickelung bis jetzt übersehen
läßt — keine entscheidende Aenderung herbeiführen, denn wenn die
großen Vortheile, die seine Verwendung unter Umständen und für
gewisse Zwecke bieten kann, auch nicht verkannt werden sollen, so bleibt
es doch zu abhängig von Wege- und Witterungsverhältnissen, um diejenige Freiheit der Bewegung zu gewähren, die bei solchen Unternehmungen in Gemeinschaft mit Kavallerie unbedingt geboten ist.

Noch weniger erfolgreich als solche Massenvorstöße dürfte sich der
Versuch gestalten durch einzelne gut berittene und weit vorgetriebene
Offizierpatrouillen die gegnerischen Eisenbahnen und Telegraphen zu
gefährden. Auch sie finden die Gegenden von Volkswehren oder sich
sammelnden Truppentheilen belegt. Selbst schwacher infanteristischer
Schutz der Bahnlinien bleibt für sie unüberwindbar; nur auf Schnellig
keit und List können sie sich verlassen. Aber die meisten Flüsse sind
unüberschreitbar, in die Wälder können sich die Patrouillen kaum wagen,
denn hinter jedem Baum kann ein verborgener Landsturmmann lauern.
Verlassen sie die Straßen, so verlangsamt sich ihre Bewegung, leicht

verlieren sie die Orientirung, nirgends können sie mit einiger Sicherheit ruhen oder füttern, wenn es ihnen überhaupt gelingt Futter aufzutreiben. Gelingt trotzdem irgendwo eine flüchtige Eisenbahn- oder Telegraphenzerstörung, so ist der Erfolg ein minimaler. Die Patrouille selbst aber wird um so weniger Aussicht haben zurück zu gelangen, je weiter sie in Feindesland eingedrungen war. Tod oder Gefangenschaft sind ihr ziemlich sicheres Loos; für den Rest des Feldzuges ist ihre Thätigkeit verloren. Je mehr solcher Patrouillen vorgeschickt waren, desto größer, unersetzlicher ist ihr Verlust, denn gerade die besten Offiziere, die die größte Energie an die Erfüllung ihrer Aufgabe setzten, werden am sichersten zum Opfer fallen.

Für die Aufklärung aber dürfte durch ein frühzeitiges Vorgehen der Kavallerie während der Mobilmachungs- und Konzentrationsperiode nur ganz Unerhebliches zu gewinnen sein.

Schon durch die gegebenen Eisenbahn-, Grenz- und Geländeverhältnisse sind die Versammlungsrayons des Gegners meist ziemlich bekannt. Aus einem Vergleich der Friedensdislokation und des Eisenbahnnetzes läßt sich ferner unter Berücksichtigung der politischen Situation und der vorhandenen Agenten- und Preß-Nachrichten mit ziemlicher Genauigkeit feststellen, wo die einzelnen feindlichen Armeen aufmarschiren werden. Mehr zu ermitteln wird eine frühzeitige Aufklärung auch nicht im Stande sein, ja es muß fraglich erscheinen, ob es ihr auch nur gelingen wird das bereits Bekannte zu bestätigen bezw. einige Zweifel zu heben und Irrthümer zu berichtigen; denn die zu überwindenden Schwierigkeiten sind, wie wir sahen, ungeheuer und nirgends findet man fertige Verhältnisse vor, aus denen sich wirklich wichtige Schlüsse ziehen lassen. Meist wird sich eben nur ermitteln lassen, daß die und die Oertlichkeiten vom Feinde besetzt sind, daß auf verschiedenen Bahnlinien lebhafter Verkehr wahrgenommen wurde, und dergl. Alles Dinge, die man a priori ebenso gut wußte, und die daher ernster Opfer nicht werth sind. Auch muß es durchaus fraglich erscheinen, ob zu so früher Zeit eventuell erzielte Aufklärungs-Resultate für die Operationen selbst noch Bedeutung haben werden, da sich die Verhältnisse natürlich mit jedem Tage ändern und neue operative Bedingungen schaffen.

Es soll damit natürlich nicht gesagt sein, daß man nicht vom ersten Moment des Krieges an den Gegner scharf beobachten, an ihn heranfühlen und von ihm zu erfahren suchen müsse, was immer durch Schnelligkeit und Kühnheit mit einiger Wahrscheinlichkeit des Erfolges erreicht werden kann; das ist natürlich stets erforderlich. Besonderer Werth wird auf Gefangene zu legen sein, deren Regimentsnummern eine Kontrole der vorhandenen Nachrichten gestatten. Dagegen soll um so schärfer betont werden, daß ein gewaltsames Vorbrechen mit Massen oder ein weites Vortreiben von Patrouillen in das feindliche Aufmarschgebiet hinein in dieser ersten Periode nicht nur zwecklos sondern verderblich erscheint, da die gewissen Opfer mit den wahrscheinlich ganz negativen oder doch höchstens geringen Resultaten in keinem verständigen Verhältniß stehen. Auch ist der eigene Aufmarsch im Frieden so vorbereitet, daß er wie ein Uhrwerk ablaufen muß, auch wenn die Resultate der Aufklärung ergeben sollten, daß die Verhältnisse beim Gegner einigermaßen anders liegen, als erwartet wurde. Schon das einfache Zurückverlegen desselben, wie es noch 1870/71 bei besonders günstiger Kriegslage ohne erhebliche Schwierigkeiten und Nachtheile auszuführen war, dürfte sich bei den heutigen hochgespannten Verhältnissen als eine außerordentlich schwer durchzuführende Maßregel erweisen, von seitlichen Verschiebungen gar nicht zu reden. Denn wenn eine solche Maßregel auch eisenbahntechnisch wohl durchführbar erscheint, so lassen sich die sonstigen Vorbereitungen im Aufmarschgebiet doch nicht beliebig verlegen oder improvisiren.

Faßt man alle diese Gesichtspunkte zusammen, so wird man sich, meine ich, sagen müssen, daß sich nur derjenige auf frühzeitiges Vortreiben von Kavalleriepatrouillen bezw. Massen einlassen darf, der über eine bedeutende kavalleristische Ueberlegenheit gebietet, dem es zur Erreichung auch relativ geringer Erfolge nicht auf bedeutende Verluste anzukommen braucht.

Im Allgemeinen aber ist die Schwierigkeit Verluste der Kavallerie ebenbürtig zu ersetzen eine so große, daß man es nicht ohne vollwichtigen Grund auf solche ankommen lassen darf. Zumal der an dieser Waffe numerisch Schwächere wird auf alle Fälle wohlthun seine Kavallerie zurückzuhalten, sein Offiziermaterial nicht für verschwindende und wahrscheinlich doch unerreichbare Vortheile aufzuopfern, zunächst nur so weit an den Gegner heranzufühlen, als es ohne schwerwiegende Opfer möglich ist, die gegnerische Kavallerie an der eigenen Infanterie und Volksbewaffnung zerschellen zu lassen, und erst dann mit der eigenen Reiterei in die entscheidende Aktion einzutreten, wenn jene schon ihre beste Kraft in wenig ergiebigen aber um so verderblicheren Anstrengungen verbraucht hat, und andererseits diejenige Periode beginnt, in der eine Aufklärung wirklich möglich und wirklich wichtig ist, nämlich dann, wenn aus dem Eisenbahnaufmarsch sich die operativen Konzentrationen entwickeln.

Es kann allerdings auch Verhältnisse geben, unter denen schon während der ersten Periode des Kriegszustandes eine ausgiebige selbständige Thätigkeit der Kavallerie erforderlich wird. Es wird das dann der Fall sein, wenn der weit von der Grenze zurückverlegte erste Aufmarsch — wie er z. B. 1870/71 deutscherseits stattfand — es nöthig macht das Grenzgebiet gegen feindliche Streifereien zu schützen. Dann aber ist die Aufgabe der Kavallerie eine rein defensive; es wird dann darauf ankommen kleineren feindlichen Parteien das Handwerk zu legen, den Grenzverkehr zu sperren und mit Patrouillen an den Gegner heranzufühlen, keineswegs aber positive Vortheile mit Gewalt zu erzwingen oder große Entscheidungen auch gegen überlegenen Feind durchzufechten. Feindlichen Angriffen wird man hinter gut gewählten starken Abschnitten — event. unterstützt durch Infanterieabtheilungen und Artillerie — meist mit der Feuerwaffe entgegentreten. Ist die Ueberlegenheit groß, so wird man zurückzuweichen haben, bis das Gleichgewicht der Kräfte auf eine oder die andere Weise hergestellt ist, strategische Nothwendigkeit zum Fechten zwingt, oder endlich die Gunst der taktischen Lage Erfolg in Aussicht stellt.

Immer aber wird man sich bewußt bleiben müssen, daß der Schwerpunkt der Reiterthätigkeit während der Anfangsstadien eines Krieges ebenso wenig in dieser defensiven Thätigkeit wie in den vorher geschilderten offensiven Unternehmungen liegt, sondern daß die entscheidend wichtige Aufgabe erst mit dem Zeitpunkt beginnt, wo größere Heereskörper operationsfähig werden. Jetzt wird es die Pflicht sein nicht nur den Vormarsch der eigenen Truppen der Kenntniß des Gegners zu entziehen und der Infanterie die Möglichkeit ungestörten Marschirens zu sichern, sondern gipfeln wird diese Thätigkeit in der weitaus wich

tigsten jetzt nothwendigen Aufgabe möglichst umfassender
Aufklärung.

Während vorher die Ausbreitungszone des Gegners durch die End-
punkte der Eisenbahnlinien bedingt war, die zur Heranschaffung der
Truppen benutzt wurden, und diese letzteren sich weithin ausbreiteten,
schon um die Mittel des Landes möglichst auszunutzen; während man
demnach fast überall längs der bedrohten Grenze, bezw. längs des
gegnerischen Ausladeravons, auf besetzte Ortschaften traf, werden nunmehr die Truppen in engere Kantonnements oder Biwats verlegt und
ballen sich zu deutlich abgegrenzten Massen zusammen. Es entstehen
truppenleere Räume zwischen den einzelnen Heerestheilen, in welche die
Kavallerie leichter einzudringen im Stande ist, Teten und Flanken
lassen sich wahrnehmen, erkannte Marschrichtungen gewinnen eine ganz
wesentliche Bedeutung. Jetzt ist der Moment gekommen, wo die Kavallerie ihre ganze Kraft muß einsetzen können, um die Stärke und die
Bewegungen des Feindes richtig zu erkennen, und mit der Bedeutung ihrer
Aufgabe ergiebt sich, wie wir sehen, zugleich die Möglichkeit sie zu lösen.

Allerdings werden auch schon gleich nach der Ausschiffung Truppen-
märsche zur Gewinnung der Unterbringungsravons und zu vorläufiger
Gruppirung stattfinden, und auch diese wird es natürlich vortheilhaft
sein wenn möglich zu beobachten. Doch darf nicht übersehen werden,
daß Beobachtungen in dieser Periode leicht zu falschen Schlüssen Anlaß
geben können, da solche Bewegungen oft nur sekundären Zwecken oder
einleitenden Maßnahmen dienen und einen direkten Schluß auf die ge-
planten Operationen nur selten zulassen.

Diese letzteren selbst entwickeln sich voraussichtlich erst, wenn eine ge-
wisse Konzentration erreicht ist, und so bleibt es das Wichtigste, daß die
Thätigkeit der Kavallerie einsetzt kurz bevor die operative Konzentration
beginnt. Von den Ergebnissen, die sie jetzt erzielt, hängt in hohem
Grade der Erfolg des ganzen Feldzuges ab. Jetzt also darf man sich
durch keine Nebenzwecke von der Lösung der Hauptaufgabe ablenken lassen.
Selbst die Nothwendigkeit der Verschleierung darf erst in zweiter Linie
Berücksichtigung finden, soweit sie nicht durch die Aufklärungsmaßregeln
selbst indirekt erreicht scheint. Dieser Gesichtspunkt muß aber um so mehr
betont werden, als Aufklärung und Verschleierung für ihre erfolgreiche
Durchführung grundsätzlich verschiedene Anordnungen nöthig machen.
Wer es versuchen wollte, beide Aufgaben durch ein und dieselbe
Operation bezw. ein und dieselbe Truppe zu lösen, würde gewiß in den

meisten Fällen keine der beiden Aufgaben erfolgreich erfüllen, so lange die gegnerische Reiterei noch das Feld behauptet. Die Aufklärung erfordert Konzentration der Kraft. Sie muß die feindliche Kavallerie aus dem Felde schlagen, um den gegnerischen Kavallerieschleier zu durchstoßen und dadurch für die Beobachtung freie Bahn zu schaffen; sie wendet sich dann zur Umfassung der feindlichen Flanken und kann unter Umständen die eigene Front gänzlich frei geben. Die Verschleierung dagegen erfordert Breitenausdehnung, Vertheilung auf der ganzen Front, auf welcher der Feind Einsicht gewinnen könnte, Sicherung der eigenen Flanken und steht damit in schroffem Gegensatz zu dem, was die Aufklärung erheischt.

Auch diese Ansicht findet natürlich ihre Gegner. Diese sehen gerade darin den Triumph der Kunst, beide Aufgaben gleichzeitig zu lösen. Sie meinen, es sei überflüssig den Kampf mit der gegnerischen Kavallerie bewußt zu suchen. Bei den Kavallerieduellen käme nichts heraus als der Ruin beider Kavallerien. Man müsse daher von vornherein im Interesse der Sicherung und Verschleierung in einer gewissen Breite vorgehen. Zwängen dann die Verhältnisse zum Schlagen, so müsse man sich eben rasch konzentriren und nach dem Gefecht wieder die zur Deckung der Armeefronten nöthige Breite gewinnen. Die Aufklärung aber müsse durch rasch vorgetriebene Patrouillen erfolgen, die den feindlichen ausweichen, sich im Gelände vorschleichen, in den Flanken und hinter dem Rücken des Gegners gute Beobachtungspunkte gewinnen und so dem Feinde zum Trotz ihr Ziel erreichen.

Ich halte es für eine arge Täuschung, wenn man glaubt bei systematischer Anwendung eines solchen Verfahrens irgend ausreichende Resultate erzielen zu können. Kriegerische Erfolge lassen sich nicht eskamotiren, sie wollen ertämpft sein.

Wie schwierig war es nicht schon 1870/71 gute Nachrichten zu erlangen, wo wir überhaupt keinen kavalleristischen Gegner hatten, wie schwierig schon damals die Meldungen rechtzeitig zurückzubringen.

Um wie viel schwieriger muß sich das in Zukunft gestalten, wenn man das Gelände zwischen beiden Heeren nicht unbedingt beherrscht und die feindliche Reiterei das Feld behauptet so gut wie wir.

Wer kann denn dafür einstehen, daß die vorgeschickten Patrouillen auch wirklich durchdringen dafür vor Allem, daß ihre Meldungen

rechtzeitig zurückkommen durch das von feindlicher Reiterei beherrschte
Gelände · früh genug, um der Heeresleitung zu nützen? Sind die
Patrouillen gar noch gezwungen den gegnerischen auszuweichen, ver=
decktes Gelände aufzusuchen und Umwege zu machen, so ist auf die er=
forderliche Schnelligkeit um so weniger zu rechnen, als bei den größeren
Massen des Zukunftskrieges auch größere Entfernungen als bisher zurück=
zulegen sein werden.

Wenn schon aus dieser Nothwendigkeit die kürzesten Wege ein
zuschlagen und den Verkehr mit der eigenen Heeresleitung sicher zu
stellen sich die Forderung ergiebt, die feindliche Kavallerie aus dem
Felde zu schlagen um genügend aufklären zu können, so wird diese
Forderung noch unterstützt durch die Erwägung, daß jedes andere Ver=
fahren dem Gegner dieselben Chancen läßt, die man selber hat, was
niemals das Ziel militärischen Handelns sein kann, und wird zu einer
zwingenden, wenn man neben der Aufklärung die Anforderungen der
Verschleierung in Betracht zieht: denn selbstverständlich kann die feind=
liche Reiterei nur dann am Sehen verhindert werden, wenn man sie
thatsächlich vertreibt und sie der Kraft beraubt ihrerseits unseren
Sicherungs Kavallerieschleier taktisch zu durchstoßen. Daß eine numerisch
und materiell minderwerthige Reiterei gut thut den Kampf zu ver=
meiden, das soll natürlich nicht geleugnet werden. Grundsätzlich
aber muß die Reiterei den Kampf mit der feindlichen anstreben, um es
von Anfang an dahin zu bringen, daß sie das Gelände zwischen den
Armeen unbedingt beherrscht, daß die gegnerische Reiterei es gar nicht
mehr wagt das Feld zu behaupten, daß die faktische und moralische
Ueberlegenheit in der ganzen Bewegungszone zwischen beiden Armeen
von vornherein für unsere Kavallerie gewonnen wird.

Der Sieg der Massen entscheidet im Großen und Ganzen aus=
strahlend und belebend auch über die Ueberlegenheit der Einzelglieder.
Dringend erforderlich ist es trotzdem, daß auch die Patrouillen das
offensive Element festhalten. Einerseits können sie eben ihre Aufgabe der
Verschleierung und — wenn die Zeit drängt — auch der Aufklärung nur
dann lösen, wenn sie die feindlichen Patrouillen thatsächlich zurückwerfen,
andererseits fällt aber auch das moralische Element schwer ins
Gewicht. Wie will man im gegebenen Falle Kühnheit, Entschlossenheit,
ja Verwegenheit von Leuten fordern, denen man eingeschärft hat dem

Gegner überall auszuweichen und nur nothgedrungen zu fechten. Wer solche seelischen Faktoren außer Acht läßt, wird im Kriege immer falsch rechnen. Daß es in einzelnen Fällen von Nutzen sein kann besonders Offiziere als Schleichpatrouillen zur Aufklärung vorzusenden mit der Weisung womöglich jedes Gefecht zu vermeiden, soweit es Zeit und Verhältnisse gestatten, wird durch diese Auffassung natürlich gar nicht berührt. Ebenso muß betont werden, daß auch schon in der Periode, die im All- gemeinen durch das Gefecht mit der feindlichen Kavallerie ausgefüllt wird, die Erkundung der der feindlichen Kavallerie folgenden Heeres- massen direkt angestrebt werden muß, und daß es daher nothwendig erscheint gleich von Beginn der Vorwärtsbewegung an Offizier- patrouillen gegen dieselben vorzusenden. Würde diese Aufgabe den- selben Patrouillen übertragen, die man zur Aufklärung der feindlichen Kavallerie vorschickt, so würde der Zweck voraussichtlich nicht genügend erreicht werden, denn diese letzteren würden sich wahrscheinlich immer durch die feindlichen Reitermassen fesseln lassen. Es ist daher durchaus nothwendig, daß hier eine prinzipielle Trennung der Patrouillen nach ihren Aufgaben eintritt. Die eine Kategorie wird gegen die feind- lichen Kavalleriemassen entsandt, um deren Anmarschrichtungen festzu- stellen, die andere hat um die feindliche Kavallerie herum oder durch deren Schleier hindurch zu reiten, um die Feststellung der Heeres- bewegungen hinter der Kavallerie vorzunehmen. Diese Patrouillen dürfen sich mit Meldungen über die feindliche Kavallerie gar nicht auf- halten. Es wird erforderlich sein gerade hierzu nur Offiziere und zwar die bestberittenen, über die man verfügt, zu verwenden. Den besten Rückhalt werden aber auch diese Patrouillen in einem taktischen Siege finden, der hinter ihrem Rücken über die feindliche Kavallerie erfochten wird.

So bleibt denn die Thatsache bestehen, daß wir fechten müssen um aufzuklären, fechten um zu verschleiern, daß nur eine systematische Scheidung beider Aktionsgebiete die nöthige Freiheit gewähren kann, überall taktisch konsequent und zweckmäßig zu handeln, und daß ein Sieg der Aufklärungskavallerie, indem er die Kraft der feindlichen Reiterei bricht, direkt und indirekt auch der Verschleierung zu Gute kommt.

Es spitzt sich demnach die ganze Ueberlegung zu der Auf- fassung zu, daß die hauptsächlichste Aufgabe der Kavallerie darin besteht

womöglich noch vor Beginn der großen Operationen in der für
die Aufklärung entscheidenden Richtung den Sieg über die feindliche
Kavallerie zu gewinnen. Daß es hierbei nicht die Absicht sein kann die
gegnerische Reiterei in den von dieser gewählten Richtungen aufzusuchen
– eigens um sie zu schlagen   braucht wohl kaum besonders betont zu
werden. Das hieße von ihr das Gesetz empfangen und sich von der Haupt
richtung der Aufklärung ablenken lassen. Richtung und Zeitpunkt des
Vorgehens müssen vielmehr so gewählt sein, daß sie den Gegner zwingen
sich uns auf dem von uns gewählten Wege entgegenzuwerfen. Dagegen
wird natürlich das Bestreben dahin gehen müssen mit numerischer
Ueberlegenheit aufzutreten um den Sieg zu sichern.

Was nun die Aufgaben der Kavallerie im weiteren Verlauf des
Krieges anbetrifft, so tritt natürlich die Nothwendigkeit aufzuklären und
zu verschleiern immer erneut an die Kavallerie heran. In zahlreichen
Fällen wird auch, nachdem die gegnerische aus dem Felde geschlagen ist,
nur durch Gefecht der Zweck zu erreichen sein. In der Verschleierung
und Sicherung überall da, wo der Gegner noch genügende Offensiv
kraft besitzt um seinerseits Aufklärung und Angriff zu versuchen, in der
Aufklärung dagegen in allen Fällen, wo Umgehung zu zeitraubend
oder durch die Frontbreite des Gegners an und für sich ausgeschlossen
erscheint, oder feindliche Reiterei den erstrebten Erfolg von Neuem
streitig macht. Auch wird oft die Linie der Infanterie = Sicherungs=
truppen durchbrochen werden müssen, um bis zu den Hauptmassen des
gegnerischen Heeres durchzudringen und dessen Operationen zu erkennen.
Ebenso kann es unter Umständen geboten sein den Widerstand einer
Volksbewaffnung rasch und entscheidend niederzuwerfen, wo er sich der
Aufklärungsthätigkeit hinderlich erweist.

Dann werden nunmehr Unternehmungen gegen die feindlichen
Verbindungen von der Kavallerie gefordert werden müssen, auf deren
Bedeutung für den operativen Krieg bereits hingewiesen wurde. Von
besonderer Wichtigkeit werden sie da sein, wo entweder das Land an und für
sich zu arm ist den Armeen genügenden Unterhalt zu gewähren, und damit
der Werth des Nachschubes sich steigert, oder wo der Krieg einen stationären
Charakter annimmt, wie es etwa bei Fredericksburg, Paris oder Plewna
der Fall war, oder endlich da, wo es gilt eine operative Ausnutzung
der Eisenbahnen zu verhindern, sei es, daß größere Truppenmassen auf

ihnen von einem Theil des Kriegsschauplatzes auf einen anderen be
fördert werden sollen, sei es, daß beim Rückzuge der Gegner seine
Eisenbahnen benutzen will um Truppen, rückwärtige Kolonnen und
Vorräthe aller Art in Sicherheit zu bringen.

Endlich kann an die Kavallerie die Aufgabe herantreten weite
Landstriche in Besitz zu nehmen und auszubeuten, feindliche Neuformationen in den Anfangsstadien ihrer Bildung zu sprengen oder
auch in defensiver Haltung die eigenen Verbindungen oder gewisse
Geländeabschnitte gegen Unternehmungen feindlicher Streifschaaren und
fliegender Kolonnen zu sichern bezw. zu behaupten.

Häufig werden solche Unternehmungen, besonders wo sie in den
Rücken der feindlichen Heere führen sollen, den Charakter von Raids
annehmen müssen, bei denen es darauf ankommt große Strecken Weges
rasch zu überwinden, vielfach unter völliger Preisgabe jeglicher Verbindung mit der eigenen Armee, an vorher ausersehenen Punkten rasch
zu erscheinen und nach ausgeführtem Schlage ebenso rasch zu verschwinden, ehe der Gegner überlegene Kräfte gegen den kühnen Angreifer
zu vereinigen vermochte.

Der Erfolg solcher Unternehmungen wird einerseits von der
Schnelligkeit abhängen, die das Moment der Ueberraschung voll auszunutzen gestattet, andererseits von der Gefechtskraft, die genügen muß
jeden Widerstand rasch und sicher zu brechen.

Immer werden solche Raids mit großen Schwierigkeiten zu
kämpfen haben, besonders da, wo sie es mit einer feindlichen Bevölkerung zu thun haben. Daß sie deshalb unausführbar sein sollen, kann
ich um so weniger zugeben, als sie meines Erachtens ein noth-
wendiges Element zukünftiger Kriegführung sein werden.

Gelingt es mit frischem Pferdematerial in das Unternehmen einzutreten und durch geeignete Maßnahmen die Verpflegung sicher zu
stellen ohne die Bewegung zu verlangsamen, sei es aus dem Lande
selbst, sei es durch mitgeführte Kolonnen oder die eroberten feindlichen
Vorräthe, so können und werden solche Raids gelingen und die weit
wirkendsten Resultate ergeben.

Diesen Anforderungen aber kann meines Erachtens genügt werden.
Das Pferdematerial kann man vor Verbrauch in unwesentlichen Neben-
dingen schützen. Die Verpflegungsfrage kann durch geeignete Maß-

nahmen gelöst werden auch in Feindesland. Operirt man aber im eigenen Lande, so wird die nachhaltige und mitthätige Unterstützung einer befreundeten Bevölkerung alle Schwierigkeiten ebnen. Immerhin wird man sich der Einsicht nicht verschließen dürfen, daß nur das Zusammenfassen erheblicher numerischer Kraft in räumlicher Konzentration den Erfolg sichern kann.

Anders wird sich natürlich das Verfahren gestalten, wo es sich um mehr defensive Zwecke handelt, oder wo es darauf ankommt weite vom Gegner nicht vertheidigte Landstriche zu besetzen. Hier kann, wie das ja auch bei der Verschleierung geboten erscheint, eine Theilung der Kräfte geboten sein, sei es zur Besetzung sichernder Defileen und Geländeabschnitte, sei es zur Behauptung der wichtigsten Bevölkerungscentren besetzter gegnerischer Gebietstheile.

Doch wird die Heerführung bestrebt sein müssen die Reiterei von derartigen Aufgaben möglichst zu entlasten, um sie für die ihrem ganzen Charakter angemesseneren offensiven Zwecke frei zu haben.

Für diese bedarf sie in den meisten Fällen der räumlichen Vereinigung der Kräfte, um große Erfolge erzielen zu können.

Mit der Durchführung der sogenannten strategischen Thätigkeit, die wir bisher allein betrachteten, ist aber die Aufgabe der Kavallerie keineswegs erschöpft.

Nach wie vor wird sie auch in der Schlacht ein Wort mitzusprechen haben, das um so entscheidender sein wird, je mehr die fechtenden Heere sich aus Truppen geringerer Qualität zusammensetzen, Neuformationen, Landwehren, Milizen und dergleichen.

Auch unter den günstigsten Verhältnissen aber werden wirklich erhebliche Schlachterfolge nur von dem Einsatz großer Massen zu erwarten sein.

Im Wesentlichen liegt das schon im Zahlenverhältniß begründet. Die feindlichen Kräfte, welche die Attacke in Mitleidenschaft zieht, müssen einen wirklich erheblichen Faktor der gegnerischen Armee oder mindestens des Theiles derselben bilden, durch den auf einem bestimmten Theile des Kampffeldes die Entscheidung gegeben wird. Aber es sprechen auch noch andere Faktoren mit. Vor Allem die Tragweite der Feuerwaffen. Ist die Front der angreifenden Kavallerie zu schmal, so wird sie nicht nur das Feuer des direkt angegriffenen Feindes auszuhalten haben, sondern auch von allen Seiten vom Feuer umfaßt werden können. Entbehrt sie dagegen der Tiefengliederung, so wird sie in vielen Fällen auf nachhaltige Erfolge verzichten müssen, weil eine einzige Kampfwelle nicht genügt, um die Waffenwirkung durch die Feuerzone an den Feind heranzutragen, sondern vorher vernichtet wird.

Derselbe Gesichtspunkt kommt auch bei der Thätigkeit der Reiterei zur Geltung — die sich als eine ihrer wichtigsten Aufgaben unmittelbar an den Abschluß der Schlacht anzuschließen hat: bei Verfolgung und der Deckung des Rückzugs. Bieten, wie angedeutet wurde, die modernen Armee- und Operationsverhältnisse gerade in dieser Richtung der Kavallerie Chancen reichsten Erfolges, so wird sie dieselben doch nur dann voll ausnutzen können, wenn sie mit versammelter Kraft an ihre Lösung herantritt.

Die feindlichen Massen, um die es sich handeln wird, sind so groß, daß einzelne Schwadronen, Regimenter oder Brigaden, wenigstens bei den großen Waffenentscheidungen des modernen Krieges, gar nicht ins Gewicht fallen können. Particielle Erfolge werden sie vielleicht erringen können; um aber Wirkungen zu erzielen, die eine ganze Armee oder wenigstens einen erheblichen Theil einer solchen in der Verfolgung zu schädigen oder am Nachdrängen zu verhindern vermögen, bedarf es erheblich stärkerer Kräfte. Wie viele Gefechtseinheiten jedesmal eingesetzt werden müssen, wo es sich um Kampfwirkungen handelt, läßt sich natürlich theoretisch nicht feststellen. Keinesfalls aber kann das Maximum dieses Einsatzes in irgend welcher bestimmten taktischen Einheit gesehen werden.

Legen wir uns nach diesem kurzen Ueberblick über die der Kavallerie erwachsenden Aufgaben schließlich die entscheidende Frage vor, in welcher Richtung in Zukunft der Hauptwerth der Waffe gesucht werden muß, welche Aufgaben der Zukunft daher hauptsächlich bei Organisation und Ausbildung im Frieden ins Auge gefaßt werden müssen, so werden wir uns nicht verhehlen können, daß die strategische Thätigkeit der Waffe, im Gegensatz zu ihrem Schlachtenwerth, für die Gesammthandlung des zukünftigen Krieges die weitaus größte Bedeutung hat. Attacken selbst bedeutender Massen können in den Schlachten der Zukunft doch immer nur unter besonderen Verhältnissen entscheidende Bedeutung erlangen. Auch für die Deckung eines Rückzugs wird das Eingreifen der Kavallerie doch nur von sekundärer Bedeutung sein

können. Hier fällt den aus Infanterie und Artillerie bestehenden
Arrieregarden die Hauptarbeit zu. Für die Aufklärung dagegen und
die Verschleierung, für Operationen gegen die feindlichen Verbindungen,
für die weitere Verfolgung eines geschlagenen Feindes und alle in dieses
Gebiet schlagenden Kriegszwecke ist die Kavallerie Hauptwaffe. Hier
kann ihre Aufgabe von keiner anderen Waffe gelöst werden, da keine
ihre Beweglichkeit und Unabhängigkeit besitzt. Zugleich sind die Resultate
dieser Thätigkeit von entscheidender Bedeutung für die Heerführung.
Schlachten können im Nothfall auch ohne Kavallerie geschlagen und
wenigstens theilweise ausgebeutet werden. Unmöglich aber ist es zweck=
mäßig zu handeln ohne die nöthige Kenntniß der gegnerischen Operationen:
unmöglich gegen die feindlichen Verbindungen, Flanken und Rücken mit
Infanterie das zu leisten, was Reiterschaaren ausführen können. Auf
diesen Gebieten sich ein neues selbständiges Feld entscheiden=
der Thätigkeit zu schaffen ist die Hauptaufgabe, die der
Reiterei in Zukunft vorbehalten erscheint.

3. Strategische Vertheilung der Kavallerie.

Wir haben im vorigen Abschnitt gesehen, daß die wesentlichen Auf=
gaben, die im modernen Kriege an die Kavallerie herantreten können,
den Einsatz bedeutender Gefechtsstärken bedingen. Damit ist zugleich
die Forderung ausgesprochen, daß man bestrebt sein muß allen mehr
sekundären Zwecken mit möglichst geringen Kräften gerecht zu werden.

Dieses Resultat der Erwägung führt naturgemäß zu der weiteren
Frage, auf welche Weise eine Gruppirung der Kräfte erreicht werden
kann, die jener Forderung am besten gerecht wird.

Bei der Erörterung derselben wird man vor Allem den Grundsatz
festhalten müssen, daß kein Heerestheil ganz der Kavallerie entbehren kann.

Damit ergiebt sich von selbst die Eintheilung in Divisions= und
selbständige Kavallerie. Die erstere bleibt dauernd jedem Heerestheile
zugewiesen, dessen Zusammensetzung operative Selbständigkeit ermöglicht,
die letztere wird für die strategischen und selbständigen Aufgaben der
Waffe bestimmt. Es entsteht zunächst die Frage, in welchem Verhältnisse
diese Theilung vorzunehmen ist.

Die größere Zahl der Infanterie = Divisionen kann meines Er
achtens mit verschwindend geringer Kavallerie auskommen, solange sie

sich im Zusammenhange der Armeen befindet, denn der Dienst derselben ist im Armeeverbande ein sehr beschränkter.

Den Meldedienst innerhalb der Kolonnen und ihrer Vorposten können, wo irgend angängig, Mannschaften auf Fahrrädern besorgen. Wo selbständige Kavallerie vor der Front einer Armee entwickelt ist, erscheinen der eigentliche Vorpostendienst und die Aufklärung für die Divisionskavallerie sehr wesentlich beschränkt. Da braucht sie eigentlich nur die Verbindung mit der ersteren zu erhalten und auch für diesen Dienst können meistens Fahrrad-Abtheilungen eintreten. Es bleibt demnach für die Divisionskavallerie nur der Dienst bei den vordersten Abtheilungen der Infanterie-Vorposten (Meldereiter bei Feldwachen, bei denen das Terrain das Fahrrad ausschließt), der Requisitionsdienst, die Aufklärung in der Zeit, in welcher sich die Masse der selbständigen Kavallerie nach den Armeeflügeln zusammengezogen hat um die Front zur Schlacht frei zu machen, der Ordonnanzdienst im Gefecht und die eigentliche Gefechtsaufklärung zu besorgen. Hierfür kann man meines Erachtens mit sehr geringen Kräften auskommen, um so mehr als die Gefechtsaufklärung im modernen Gefecht so gut wie ausgeschlossen erscheint und im Allgemeinen überhaupt nur von denjenigen Divisionen ausgehen kann, welche die Armeeflügel bilden. Aber auch da wird sie eine sehr beschränkte sein.

Die heutigen Feuerwaffen zwingen zu so weitem Abbleiben vom Gegner, daß die Beobachtung an sich äußerst erschwert ist, und die zurückzulegenden Wege sind so weit, daß, bis etwaige Meldungen um die Flügel herum an die Zentralstelle gelangen, und die entsprechenden Befehle von dieser wieder ausgehen und ihr Ziel erreichen können, die Lage sich längst verändert haben kann und wird, falls es überhaupt möglich war Einblick zu gewinnen. Man denke nur an die großen Schlachten der letzten Kriege. Es ist in den meisten Fällen ganz ausgeschlossen, daß da Kavalleriepatrouillen über Das hätten rechtzeitig berichten können, was während des Gefechts im Innern der gegnerischen Stellungen vorging, und in Zukunft wird das gewiß noch viel schwieriger sein. Keinenfalls aber kann eine solche Gefechtsaufklärung von der Divisionskavallerie durch Kampf erzwungen werden. Ist sie überhaupt möglich, so wird sie durch einige geschickte Offizierpatrouillen erreicht, bedingt also keine besondere Stärke der Divisionskavallerie. Die An

marschstraßen des Gegners freilich und die Flügelpunkte feindlicher
Fronten müssen dauernd beobachtet werden. Diese Beobachtung aber
kann wenigstens nicht grundsätzlich von den Infanterie Divisionen
selbständig ausgehen, sondern ist Sache der von der Armeeleitung
ressortirenden Kavallerie; denn gerade die Flügel und Flanken werden
auch durch die Massen der gegnerischen Reiterei gedeckt.

Erweist sich demnach die Möglichkeit einer Beobachtung während
des Gefechts für die Divisionskavallerie als nahezu illusorisch, so wird
auch eine irgend erhebliche Kampfthätigkeit derselben im Allgemeinen
ausgeschlossen sein, wo sie eine solche nicht im Anschluß an die selbständige Kavallerie findet. Es kann ja allerdings auch heute noch im
Kampf gemischter Waffen Momente geben, in denen einige Schwadronen
mit Erfolg eingreifen können; solche Fälle sind aber zu vereinzelt und
belanglos, als daß man ihnen bei der Vertheilung der Kavallerie in
der Ordre de Bataille Rechnung tragen dürfte.

Bei Heerestheilen, denen der Schleier der selbständigen Reiterei
fehlt, wird das Bedürfniß nach Divisionskavallerie sich freilich stärker
geltend machen, ebenso bei solchen Armeekorps, die die Armeeflanken
darstellen, — ferner im Detachementskriege und in sonstigen Ausnahmefällen. Hier muß die Kavallerie vermehrt zu den Vorposten
herangezogen werden, sie muß aufklären und verschleiern. Auch die
Kampfthätigkeit kann unter solchen Umständen eine bedeutendere werden
und die Gefechtsaufklärung ist in kleineren Verhältnissen eher möglich
als bei ausgedehnten Schlachtfronten.

Auf diese besonderen Verhältnisse hin eine stärkere Bemessung der
Divisionskavallerie überhaupt zu fordern und damit einen großen Theil
der Waffe in der Tiefe der Marschkolonnen brach zu legen, erscheint
jedoch nicht gerechtfertigt. Das Maß für die Zutheilung der Divisionskavallerie muß vielmehr in denjenigen Verhältnissen gesucht werden, in
denen sich die Masse der Infanterie gewöhnlich befindet und in den
hieraus erwachsenden Aufgaben dieser Reiterabtheilungen. Den einzelnen Kolonnen oder Divisionen da, wo es die besonderen Umstände
erfordern, vermehrte Kavallerie zeitweise zuzutheilen, die man aus der
verfügbaren Masse selbständiger Kavallerieformationen entnimmt,
dürfte im Allgemeinen kaum besonderen Schwierigkeiten unterliegen.
Wohl aber ist es ungemein schwierig und umständlich, die der In-

fanterie einmal zugetheilte Kavallerie derselben wieder zu entziehen und zu selbständigen Operationskörpern zu vereinigen, da wo die Verhältnisse gebieterisch den Einsatz erhöhter Reitermassen fordern. Solche Verhältnisse aber sind — wie wir sahen — die gewöhnlichen.

Es muß demgemäß die Forderung gestellt werden, so viel Kavallerie als irgend möglich organisatorisch bezw. strategisch selbständig zu machen und so wenig als irgend zulässig durch die Ordre de Bataille an die Infanterie-Divisionen zu binden. Mir will scheinen, als ob bei ausgiebiger Ausnutzung des Fahrrads und dementsprechender Reorganisation des Melde- und Ordonnanzdienstes*) zwei gut ausgebildete und leistungsfähige Eskadrons pro Infanterie-Division für den gewöhnlichen Dienst derselben vollauf genügen müßten.

Was nun aber die Vertheilung der so bereit gestellten selbständigen Kavallerie anbetrifft, so liegt es nach allem Gesagten auf der Hand, daß eine schematische Eintheilung derselben in lauter gleich starke Divisionen, bezw. eine gleichmäßige Vertheilung solcher Divisionen auf die verschiedenen Armeen, etwa nach dem Stärkeverhältniß dieser letzteren, als ein Hinderniß lebendiger, vielseitigster Thätigkeit zu betrachten ist. Mir scheint vielmehr, daß die jedesmaligen bei Beginn eines Krieges obwaltenden Verhältnisse die Eintheilung und Vertheilung der Kavallerie im Sinne ihrer im vorigen Abschnitt entwickelten Aufgaben bedingen müssen. Wo es angemessen erscheint, darf man sich nicht scheuen Divisionen von verschiedener Stärke zu formiren, mehrere derselben zu Kavalleriekorps zusammenzufassen, ja vielleicht sogar mehrere solcher Korps in einer strategischen Richtung zu vereinigen; ebenso aber auch nur einzelne Brigaden oder Regimenter bestimmten Heerestheilen zuzutheilen, wenn es die operativen Verhältnisse gestatten oder fordern.

Wer an und für sich mit kavalleristischer Ueberlegenheit ins Feld zieht, wird allerdings auch für sekundäre Zwecke weniger sparsam verfahren können; umsomehr ist für den numerisch Schwächeren die äußerste Oekonomie der Kräfte und die intensivste Art ihrer Verwendung am entscheidenden Punkt geboten. Für diesen wird es demnach für den Beginn des Feldzuges darauf ankommen auf den entscheidenden

---

*) Anm. Eine Neubearbeitung der Felddienst-Ordnung kann meines Erachtens nur eine Frage der Zeit sein. Dieselbe wird dann auch die durch das Fahrrad bedingten Neuerungen zu berücksichtigen haben.

Operationslinien die Masse der Kavallerie zu konzentriren, auf solchen nämlich, wo man einerseits der allgemeinen strategischen Lage nach erwarten darf in das Hauptoperationsgebiet der gegnerischen Armeen zu gelangen, also das operativ Wichtigste von ihm zu erfahren, wo man andererseits selbst das größte Interesse hat die eigenen Bewegungen zu verbergen und hierzu Alles, was sich von gegnerischer Kavallerie zeigt, möglichst nachhaltig zu schlagen. Auf den übrigen Fronten aber wird er bestrebt sein müssen mit möglichst geringer Kavallerie auszukommen, ihre verschleiernde Thätigkeit durch Infanterie zu unterstützen und sich mit der Aufklärung durch Patrouillen zu begnügen.

Wird auf der Hauptoperationslinie der Sieg erfochten, so wird sich derselbe sehr bald durch eine Entlastung auf den Nebenfronten fühlbar machen, und es wird auch dort der Kavallerie möglich sein das offensive Element in ihrem Verhalten allmählich zu steigern. Denn entweder wird der Gegner seine Reiterei von überall her nach der gefährdeten Richtung heranziehen und damit unsere Nebenfronten entlasten oder der Sieger ist in der Lage, die gewonnene Ueberlegenheit durch Unterstützung etwa bedrängter Abtheilungen auszunützen.

Macht somit die Nothwendigkeit die gegnerische Kavallerie gleich zu Beginn eines Krieges aus dem Felde zu schlagen eine Konzentration bedeutender Massen in entscheidender Richtung erforderlich, so ist es natürlich geboten, daß bei dem strategischen Aufmarsch der Armeen dieser Gesichtspunkt voll zur Geltung gebracht wird.

Aber auch im weiteren Verlauf der Reiterthätigkeit — nach gewonnenem Siege über die Masse der feindlichen Kavallerie — machen — wie wir sahen — die meisten der an die Kavallerie herantretenden Aufgaben den Einsatz bedeutender Kräfte nöthig, wenn die Reiterei nicht — wie das 1870/71 leider so oft der Fall war — vor beliebigen schwächeren Infanteriekräften oder gar vor den Elementen des Volkskrieges zurück weichen und damit auf die Lösung ihrer Aufgaben verzichten will.

Gegen die Vereinigung größerer Kavalleriemassen werden nun freilich zahlreiche Bedenken geltend gemacht. Es muß daher erwogen werden, ob sich dieselben heben lassen, und ob sie überhaupt schwer genug ins Gewicht fallen, um ihretwegen auf die eminenten Vortheile überlegener Konzentration zu verzichten.

Zunächst wird die Schwierigkeit betont, größere Massen zu verpflegen.

Doch beweist die Kriegsgeschichte von Friedrich dem Großen und Napoleon bis auf den amerikanischen Sezessionskrieg, dessen vielfach besondere Verhältnisse übrigens nicht verkannt werden sollen, daß es allerwegen möglich war, Reitermassen von weit über 5000 Mann einheitlich zusammen zu fassen und doch beweglich zu erhalten, noch dazu in armen und unwegsamen Gebieten. Bei den verbesserten Kommunikationsmitteln der Neuzeit muß das also erst recht möglich sein, wenn die geeigneten Vorkehrungen getroffen werden.

Es ist dann hervorgehoben worden, daß das Meldewesen durch das Einschieben der Zwischeninstanz des Korps zum Nachtheil der Armeeleitung verlangsamt werden könnte. Auch dieser Einwurf kann als stichhaltig nicht betrachtet werden, denn das Nachrichtenwesen muß, wo sich die Kavallerie über einigermaßen große Fronten ausdehnt, überhaupt derart organisirt werden, daß von den verschiedenen Unterabtheilungen nöthigenfalls, d. h. wo es durch die Wichtigkeit der Meldung bedingt ist, außer auf dem Instanzenzuge auch direkt an die Armeeleitung, bezw. die nachfolgenden Korps, gemeldet werden kann. Das ist unter Umständen auch schon bei der Kavallerie-Division nöthig und mit Fahrrad und Telegraph auch meistens unschwer zu erreichen. Von welchen Instanzen noch direkt gemeldet werden darf, wird von den jedesmaligen Umständen abhängen. In manchen Fällen wird schon die Kavalleriepatrouille dazu verpflichtet sein; im Allgemeinen aber kann man diejenigen Abtheilungen als hierzu verpflichtet bezeichnen, welche auf einer besonderen Hauptstraße vorgehen, also auch bei der Kavallerie-Division, wo diese nicht einheitlich zusammengehalten wird, die Brigaden bezw. Regimenter. Daß die Kavallerieführer, bis zum Patrouillenführer herab, über die Kriegslage so orientirt sein müssen, daß sie die Wichtigkeit der erkundeten Verhältnisse ermessen und die Meldung richtig zu instradiren vermögen; daß sie auch taktisch so ausgebildet sein müssen um solcher Anforderung gewachsen zu sein, das ist überhaupt nothwendig und zwar beim Kavalleriecorps nicht mehr wie bei der Division. Ebenso ist eine angemessene Organisation des ganzen rückwärtigen Meldedienstes eine Nothwendigkeit, die durch die etwaige Formirung von Kavalleriecorps ebenfalls nicht erhöht wird.

Bedeutungsvoller als diese Meldefrage ist der Einwand, daß die Führung von Kavalleriemassen, welche die Stärke einer Division zu sechs Regimentern wesentlich übersteigen, außerordentlich erschwert erscheint. Das muß in gewissem Sinne sogar zugegeben werden, solange es sich nämlich um exerzirmäßige Führung auf dem Gefechtsfelde handelt. Exerziren im eigentlichen Sinne des Wortes, was mit einer Division zu sechs Regimentern noch einigermaßen möglich ist, kann man allerdings ein Kavalleriekorps nach dem Schema der sogenannten Drei treffen Taktik, wenigstens im bergigen Gelände und in kriegsgemäßer Weise, nicht. Uebergangsformation, einheitliche Gefechtsentwickelung, Treffenwechsel und dergleichen lassen sich kaum ausführen, keinesfalls in einem auch nur einigermaßen unübersichtlichen Gelände. Die Forderung einer exerzirmäßigen Führung größerer Kavalleriemassen erscheint mir aber überhaupt nicht aus den Bedingungen und Forderungen des Krieges zu erweisen zu sein.

Sobald der Kavalleriekorps Führer seine Divisionen führt wie ein kommandirender General seine Infanterie-Divisionen, indem er entweder erst die eine Division einsetzt und aus der zurückgehaltenen sie nach Bedürfniß verlängert oder verstärkt, oder indem er seine Divisionen flügelweise ansetzt, die Wirkungssphären räumlich begrenzt und ihnen getrennte Gefechtsaufträge giebt, die nur in der Endabsicht des Führers, also in dem gewollten Schlußresultat, zusammentreffen, deren Ausführung aber den Divisionskommandeuren überlassen ist, so ist nicht abzusehen, weshalb die Führung eines Kavalleriekorps nicht möglich sein sollte. Ja man wird sagen dürfen, daß der Erfolg desto sicherer erzielt werden muß, je einheitlicher der Gefechtswille sich geltend machen kann, und daß im Allgemeinen mehr Wahrscheinlichkeit vorhanden ist, daß ein Korpsführer einheitlich handelt, als zwei Divisionsführer, die nebeneinander denselben Gefechtszweck erstreben.

Wenn demnach da, wo das Korps zum Kampf vereinigt ist, die einheitliche Leitung sehr wohl möglich ist, wird das um so mehr der Fall sein, wo es sich um Operationen handelt. Denn nicht darauf kommt es an, daß das Korps gewissermaßen als ein geschlossenes Ganzes womöglich gar auf einer Straße vorgeht, sondern darauf, in einem gewissen Rayon eine einheitliche d. h. nach einem Willen auf einen Zweck geleitete Kavalleriemasse zu vereinigen, die der gegnerischen auf alle Fälle überlegen sein soll. Dabei können die einzelnen Divisionen gesonderte Aufträge erhalten, auf verschiedenen Straßen marschiren, sich theils ausdehnen, theils geschlossen bleiben, je nach den Umständen. Bedingung ist nur, daß sie in dem Operationszweck ein gemeinsam ihnen vom Korpsführer gegebenes Ziel nach gleichen Grundsätzen verfolgen und durch die höhere Leitung an excentrischem Abweichen verhindert werden.

Die Schwierigkeit der Führung kann demnach ebenfalls nicht gegen die Zusammenfassung größerer Kavalleriemassen ins Feld geführt werden, und es muß daher für die gesammte Verwendung der Kavallerie und ihre dementsprechende Gruppirung an die Heeresleitung die Forderung gestellt werden, überall die Hauptaufgaben der Kavallerie — wie die wechselnde strategische Lage sie zeitigt — scharf ins Auge zu fassen und zu ihrer Lösung Reiterei in vollkommen ausreichender numerischer Stärke unter einheitlicher Führung einzusetzen, auch wenn dabei zeitweilig an anderen weniger entscheidenden Punkten ein Mangel an dieser Waffe sich geltend machen sollte. Mit rücksichtsloser Energie muß dieser Grundsatz durchgeführt werden, wenn man vollen Nutzen aus der Waffe ziehen will, denn nirgends würde sich eine Zersplitterung der Kraft in gleichem Grade rächen wie bei der an und für sich numerisch schwachen Reiterei.

Dagegen darf auch dieser Grundsatz natürlich nicht in starrer Einseitigkeit durchgeführt werden. Die Strategie ist eben ein System von Aushülfen, und der höchste Grundsatz bleibt immer der der Zweckmäßigkeit.

Vor Allem muß gefordert werden, daß neben dem Zusammenhalten der Kraft die Möglichkeit erhalten bleibt die Zusammensetzung der einzelnen Verbände zu ändern, sobald es die veränderte Kriegslage vortheilhaft erscheinen läßt, damit nicht an einer Stelle Kräfte brach liegen, die an der anderen dringend erfordert werden.

Keineswegs ist es erforderlich, daß die nach den Anforderungen des Kriegsbeginns beim ersten Aufmarsch aufgestellten Verbände dauernd in ihrem Bestande und in ihrer Ordre de Bataille erhalten bleiben. Man kann von ihnen detachiren oder sie verstärken, je nach den Umständen. Man kann Korps und Divisionen auflösen, um an anderer Stelle neue zu formiren; auch die Führer und die Stäbe kann man bald hier bald da verwenden.

Als Analogon möchte ich das Verfahren der deutschen Heeres=
leitung bezüglich der Armeen im Kriege 1870/71 anführen. Je nach den
Anforderungen der Lage werden die einzelnen Korps bezw. Divisionen in
der verschiedenartigsten Weise in Armeeverbände zusammengefaßt, und die
Flüssigkeit dieser Organisation zeigt sich jeder Eventualität gewachsen.

Als nahezu ideales Vorbild kann ferner die Verwendung der
Kavalleriekörper durch Napoleon I. betrachtet werden.

Bald ballen sich seine Reiterschaaren zu Divisionen und Korps
zusammen, bald lösen sie sich in selbständige Brigaden oder gar einzeln
operirende Regimenter auf, um im nächsten Augenblick wieder in ge=
waltige Massen zusammengefaßt zu werden, wo es die Verhältnisse
bedingen. Hier ist nichts Schematisches, nichts Pedantisches in der ganzen
Verwendungsart, und Führer und Truppe finden sich stets gewandt und
rasch in die veränderten Verhältnisse.

Solchem Ideal zielbewußt nachzustreben wird für uns Deutsche
um so mehr geboten sein, je zahlreicher die Reitermassen sein werden,
gegen welche wir vielleicht zu kämpfen haben werden.

4. Erhöhte Bedeutung des Feuergefechts.

Haben die veränderten Verhältnisse des modernen Krieges für die
strategische Gruppirung der Kavallerie ganz neue Bedingungen und
Forderungen gezeitigt, so glaube ich, daß ein ähnlicher Einfluß auch auf
die Fechtart sich nachweisen läßt.

Galt bisher der Kampf mit der blanken Waffe als der haupt
sächlich berechtigte, so hat jetzt die Verwendung auch des Feuergefechts
derart an Bedeutung gewonnen, daß dadurch der Gesammtcharakter der
Reiterthätigkeit verändert erscheint.

Freilich wird es und muß es auch heute noch das Bestreben eines
jeden Führers sein, dem warmes Reiterblut durch die Adern rinnt, wo
immer die Gelegenheit sich bietet, vor Allem aber wo sich feindliche
Reiterei irgend erreichbar zeigt, zur blanken Waffe zu greifen.

Diesem Streben gegenüber wird sich jedoch die Thatsache nicht
leugnen lassen, daß heute dem numerisch oder reiterlich Schwächeren
die Möglichkeit gegeben ist, den Kampf im freien Felde zu vermeiden
und mit Hülfe der Feuerwaffe dennoch den Versuch zu wagen hinter
Defileen oder an starken Geländeabschnitten der überlegenen gegnerischen

Reiterei die Spitze zu bieten und das Feld zu behaupten. Dann muß der Angreifer eben auch zum Karabiner greifen. Auch ergiebt eine nähere Betrachtung der der Kavallerie in Zukunft, abgesehen von der Bekämpfung der feindlichen Reiterei, bevorstehenden Aufgaben, daß dieselben den Kampf mit der Feuerwaffe schlechthin zur Nothwendigkeit machen.

Der Gegner sichert seine Eisenbahnen und wichtigen Etappenpunkte durch Truppen zweiter und dritter Linie. Vermehrt durch die Widerstandskräfte des Volkskrieges, versperren dieselben Wälder, Flußübergänge und Defileen. Auch die Begleitmannschaften des feindlichen Fuhrwesens sind reichlich mit weittragenden Feuerwaffen versehen. In der Verfolgung der geschlagenen feindlichen Kavallerie stößt man auf Infanterieabtheilungen des Gegners, die zur Aufnahme vorgeschickt wurden oder Defileen besetzten, um den Rückzug der Reiterei zu sichern. Wichtige Kommunikationen werden weithin von starken Abtheilungen radfahrenden Fußvolks beherrscht, das im Nothfall in Wäldern und Ortschaften Schutz und günstige Gelegenheit zur Waffenwirkung findet. Alle diese Widerstandskräfte entziehen sich meistens der Einwirkung der blanken Waffe. Ueberwältigen aber muß man sie, wenn man seine Aufgabe lösen will. Schon bei der Aufklärung, besonders aber bei allen Unternehmungen gegen die feindlichen Verbindungen, tritt diese Nothwendigkeit bestimmt hervor, und dasselbe ist auch da der Fall, wo es sich um strategische Verfolgung bezw. um Deckung eines Rückzugs handelt. (Vergl. §§ 376 ff.)

Bei der Verfolgung kommt es im Wesentlichen darauf an mit der gesammten Kavallerie unausgesetzt und unermüdlich dem Feinde auf den Fersen zu bleiben, ihm nirgends Rast und Ruhe zu gönnen und ihn so in völlige Erschöpfung und Demoralisation hineinzutreiben. Für die Masse der Kavallerie wird dabei jedoch ein frontales Nachdrängen weniger ins Auge zu fassen sein, da Kavallerie, auch wenn sie durch einige Batterien unterstützt wird, vor Arrieregardenstellungen der etwa noch intakten feindlichen Truppen leicht zum Stehen kommt. Die frontale Verfolgung wird sie in solchen Fällen den anderen Waffen überlassen müssen und sie erst dann wieder aufnehmen, wenn auch der letzte Widerstand des Gegners gebrochen ist und die Erschöpfung der eigenen Infanterie und fahrenden Artillerie diesen Waffen ein weiteres

Folgen unmöglich macht. Dagegen ist mit aller Energie womöglich eine parallele Verfolgung einzuleiten, um überraschend und wiederholt gegen die Flanken der feindlichen Marschkolonnen wirken zu können. Auch muß man stets bestrebt sein dem Gegner an seinen Marsch zielen zuvorzukommen, sich ihm an Defileen vorzulegen und ihn so zwischen zwei Feuern in eine schier verzweifelte Lage zu versetzen. Mann und Pferd müssen hierbei bis zur äußersten Grenze der Leistungs fähigkeit ausgenutzt werden.

Es liegt auf der Hand, daß die Hauptgefechtsrolle bei solchem Ver= fahren der Feuerwaffe zufällt; nur beim Feuergefecht ist es möglich den Angriff rasch und verlustlos abzubrechen, um ihn an anderer Stelle wieder zu beginnen, und beim Vorlegen an Defileen kommt die Feuerwaffe fast allein zur Sprache.

Was auf diesem Wege zu erreichen ist, zeigt in großartigster Weise die Reiterei Sheridans, durch deren erfolgreiches Flankiren, Vorlegen und Sperren der Verpflegungszufuhr die Heldenschaaren des Generals Lee schließlich zur Kapitulation von Clover Hill gezwungen wurden.

Die Attacke wird überall nur da von größerem Erfolge sein als die Verwendung des Fußgefechts, wo die taktische Ordnung des Gegners gelöst und seine Feuerkraft gebrochen ist — im Allgemeinen also mehr bei der taktischen seltener bei der strategischen Verfolgung, bei welcher das operative Element in den Vordergrund tritt, wenn nicht etwa, wie bei Belle-Alliance, die Niederlage zur vollständigen und dauernden Auf= lösung des ganzen feindlichen Heeres geführt hat.

Auch bei dem Versuch die Arrieregarden einer geschlagenen Armee bei der Deckung des Rückzuges zu unterstützen, muß die Kavallerie, wenn es ihr gelungen ist sich der verfolgenden Reiterei des Gegners zu entledigen, zum Karabiner greifen, da sie mit der Attacke gegen die moralisch gehobene Infanterie und Artillerie des Siegers meist wenig wird ausrichten können. Sie muß in solchem Fall versuchen gegen die Flanken der Verfolgungskolonnen angriffsweise mit der Feuerwaffe vor zugehen, um den Gegner von der geschlagenen Truppe abzuziehen. Vielfach kann sich die Aufgabe auch dahin zuspitzen, dem verfolgenden Feinde an Defileen oder Geländeabschnitten durch frontale Vertheidi gung Aufenthalt zu bereiten. Unschätzbare Dienste kann eine frisch und kampffähig erhaltene Kavallerie, die sich weder deprimiren noch

demoralisiren läßt, der geschlagenen Infanterie leisten, wenn ihr das
gelingt; sie kann dazu beitragen, daß die Kolonnen und der ganze
Nachschub einer Armee ordnungsmäßig nach rückwärts abfließen,
ohne vom Gegner beunruhigt zu werden, daß die Armee selbst ihren
inneren Halt wieder gewinnt und die taktische Ordnung in momentaner
Ruhepause wieder hergestellt wird! Immer wieder wird es die Feuerwaffe der Kavallerie sein, die den Bedrängten das verschaffen muß,
um das es sich hier handelt: Zeitgewinn!

Vielfach wird ja allerdings die Auffassung vertreten, daß Kavallerie
sich überhaupt nicht in hartnäckige Gefechte zu Fuß verwickeln lassen,
daß sie nur durch kurze überraschende Angriffe wirken dürfe und in
ihrer Beweglichkeit das untrügliche Mittel besitze Widerstandspunkte
zu umgehen. Diese Auffassung, die die Thätigkeit der Kavallerie auf
das Wesentlichste beschränkt, scheint mir jedoch in keiner Weise stichhaltig.
Vor Allem ist sie dann hinfällig, wenn es sich um Zeitgewinn handelt,
oder wenn die Wegnahme irgend eines Objektes, eines vertheidigten
Etappenorts, einer unter Bedeckung marschirenden Kolonne, die Zer-
störung einer besetzten Eisenbahn oder ähnliche Aufgaben gerade der
Zweck des ganzen Unternehmens waren.

Aber auch da, wo der Kampf durch den Zweck selbst nicht geboten
erscheint, ist es nicht immer rathsam oder zweckmäßig, ihm durch Umgehung aus dem Wege zu gehen.

Zunächst giebt man mit jeder Umgehung die eigene Front frei, ent-
blößt die rückwärtigen Verbindungen, d. h. die nachfolgenden Bagagen
und Kolonnen, bietet dem Gegner die Flanke und giebt ihm damit
manche Chance taktischen Erfolges und lohnender Beute. Dann wird
man durch die Umgehung leicht aus der beabsichtigten Richtung gebracht, was unter Umständen den Erfolg der ganzen Operation in
Frage stellen kann. Auch kann der durch die Umgehung bedingte Zeitverlust größer sein als der durch das Gefecht bedingte, und dann ist
Letzteres meistens vorzuziehen. Auf jeden Fall aber ist eine Umgehung
immer ein Aufschieben der taktischen Abrechnung und damit für die
Offensivkavallerie unter allen Umständen ein Nachtheil. Die Theorie,
daß Kavallerie vermöge ihrer Beweglichkeit stets umgehen könne,
scheitert in der Wirklichkeit eben kläglich theils an den taktischen und
strategischen Anforderungen, theils an der Rücksicht auf Zeit, Pferdekräfte und die nachzuführenden Kolonnen.

Aehnlich verhält es sich mit einer anderen Theorie, mit der man die Nothwendigkeit des Fußgefechtes wegzuleugnen sucht. Man meint nämlich, die Wirkung der reitenden Artillerie würde genügen, um der Kavallerie die Gasse zu fegen. Diese Letztere werde daher kaum jemals zu energischem Feuergefecht zu greifen brauchen. Meines Erachtens liegt in dieser Annahme doch eine ganz bedeutende Ueberschätzung der Artilleriewirkung. Mit derselben käme man logisch zu dem Trug-schluß, daß auch Infanterie des Feuergefechts kaum bedürfe. Von jeder zuverlässigen Truppe muß gefordert werden, daß sie sich durch Artilleriefeuer allein aus gedeckter Stellung nicht vertreiben lasse. Auch sprechen alle bisherigen Kriegserfahrungen dagegen, daß eine einigermaßen brauchbare Infanterie lediglich durch Artilleriefeuer aus einem Posten zu verdrängen sei, den sie ernstlich behaupten will, und um solche kann es sich hier doch nur handeln. Daß es im Feldzuge 1870/71 vielmals gelungen ist einen schwachen und demoralisirten Gegner aus Ortschaften, auf deren Besitz ihm wenig ankam, lediglich durch Artilleriefeuer zu verjagen, kann an dieser That-sache durchaus nichts ändern.

Wer übrigens öfter bei Uebungsritten, Generalstabsreisen und der-gleichen größere Operationen selbständiger Kavallerie hat ausführen lassen und bemüht war, dieselben in möglichst kriegswahrer Weise durchzuspielen, wird bald die Wahrnehmung gemacht haben, daß die Tendenz zum Feuergefecht zu greifen sich bei allen Führern derartig geltend macht, daß man eher in die Lage kommt sie einzudämmen als sie zu befördern. Er wird aber zugleich die Einsicht gewinnen, daß diese Tendenz eine in den Verhältnissen begründete ist, daß eine ent schlossene Reiterei auch in Wirklichkeit fast täglich von der Feuerwaffe wird Gebrauch machen müssen und ohne ausgiebige Verwendung des Karabiners überhaupt nicht mehr in der Lage ist die wichtigsten ihr obliegenden Aufgaben zu erfüllen.

Ist somit der Kampf mit der Feuerwaffe nach den verschiedensten Richtungen hin eine Nothwendigkeit, so möchte ich glauben, daß er auch in der Schlacht selbst, in diesem Brennpunkt aller kriegerischen Aktion, von Bedeutung werden kann.

Großes haben in dieser Richtung die Reiter Stuarts und Sheridans geleistet, die in rangirter Schlacht zu Fuß mitfochten

(Stuart bei Fredericksburg und Sheridan bei Five Forks) und Gefechte mit der Feuerwaffe in der Hand entschieden, um gleich darauf in brausender Attacke den geschlagenen Gegner zu Pferde zu verfolgen (Stuart bei Brandy Station).

Freilich haben sich Waffen und Zahlenverhältnisse seit jenen Tagen ganz außerordentlich verändert. Immer aber bleibt der Kavallerie vermöge ihrer Beweglichkeit die Möglichkeit ihr Feuer in überraschender Weise und in der empfindlichsten Richtung gegen Flanke und Rücken des Gegners einzusetzen, sobald sie sich entschließt ihre Verbindung mit der eigenen Armee zeitweise preiszugeben und dem feindlichen Heer in den Rücken zu gehen.

Es liegt in solchem Unternehmen jedenfalls die Garantie einer gewissen moralischen Wirkung. Was hätte nicht unsere Kavallerie 1870/71 gegen die wenig widerstandsfähigen Heere der Republik leisten können, wenn sie — mit einer guten Feuerwaffe ausgerüstet — zielbewußt derartige Erfolge gesucht hätte. Es würde zu weit führen, hierfür die zahlreichen Belege aus der Geschichte jenes Krieges zusammenzusuchen. Nur beispielsweise möchte ich an die Schlacht von Bapaume erinnern. Hier stand die zur 3. Kavallerie-Division gehörige 7. Kavallerie-Brigade in der Flanke ja fast im Rücken der feindlichen Armee, ohne im Stande zu sein die schwerbedrängte 15. Division zu unterstützen. Hätte sie gegen den Rücken der französischen Nord-Armee überraschend und entschlossen mit Feuer wirken können, der Erfolg wäre wohl zweifelsohne ein sehr erheblicher gewesen. Der ruhmreiche Kampf, der der enormen Uebermacht gegenüber immerhin mit Terrainverlust endete, hätte vielleicht zu einem taktischen Siege gestaltet werden können. Freilich liegen die Verhältnisse nicht immer so günstig. Nicht immer wird man Truppen wie die der damaligen Nord-Armee zu bekämpfen haben, gegen welche auch der Einsatz schwächerer Kräfte von Bedeutung werden konnte. In Zukunft wird man den feindlichen Massen nur mit eigenen Massen entgegentreten können und dadurch zu wirken suchen müssen, daß man nur an entscheidenden Stellen eingreift. Andererseits aber huldige ich keineswegs der Ansicht, daß abgesessene Kavallerie nur gegen ganz minderwertige Infanterie Erfolge erzielen könne und auch das nur unter besonders günstigen Umständen, einer einigermaßen brauchbaren Fußtruppe aber überhaupt nicht gewachsen sei.

Freilich hat die Infanterie die ausgiebigere Schießübung, besonders auf die weiten Entfernungen, und die gründlichere Ausbildung im Gelände voraus, auch sind Leitung und Feuerdisziplin im Frieden naturgemäß besser wie bei der Kavallerie.

Keineswegs aber stehen die Schießresultate der Kavallerie im Gefechtsschießen — also dem kriegsmäßigsten Theil der Ausbildung — so wesentlich unter denen der Infanterie, daß schon hierdurch eine Ueberlegenheit der Letzteren im Gefecht bedingt ist. Auch gestattet es die Leistungsfähigkeit des Karabiners sehr wohl, besonders auf den entscheidenden Distanzen, den Kampf mit der Infanterie aufzunehmen. Außerdem aber muß mit vollem Nachdruck darauf hingewiesen werden, daß die Kavallerie auch ihrerseits über Kraftfaktoren verfügt, mit denen sie der Infanterie ganz wesentlich überlegen ist.

Ich habe schon oben darauf hingewiesen, daß sie sich der heutigen Kriegsinfanterie gegenüber als stehende Truppe charakterisirt, d. h. also sich durch einen viel festeren taktischen und moralischen Zusammenhang auszeichnet.

Fassen wir dieses Verhältniß einmal näher ins Auge.

Eine mit beweglichen Pferden abgesessene kriegsstarke Estadron bringt nach Abzug von Pferdehaltern 70 Karabiner ins Feuer. Diese 70 Mann setzen sich, wenn die Jahrgänge gleichmäßig in der Estadron vertheilt sind, ziemlich gleichmäßig aus Leuten aller drei Jahrgänge und aus etwa acht Reservisten zusammen, so daß demnach höchstens 20 Rekruten, dagegen 40 aktive alte Mannschaften darunter sind, von denen die Hälfte im dritten, die andere Hälfte im zweiten Jahre dient. Geführt aber werden diese 70 Mann von drei meist aktiven Offizieren und acht zum weitaus größten Theil aktiven Unteroffizieren nebst einem Trompeter, der auch meist aktiver Unteroffizier ist.

Demgegenüber setzt sich ein Zug Infanterie, der bei voller Kriegsstärke etwa 75 Mann stark ist, aus etwa 40 aktiven Mannschaften — von welchen die Hälfte aus Rekruten besteht, die andere Hälfte aber erst im zweiten Jahre dient — und aus 35 Reservisten zusammen, hat also höchstens 20 aktive alte Mannschaften. Geführt aber werden diese Leute in den meisten Fällen von einem Reserve- oder Landwehroffizier und höchstens sieben Unteroffizieren, unter denen sich durchschnittlich vier Reserveunteroffiziere befinden.

In welcher Truppe ein festerer Halt sein muß, auf welche man sich mehr verlassen kann, da wo es in erster Linie auf die moralischen Eigenschaften, auf den festen Zusammenhalt und die Feuerdisziplin ankommt, braucht wohl kaum erst gesagt zu werden. Hinzufügen will ich nur, daß, von allem Anderen abgesehen, bei der Kavallerie schon die Einwirkung der Vorgesetzten, die Beaufsichtigung, eine viel intensivere ist. Auch sogenannte Drückeberger werden bei der Kavallerie im Allgemeinen seltener sein als bei der Infanterie, theils wegen der durch die längere Dienstzeit fester gegründeten militärischen Erziehung und der besseren Beaufsichtigung, theils weil Jeder das Bestreben hat sich nicht von seinem Pferde trennen zu lassen und nur im Anschluß an die Truppe die Sicherheit findet zu demselben zurückzugelangen.

Solchen Verhältnissen gegenüber glaube ich unsere Kavallerie zu dem Anspruch berechtigt, es mit der besten bestehenden Infanterie aufnehmen, minderwerthiger Infanterie gegenüber aber sich stets überlegen fühlen zu können. Mit dieser Erkenntniß erweitert sich der Kreis ihrer Thätigkeit ganz außerordentlich.

Jetzt kann sie an Aufgaben herantreten, die so lange unlösbar erscheinen mußten, als sie der Ueberzeugung lebte, daß mit dem Erscheinen feindlicher Infanterie die eigene Kampfthätigkeit aufhören müsse, wenn keine Gelegenheit zur Attacke vorhanden sei. Denn nun ist sie in der Lage, ihrem eigensten Wesen entsprechend, auch beim Gefecht zu Fuß das Hauptgewicht auf die Offensive zu legen, auch im Angriff ernste Gefechte durchzuführen und ihre Erfolge nicht mehr wie bisher von einer besonderen Gunst der Umstände abhängen zu sehen. Der eigenen Kraft vertrauend kann sie den taktischen Zwang eintreten lassen, wo ihr bisher nur gestattet war durch List und Schnelligkeit zu wirken und dem Zufall zu vertrauen.

Freilich aber bedarf eine in solchem Geiste handelnde Reiterei auch einer starken Ausrüstung mit Artillerie.

Ist es für Infanterie fast immer als unmöglich anzusehen einem nicht allzu schwachen und gut postirtem Vertheidiger gegenüber mit dem Gewehr allein ohne Unterstützung durch Artillerie die Feuerüberlegenheit zu erringen, die zur Durchführung des Sturmes nöthig ist, so gilt dasselbe natürlich auch von Kavallerie. Ja eine kräftige artilleristische Unterstützung wird hier um so mehr nöthig sein, als mit Recht gefordert

werden muß, daß die Angriffsgefechte der Kavallerie möglichst rasch
durchgeführt werden, ihre Vertheidigungsgefechte aber ausgiebigen Zeit=
gewinn verschaffen.

Dem steht allerdings die Forderung gegenüber die der Infanterie
zugetheilte Schlachtenartillerie nicht ohne Noth zu verringern. Ich
meine, es lassen sich beide Gesichtspunkte wohl vereinigen. So lange
die Reitermassen vor den Armeen sind, kann man ihnen die reitenden
Batterien derselben getrost zutheilen, ebenso nach gewonnenem Siege
oder nach verlorener Schlacht. Für die entscheidende Schlacht selbst
darf dann freilich diese Artillerieverstärkung der Kavallerie nicht
excentrisch verwendet sondern muß mit den Reitermassen zur aus=
giebigsten Thätigkeit in entscheidendster Richtung auf das Entscheidungs=
feld herangezogen werden. Auch hier ist eine gewisse Flüssigkeit der
Organisation erforderlich. Ein starres Festhalten an der Ordre
de Bataille kann dagegen nur ungünstig wirken. Aus diesem Ge=
sichtspunkte heraus ist auch wohl zweifellos die Umänderung der Ziffer
346 des Artillerie Exerzir Reglements entsprechend Ziffer 375 des
Kavallerie=Reglements entstanden.

5. Taktische Führung im Gefecht zu Pferde.

Erkannten wir im vorigen Abschnitt, daß dem Gefecht zu Fuß gegen
früher eine wesentlich gesteigerte Bedeutung beizumessen ist, so bleibt der
Kampf mit der blanken Waffe doch immer die Hauptgefechtsbethätigung
der Kavallerie, und wo die Grundsätze erwogen werden, nach denen die
Truppe auf dem Gefechtsfelde geführt werden soll, wird sich die Be=
trachtung in erster Linie dem eigentlichen Reiterkampf zuzuwenden haben.

Durch die Führung soll die mechanische Kraft der Truppe als
lebendige Wirkung auf den Feind übertragen werden. Wo sie ziel=
bewußt mit Kühnheit und eingehendem Verständniß handelt, vermag sie
diese Kraft vielfach zu potenziren und zwar bei der Kavallerie in
höherem Grade wie bei jeder anderen Waffe. Denn hier wirkt, wie
kaum in einem anderen Falle, die Unmittelbarkeit des persönlichen
Eindrucks, der Erscheinung, des Ausdrucks, des reiterlichen Verhaltens.
Dazu kommt, daß im Reiten selbst, in dem ganzen Wesen des Reiter
dienstes, etwas Electrisirendes, die Einbildungskraft Entzündendes, die
Nerven Anregendes liegt, das dem Einfluß des Führers entgegenkommt
und ihn unterstützt.

Dagegen machen sich aber auch die Wirkungen mangelhafter Führung nirgends in gleichem Maße geltend wie gerade bei der Reiterei. Hier wirkt jeder Anstoß unaufhaltsam fort bis zu seinen letzten Konsequenzen. Fehler können kaum je wieder gut gemacht werden. Das bedingen die Kürze des Zeitraumes, in der sich die meisten Handlungen abspielen, die Schnelligkeit aller Bewegungen und die Unaufhaltsamkeit, mit der ein einmal angesetzter Reiterangriff in steigender Energie zur Entscheidung drängt. Während somit bei der Kavallerie gute Führung den vielleicht wichtigsten Faktor des Erfolges bildet, dessen Mängel fast nirgends durch die Eigenschaften der Truppe selbst ausgeglichen werden können, ist sie doch gerade hier am seltensten zu finden, und Nichts ist anerkanntermaßen auf dem Gefechtsfelde schwieriger als richtiges Anordnen und Handeln an der Spitze einer größeren Reiterschaar.

Mehrere Momente treffen zusammen dieses Resultat zu zeitigen: erstens der Umstand, daß für die Ueberlegung häufig nur die kürzeste Frist gegönnt ist; dann der andere, daß solche beschleunigte Ueberlegung und Entschlußfassung vielfach noch unter den ungünstigsten äußeren Bedingungen stattfinden muß, in rascher Gangart oder mitten im sinnverwirrenden Wogen eines Reiterkampfes. Auch wird es in den meisten Fällen ganz ausgeschlossen sein, daß der Führer einer Kavalleriemasse bei den Anordnungen für das Gefecht Stärke und Maßnahmen des Gegners deutlich übersieht. Die erweiterte Wirkungssphäre der modernen Feuerwaffen und die dadurch bedingten größeren Gefechtsabstände werden das in Zukunft noch schwieriger machen, als es bisher schon war. Selten nur wird es ihm ferner möglich sein auf Grund von Meldungen, die er etwa noch während der Aktion erhält, einmal getroffene Maßregeln abzuändern oder rückgängig zu machen. Selbst vom Gelände, dessen Beschaffenheit für jede Kavalleriewirkung von so sehr viel größerer Bedeutung ist wie für jede andere Waffe, wird sich der Führer kein vollkommen zutreffendes Bild machen können. Ein Theil desselben befindet sich im Besitze des Gegners bezw. seiner Patrouillen oder innerhalb seiner Wirkungssphäre — oder kann auch einfach nicht übersehen und bei der Schnelligkeit der Bewegung nicht erkundet werden. Die Karte immerwährend zu Rathe zu ziehen ist, auch wenn man eine solche hat, selbstverständlich ausgeschlossen. Auch läßt dieselbe eine erschöpfende Beurtheilung des Geländes gar nicht zu. Der Führer

muß daher seine Befehle meist auf eine ziemlich allgemeine Anschauung
der Verhältnisse hin geben, kann auch an dem Widerstand, den er findet,
die Kräfte des Gegners nicht allmählich taxiren, wie das beim Infanteriegefecht der Fall ist, und behält als einziges Mittel weiterhin auf das
Gefecht einzuwirken nur noch seine Reserve in der Hand. Die Unterführer aber werden an Ort und Stelle die Verhältnisse oft ganz anders
finden, als sie der Gefechtsbefehl voraussetzte, und werden zu Rückfragen
doch nur in den allerseltensten Fällen Zeit haben.

Es liegt auf der Hand, daß nur eine vorzügliche kavalleristische
Erziehung neben angeborenem Talent befähigen kann alle diese
Schwierigkeiten einigermaßen auszugleichen. Wirklich erfolgreiche Führung wird aber auch dem begabten Reitergeneral nur dann möglich
sein, wenn der Mechanismus, den er in Bewegung zu setzen hat, tech-
nisch allen Anforderungen entspricht.

Zunächst ist es wohl erforderlich, daß Beobachtung und Befehlsertheilung so organisirt sind, daß sie mit Sicherheit funktioniren. Von
ersterer hängt die richtige Wahl des Attackenmoments ab, von letzterer,
daß die Truppe in der gewollten Weise eingreift.

Der Platz des verantwortlichen Führers ist daher bis zum Moment
der Attacke stets weit vor der Front, an einer Stelle, von der aus er
die Gefechtslage im Großen möglichst übersehen kann. Auch die
Führer selbständiger Kommandoeinheiten, womöglich bis einschließlich
der Regimentskommandeure, müssen sich bei ihm aufhalten und in seine
Auffassung der Lage einzugehen suchen. Als größter Fehler muß das
Kleben an der Truppe bezeichnet werden. Die Karte muß jeder Reiteroffizier im Kopf haben. Jeder Führer muß sich von dem Zusammenhang des Geländes und des Straßennetzes, von den Eigenthümlichkeiten des Gefechtsfeldes und den Chancen, die es bietet, immer von
Neuem Rechenschaft geben — Lücken solcher Kenntniß muß er durch Erkundung zu ergänzen suchen. Alle möglichen Modalitäten des Gefechts
muß er im Voraus geistig erwägen.

Niemals ferner darf sich der oberste Führer persönlich an einer
Attacke betheiligen, bevor er seine letzte Reserve einsetzt, und auch dann
nur, wenn keine weitere Verantwortung auf ihm lastet. Das aber
wird wohl meistens der Fall sein. Unter allen Umständen muß er in
der Lage bleiben die Truppe zu ralliiren, wenn sie sich im Hand-

gemenge aufgelöst hat, und Maßnahmen zu treffen, um den Erfolg auszunutzen oder den schlimmen Folgen eines Echecs vorzubeugen.

Und zwar gilt das nicht immer nur für den obersten Führer.

Ganz ausdrücklich möchte ich hier der meines Erachtens falschen Auffassung entgegentreten, nach der jeder Reiterführer stets an der Spitze seiner Truppe attackiren soll. Das ist vielmehr nur da der Fall, wo innerhalb eines höheren Verbandes Kommandoeinheiten ge= schlossen als solche attackiren, oder wo kleinere Abtheilungen — Eskadrons, Regimenter, Brigaden — als Ganzes angreifen, ohne daß rückwärtige Staffeln zu dirigiren oder nach der Attacke weitere Entschlüsse zu fassen sind. Auch muß natürlich dann jeder Führer mit seiner Person eintreten, wenn den schwankenden Halt der Truppe zu festigen oder sie zum höchsten Heroismus fortzureißen im Augenblick bei kühler Ueberlegung wichtiger erscheint, als alles später vielleicht nöthig werdende Anordnen.

In allen anderen Fällen aber hat sich der oberste Führer mit seinem Stabe außerhalb des Getümmels selbst zu halten, in welchem er die Uebersicht verlieren würde, sein Einfluß gleich null wäre und er nicht mehr zu leisten vermöchte als jeder gewöhnliche Reitersmann.

Dagegen hat er so zu reiten, daß er rasch und sicher in den Mechanismus des Ganzen eingreifen kann.

Fällt er, so übernimmt der Generalstabsoffizier oder der Adjutant so lange Führung und Verantwortung, bis zu gegebener Zeit der im Range Nächstälteste benachrichtigt werden kann.

Keinesfalls darf durch Aufsuchen dieses Letzteren in kritischen Momenten die Kontinuität der Führung unterbrochen werden.

Befindet sich die Reiterei im Zusammenwirken mit den anderen Waffen, so wird der gewählte Beobachtungsstandpunkt des Führers mit der weiter rückwärts haltenden Truppe durch Relais verbunden; es werden Beobachtungsoffiziere in diejenigen Gefechtsabschnitte geschickt, die sich von der Stellung des Führers aus nicht übersehen lassen, in denen die Ereignisse aber doch möglicherweise ein Eingreifen der Ka-vallerie nöthig machen oder beeinflussen können.

Gefechtsaufklärungs= und Sicherungspatrouillen gehen vor nach allen Richtungen, aus denen gegnerische Reserven bezw. frische feindliche Kräfte herankommen könnten. Nach allen Seiten hin, auch nach rückwärts, wird das Gelände möglichst von Offizieren erkundet, die nicht nur den obersten Führer, sondern auch Brigade- und Regimentskommandeuren von dem Befunde Kenntniß geben. Auch wird es sich empfehlen die höheren Führer der anderen Waffen, besonders der Reserven, so gut als möglich über das erkundete Gelände und wahrgenommene feindliche Maßnahmen fortdauernd zu orientiren, damit dieselben stets in voller Sachkenntniß handeln können. Mit der Heeresleitung wird möglichst durch einen Generalstabsoffizier dauernd Verbindung aufrecht erhalten.

Mit der nahenden Krisis wird die Truppe allmählich näher an die Gefechtslinie herangezogen. Mit dem Moment, wo der Angriff beschlossen ist, begiebt sich der Führer an eine Stelle, wenn thunlich seitwärts der Truppe, von der aus er das Attackenfeld selbst übersehen kann ohne den Gegner aus dem Auge zu verlieren. Von hier aus dirigirt er durch übersandte Befehle die einzelnen Staffeln, nachdem sich die Unterführer, über Lage und Gefechtszweck orientirt, zur Truppe zurückbegeben haben. Das Angriffsobjekt muß besonders bestimmt bezeichnet, womöglich muß ein weit sichtbares point de vue gegeben werden. Ueber die Truppe, die die Richtung angiebt, darf besonders bei flügelweiser Verwendung kein Zweifel bestehen.

Auch beim besten Beobachtungs- und Befehlsmechanismus wird man jedoch niemals im Stande sein große Reitermassen mit Erfolg zu einheitlichem Zweck zu leiten, sie in kriegsgemäßer, nicht revuemäßiger Weise erfolgreich einzusetzen, wenn gute Beobachtung, geschickte Führung und Befehlsertheilung nicht noch in zwei anderen Momenten eine nothwendige Ergänzung finden.

Zunächst bedarf es der denkbar größten Selbständigkeit der Unterführer bis herab zu den Eskadronchefs. Nur wenn diese überall da aushelfend eintritt, wo ein Befehl ausbleibt, wo die Verhältnisse ein Abweichen von. den Anordnungen der höheren Instanz gebieterisch fordern, oder wo diese Letztere nur in kürzester Weise durch Zuruf, Zeichen, Signal oder eigenes Reiten das Gewollte anzudeuten vermag, ist eine gewisse Sicherheit gegeben, daß überall sachgemäß gehandelt wird, und dies auch nur dann, wenn diese Selbständigkeit niemals in Willkür ausartet, niemals die örtlich begrenzte Situation, die vorgefunden wird, einseitig berücksichtigt, sondern vielmehr stets den ursprünglichen Führungswillen im Auge behält und das Einzelne immer nur im Geist der oberen Leitung anordnet.

In zweiter Linie aber bedarf die Führung taktischer Mittel und Bewegungsformen, die mit der elementarsten Einfachheit und Klarheit doch die größte Zweckmäßigkeit und Flüssigkeit verbinden. Nirgends in so hohem Grade als bei der Kavallerie gilt der Satz, daß im Kriege nur das Einfache Erfolg verspricht.

Die Vorschriften dürfen an das Gedächtniß von Führer und Truppe nur die denkbar geringsten Anforderungen stellen und müssen sich gewissermaßen mechanisch ausführen lassen.

Selbst die umfassendsten Bewegungen dürfen niemals ins Einzelne gehende Befehle und Instruktionen nöthig machen.

Durch Kommando darf womöglich nur diejenige Kommandoeinheit geleitet werden, die allein durch Kommando wirklich beherrscht werden kann, nämlich die Eskadron.

Die Anwendung von Signalen muß auf das Aeußerste beschränkt und nur in dem Maße zugelassen sein, daß sie zu Mißverständnissen keine Veranlassung geben kann, eine Gefahr, die besonders beim Zusammenwirken größerer Massen sehr naheliegend ist.

Auch der Nutzen von Zeichen kann nur als ein sehr geringer bezeichnet werden. Bei Staub und unübersichtlichem Gelände sind sie nicht zu sehen.

Dagegen müssen alle Bewegungen auf mündlich überbrachten Befehl ausgeführt werden können ohne an Einheitlichkeit zu verlieren.

Diese Art der Befehlsertheilung ist thatsächlich die einzige, auf deren Funktioniren man unter allen Umständen mit wenigstens einiger Sicherheit rechnen kann.*)

Die reglementarischen Vorschriften müssen die Möglichkeit gewähren aus jedem Verhältniß, aus der Marschkolonne wie aus der Rendezvousformation oder der Auflösung, ohne viel Worte und Befehle die Gefechtsformation in jeder beliebigen Richtung zu entwickeln.

Die Grundsätze für das Gefecht gegen die verschiedenen Waffen müssen so bestimmt festgelegt sein, daß es komplizirter Anordnungen für die Annahme der entsprechenden Gefechtsform nicht bedarf.

Der rasche Uebergang aus einer Gefechtsform in die andere muß gewährleistet sein.

---

*) Anm. Der Regimentskommandeur bedarf daher stets neben dem Adjutanten noch eines Ordonnanzoffiziers, um seine Befehle gleichzeitig an beide äußersten Flügel des Regiments senden zu können.

Es muß für jede Kommandoeinheit die Möglichkeit gegeben sein die durch das Gefecht bedingte Tiefengliederung ohne komplizirte Befehle und Bewegungen einzunehmen.

Soll diese Aufgabe gelöst werden, so dürfen nur die elementarsten Bewegungen formal vorgeschrieben und geregelt werden, die sich unter allen Umständen in der reglementarisch vorgeschriebenen Weise ausführen lassen. Im Uebrigen aber darf das Gefechtsreglement keine bestimmt festgelegten Evolutionen an die Hand geben sondern im Wesentlichen nur Normen und Grundsätze des Handelns, diese aber dafür in voller Klarheit und Bestimmtheit.

Es bedarf keines Beweises, daß unser Kavallerie Reglement den hier entwickelten Anforderungen an Gefechtsvorschriften nicht in allen seinen Theilen entspricht. Vor Allem sind die Bewegungen und Entwickelungen im Regiment viel zu schematisch, viel zu sehr auf genaue Abstände und gleichmäßige, ein für alle Mal feststehende, Bewegungen der einzelnen Eskadrons basirt, um für das Gelände, das Kavallerie heutzutage für das Gefecht ausnützen muß, als kriegsgemäß zu gelten und vor dem Feinde stets in der vorgeschriebenen Form ausgeführt werden zu können. Solche Bewegungen sind auf Kommando oder Signal nur auf dem ebenen Exerzirplatz ausführbar und stellen überhaupt einen viel zu komplizirten Mechanismus dar.

Beispielsweise sei auf die Entwickelungen aus der Tiefe hingewiesen, die sich vor dem Feinde offenbar nicht ein für alle Mal auf die gleiche Weise ausführen lassen, wie es das Reglement vorschreibt. Es muß sich vielmehr das Verhalten der Tete nach dem Gelände und der Entfernung vom Gegner richten. Die Evolutionen der rückwärtigen Kolonnenglieder aber hängen wiederum von dem Verhalten der Tete ab.

Auch bei den größeren Verbänden sind nicht alle Vorschriften für das Gefecht berechnet. So ist z. B. der Treffenwechsel eine Bewegung, die nur für den Exerzirplatz Gültigkeit hat und schon im Manöver niemals zur Anwendung kommt. Mir ist wenigstens kein Fall bekannt, in welchem außerhalb des Uebungsplatzes an diese Bewegung auch nur gedacht worden wäre.

Die Berechtigung aller dieser Vorschriften soll deshalb nicht bestritten werden. Einmal haben sie einen nicht zu unterschätzenden Werth für die Ausbildung bezw. die Erziehung einer strammen Exerzirdisziplin. Dann sind sie großentheils vorzüglich geeignet für alle Bewegungen außerhalb

der Gefechtszone, wo es darauf ankommt durch peinlichste Aufrecht
erhaltung der Form den moralischen Halt der Truppe zu festigen.
Wer einmal im Feuer gestanden hat, wird das zu würdigen wissen.
Mag man daher auch der Ansicht huldigen, daß sich der gleiche Zweck
durch einfachere Mittel erreichen ließe, die sich mit dem Gefechtsbedürfniß
näher berührten, so wird man dem Prinzip dieser Vorschriften doch
unbedingt zustimmen müssen.

Für das Gefecht selbst aber bedarf man bedeutend freierer und
einfacherer Formen, und diesem Bedürfniß kommt denn auch das
Reglement wohl in bewußter Absicht entgegen. Als ein bedeutender
Fortschritt muß es bezeichnet werden, daß es diese Freiheit schafft.

Für die Eskadron wird im § 330 die nöthige Selbständigkeit, für
das Regiment durch die §§ 331 und 333 die erforderliche Freiheit
mit der auch in diesen Blättern betonten Einschränkung gewährt.
Für die größeren Verbände ist es neben dem § 348 vor Allem der
hochbedeutsame § 346,*) der in dieser Richtung von grundlegender
Bedeutung ist. Ich halte ihn für den wichtigsten in dem gesammten
Reglement, das mit den hier enthaltenen Bestimmungen in eine voll=
kommen neue Phase seiner Entwickelung eintritt. Denn mit ihnen
wird die Treffentaktik, auf der allerdings immer noch der Hauptaccent
liegt, als die allein seeligmachende aufgegeben. Damit wird ein Weg
beschritten, den die Infanterie schon längst eingeschlagen hat, und der
auch für die Kavallerie — mutatis mutandis — so große und unleug=
bare Vortheile darbietet, daß die Bestimmungen des § 346 mit Natur=
nothwendigkeit zu einem weiteren Ausbau drängen werden und somit
als der Beginn einer neuen Entwickelungsphase unserer Reitertaktik
betrachtet werden können.

Durch die angeführten Bestimmungen erhält der Führer zunächst
die Freiheit, seine Kommando=Einheiten (Brigaden, Regimenter) flügel=

---

*) Dieser Paragraph lautet:

„Vorstehende allgemeine Grundsätze über das Treffenverhältniß und das Ver=
halten der Treffen dürfen nicht zu einer Schematisirung des Angriffs führen, dem
Divisionsführer ist es überlassen, seine Brigaden so zu verwenden, wie er es für
die Erreichung des Sieges für nothwendig hält.

Dabei werden die Verhältnisse, namentlich die des Geländes, des Anmarsches
und der Entwickelung, häufig zu einer flügelweisen Verwendung der Brigaden führen.
Diese sorgen dann selbständig für ihre Tiefe und ihren Flankenschutz.

weise zu verwenden und sie in sich die nöthige Tiefengliederung an
nehmen zu lassen. Es wird durch diese Anordnung erzielt, daß die
einzelnen Kommandoeinheiten ungleich besser in der Hand ihrer Führer
bleiben, was besonders bei unübersichtlichem Gelände vortheilhaft hervor
treten wird, daß jeder Führer seine eigene Reserve bilden kann, und somit
alle Verstärkungen von rückwärts aus derselben Kommandoeinheit erfolgen, der die vorderen Treffen angehören. Hierdurch wird in weitest-
gehender Weise dem Durcheinanderkommen der einzelnen Verbände
vorgebeugt; es wird der Truppe wesentlich erleichtert aus der Auflösung
des Gefechts die taktische Ordnung wieder herzustellen, und es wird zugleich, was vielleicht noch wichtiger ist, dem selbständigen Handeln der
Unterführer ein viel weiterer Spielraum gewährt, als es je bei der
Treffentaktik der Fall sein kann.

Diese Vortheile sind gewiß nicht gering anzuschlagen.

Von noch größerer Bedeutung jedoch dürfte sich der angeführte
Paragraph in zwei anderen Hinsichten erweisen.

Zunächst schafft er für die Führung eine außerordentliche Vereinfachung des ganzen Apparates, indem er den Begriff des „Treffens"
in seiner heutigen Bedeutung ausschaltet.

„Treffen" im eigentlichen (Fridericianischen Sinne)*) bezeichnet das
Verhältniß einer vorderen zu einer oder mehreren rückwärtigen Gefechtslinien, die ihr nach der Tiefe folgen. Die taktische Entwickelung der
letzten Jahre hat nun aber dazu geführt, daß dieser Sinn sich mit
dem Wesen des heutigen Treffens gar nicht mehr deckt. Nach heutiger
reglementarischer Vorschrift und Praxis können das zweite oder dritte
Treffen bezw. können auch zwei Treffen zusammen ebenso gut die

---

*) Anm. Die Drei-Treffen Taktik ist seiner Zeit aus dem Studium der Fridericia-
nischen Kavallerietaktik hergeleitet worden und erhebt den Anspruch die Grundsätze derselben wieder beleben zu haben. Demgegenüber sei darauf hingewiesen, daß die Fridericia-
nische Kavallerie stets in zwei unter gemeinsamem Befehl stehende Treffen formirt
war. — Außer den beiden Treffen bestand gewöhnlich, aber keineswegs immer, noch
eine Reserve — meist aus Husaren gebildet — die, wenn ich nicht irre, einmal als
im dritten Treffen stehend bezeichnet wird. Diese Reserve stand aber unter besonderem
Befehl und war von dem aus zwei Treffen bestehenden Reiterflügel ganz unabhängig.
Es wird Niemand behaupten wollen, daß die Infanterie Friedrichs in drei Treffen
formirt gewesen sei, obgleich sich genau so wie bei der Kavallerie eine Reserve in
dritter Linie befand. Die moderne Drei-Treffen-Taktik hat mit den Grundsätzen der
Fridericianischen Reiterverwendung Nichts gemein.

vorderste Gefechtslinie bilden wie dasjenige, welches als erstes bezeichnet
wird. Dieses letztere kann ebenso gut wie eines der anderen zum
Flankenangriff verwendet werden. Unter Umständen kann es auch die
Reserve bilden. Dem eigentlichen Begriff des Treffens entsprechen
dagegen nur noch die Unterstützungs-Escadrons und die zweiten und
dritten Linien beim Angriff auf Artillerie oder Infanterie.

Während demnach die Bezeichnung der einzelnen Brigade ꝛc. als
Treffen, für deren Gefechtsaufgaben thatsächlich gar nichts Definitives
besagt sondern ihnen nur einen vorläufigen Platz in der Manövrir oder
Gefechtsformation anweist, hat man für den wirklichen Begriff des
Treffens, den man doch nicht entbehren kann, alle möglichen neuen
Bezeichnungen erfunden: Unterstützungs-Escadrons, Gliederung nach der
Tiefe, Wellen und dergleichen. Es ist also durch die moderne Treffen-
bezeichnung eine Komplikation geschaffen, die in dem Wesen der Sache
gar keine Begründung findet. Die Nachtheile derselben machen sich
naturgemäß am wenigsten geltend, wenn die Division aus vorheriger
Versammlung zum Gefecht vorgeführt wird. — Sie treten aber schlagend
in die Erscheinung, wenn es sich darum handelt eine operativ getrennte
Division auf dem Gefechtsfelde selbst zum Kampf zu vereinigen — da
stellt sich sofort die Schwierigkeit, wenn nicht Unmöglichkeit, heraus in
das moderne Treffenschema überzugehen.

Beim Operiren gliedert sich die Division in Avantgarde und Gros
und zerfällt, wenn sie auf mehreren Straßen marschirt, in mehrere
derartige Unterabtheilungen. Diese Gliederung aber ergiebt eine Reihe
von Gefechtskörpern, die ganz und gar nicht in die Drei-Treffen-
Eintheilung hineinpassen und sich nur unter Zeitverlust und eventuell
Loslösung vom Feinde in dieselbe überführen lassen.

So entsteht durch die Treffenanordnung ein formaler taktischer
Dualismus, der so lange lähmend auf das Handeln der Reiterei
wirken mußte, als die Führer durch Uebung und reglementarische
Vorschrift gezwungen waren die Treffenformation anzunehmen, ehe
sie fechten konnten.

Von dieser lähmenden Komplikation wird die Führung durch den
§ 346 befreit.

Von gleicher Bedeutung aber ist eine weitere Möglichkeit, welche
die Bestimmungen des genannten Paragraphen eröffnen: sie gestatten

4*

es Kavallerie in jeder beliebigen taktischen Zusammen
setzung immer nach gleichen Grundsätzen zu führen.

Das ist, wenn man die Vorschriften der Drei=Treffen Taktik an
wenden will — wenn nicht unmöglich — so doch kriegsgemäß undurch=
führbar, denn diese Vorschriften beziehen sich eben nur auf eine aus
drei gleich starken Brigaden zusammengesetzte Division, bauen sich über=
haupt erst auf der Grundlage derselben auf und lassen sich keineswegs
auf jede beliebige andere taktische Formation übertragen.

Schon in Kapitel 3 wurde darauf hingewiesen, daß sie für ein
aus mehreren Divisionen zusammengesetztes Kavalleriekorps nicht passen.
Dasselbe gilt für Divisionen, die etwa aus zwei oder vier Brigaden
formirt wären. Ueberall in diesen Fällen würde die Treffeneintheilung
im Sinne des Reglements sehr bald zu einer noch größeren Zerreißung
aller Verbände führen, wie dieselbe heute schon bei der normalen Division
zu drei Brigaden einzutreten pflegt: das Mißverhältniß der Treffen=
bildung aus der operativen Formation würde noch schroffer hervor=
treten wie heute, wo sich die Zahl der Brigaden mit derjenigen der
Treffen deckt: bei den größeren Verbänden müßte sich die Schwer=
fälligkeit der einheitlichen Bewegung als ein Moment geltend machen,
das jede frische Initiative lähmen würde: bei den kleineren würde die
Zerreißung in den Treffen die Gefechtskraft zersplittern.

Ueber alle diese Schwierigkeiten hilft der § 346 hinweg, indem
er von allen schematischen, auf bestimmte Stärkeverhältnisse berechneten
Formen entbindet — und der Führung völlig freie Hand läßt in der
Stärkebemessung der einzusetzenden Massen und in der Art sie zu
gliedern und zu bewegen. —

Diese Freiheit aber ist unter modernen Verhältnissen unbedingt
erforderlich. Denn die Masse, die zum Einsatz zu gelangen hat, muß
sich im Allgemeinen nach dem richten, was über den Feind bekannt ist
— die spezielle Angriffsordnung aber bezüglich der Breite nach dem
Gelände und der Frontausdehnung des Gegners, bezüglich der Tiefe
nach der Tüchtigkeit, die man den feindlichen Truppen beimißt, nach
ihrem voraussichtlichen Erschütterungsgrad und ihren muthmaßlichen Re=
serven. Die Berücksichtigung dieser Verhältnisse kann nach Maßgabe der
disponiblen Kräfte ein Einsetzen von Brigaden, Divisionen, Korps oder
Theilen dieser Einheiten in der verschiedenartigsten Gliederung erforder

lich machen. Ob man dabei flügel- oder treffenweise vorgeht, wird sich nach den augenblicklichen Anforderungen der Lage, dem Eintreffen der Truppen auf dem Attackenfelde und der Beschaffenheit des Geländes zu richten haben. Grundsätzlich wird hierbei der angeführten Vortheile wegen der flügelweisen Verwendung der Vorzug zu geben sein. Die flügel= weise Formation wird demnach überall da anzunehmen sein, wo die Zeit vorhanden ist, die Truppe systematisch zum Gefecht zu ordnen — ferner da, wo sie sich bei unmittelbarem Uebergang aus der Operation zum Gefecht, aus der Anmarschrichtung der verschiedenen Kommandoeinheiten von selbst ergiebt. Treffenweise aber wird man die Truppe einsetzen müssen, wenn aus der Tiefenformation (d. h. also aus der Marschkolonne, der Zugkolonne ꝛc.) unmittelbar zum Gefecht übergegangen werden muß, ohne daß der volle Aufmarsch abgewartet werden kann. — Solche Fälle können sich zum Beispiel beim Entwickeln aus Defileen, bezw. beim Vorziehen aus rückwärtigen Reservestellungen in drängender Gefechts= lage und bei ähnlichen Gelegenheiten ergeben. Auch hier wird jedoch eine vorschauende Führung die flügelweise Verwendung häufig durch die Formation vorbereiten und sicherstellen können, z. B. beim Durchschreiten von Defileen durch Wahl der Doppelkolonne oder Formation einer doppelten Marschkolonne aus der Mitte der Brigade und nachfolgendem Aufmarsch nach beiden Seiten.

So sehen wir denn, daß unser Reglement in der Hauptsache die jenigen einfachen und zweckmäßigen Formen an die Hand giebt, deren die Führung zur Durchführung ihres Wollens bedarf, daß diese letztere jedoch verstehen muß sie aus der Fülle der taktischen Vorschriften praktisch herauszugreifen.

Wenden wir uns nun speziell zur Schlachtverwendung der Reiterei, so wird es zunächst darauf ankommen den Massen den richtigen Platz in der Schlachtlinie anzuweisen. Sie müssen zur Hand sein wenn man ihrer bedarf und da zur Hand sein, wo sich ihnen die günstigsten taktischen Chancen bieten. Dann aber müssen sie auch den richtigen Augenblick für das Eingreifen ins Gefecht zu erkennen wissen.

Was den ersteren Punkt anbetrifft, so möchte ich vor Allem auf die Schrift des Generals v. Schlichting*) hinweisen.

———

*) Taktische und strategische Grundsätze der Gegenwart. Theil I. 7. B.

Am besten vereinigt sich die Masse der Kavallerie auf demjenigen Flügel der Schlachtfront, der nicht angelehnt sondern zum Operiren bestimmt ist, wo demnach die Waffe Bewegungsfreiheit genießt, soweit das Terrain sie gestattet. Natürlich wird es nicht immer möglich sein ihr solchen Platz anzuweisen, sondern die Aufstellung wird sich im Allgemeinen aus den vorhergegangenen Operationen ergeben. Entweder muß die Kavallerie zur Schlacht die Armeefront frei machen, dann läßt sich nicht immer wählen, wohin sie auszuweichen hat, von ihrem Standpunkte aus auch nicht immer übersehen, welcher Schlachtflügel sich zum operativen gestalten wird; oder sie muß sich von seitwärts zur Entscheidung heranbewegen, dann ist ihr der Flügel gegeben. Immer aber muß sie bestrebt sein — und darin weiche ich vom General v. Schlichting ab — sich vorwärts-seitwärts des eigenen Flügels zu staffeln. Nur in solchen Fällen wird sie hinter der allgemeinen Schlachtlinie zurückbleiben dürfen, wo es für nothwendig erachtet wird, sie als Nothbehelf für andere Waffen zu verwenden wie bei Mars la Tour, oder wo die Schlachtfront der Breite nach durch Gelände oder Gruppirung der Truppen in einzelne räumlich getrennte Abschnitte, gewissermaßen Einzelschlachten, zerfällt, wie das in Zukunft vielleicht mehrfach der Fall sein wird.

Solche Aufstellungen sind jedoch stets weniger günstig, weil sie gewissermaßen defensiver Natur sind, während in der vorwärts gestaffelten Stellung das offensive Streben der Waffe von vornherein zum Ausdruck kommt, und in ihr das offensive Handeln thatsächlich eingeleitet wird.

Hier steht sie am besten bereit gegen die Gefechtsflanke des Feindes zu wirken. Von hier aus kann sie am leichtesten ihre Artillerie mit der mehr oder weniger im Frontalkampf stehenden Infanterie und Artillerie des Heeres zusammenwirken lassen, ohne sich taktisch von ihr zu trennen, und kann die Kräfte des Gegners excentrisch ablenken. Hier steht sie an der geeigneten Stelle, um die parallele Verfolgung ohne Zeitverlust einzuleiten oder der feindlichen Verfolgung frühzeitig entgegenzutreten. Hier wird sie auch zuerst den nothwendigen Kampf mit der gegnerischen Kavallerie ausfechten können.

General v. Schlichting bezeichnet diesen Kampf als meistens überflüssig, als Familienangelegenheit, als so gut wie nie auf den Entscheidungskampf einwirkend.*) Ich theile diese Ansicht nicht. Ich halte diesen Kampf nicht allein für nothwendig, sondern auch für geboten ihn möglichst frühzeitig aufzusuchen. Denn erst der Sieg über die feindliche Kavallerie giebt in den meisten Fällen überhaupt die Möglichkeit in den Kampf der übrigen Waffen einzugreifen. Sonst wird im entscheidenden Augenblick die eigene Reiterei durch die feindliche paralysirt, wie das auf dem linken Flügel bei Mars la Tour der Fall war.

Wenn solcher Kampf der Kavallerien gegeneinander sich thatsächlich meistens — wenn auch keineswegs immer — als einflußlos auf die Schlachtentscheidung erwiesen hat, so liegt das meines Erachtens lediglich daran, daß er entweder nicht bis zur vollen Entscheidung ausgefochten wurde, wie bei Mars la Tour, oder daß die siegreiche Kavallerie nicht mehr Kraft und Willen genug besaß ihren Erfolg gegen die gegnerische Heeresflanke auszunutzen, wie in den Schlachten bei Chotusitz und bei Prag.

Ganz anders aber müssen sich die Dinge gestalten, wenn die Reiterei auf der Höhe ihrer Aufgabe steht, wenn sie nicht nur die gegnerische völlig aus dem Felde schlägt, sondern auch nach dem Siege verwendbar bleibt, wie die preußische Reiterei bei Soor und Roßbach.

Dieses Ziel zu erreichen muß unsere Kavallerie mit allen Fasern ihres Willens bestrebt sein. Niemals darf sie sich mit halben Erfolgen begnügen, wie auf dem Plateau von Ville sur Yron, so lange noch ein Reiter im Stande ist die Lanze zu führen und über das Blachfeld zu galoppiren. Den letzten Mann, den letzten Athem muß sie einzusetzen entschlossen sein. Wer nicht va banque zu spielen vermag, der ist kein Kavallerist.

Ist aber diese erste Etappe erreicht — der Sieg über die feindlichen Reiter — dann heißt es rasch ralliiren, die feindliche Kavallerie mit Theilkräften rücksichtslos verfolgen, bis sie gänzlich von der Bildfläche verschwunden ist, mit der Hauptmasse aber einschwenken gegen Flanke und Rücken des feindlichen Armeeflügels, bereit mit gleicher Entschlossenheit in die Entscheidung einzugreifen, wo und wie immer es die Verhältnisse gestatten mögen.

*) Anm. Taktische und strategische Grundsätze der Gegenwart. Theil I. 7. C. S. 183. Die Ansicht, daß selbst Kavallerie, welche siegreich attackirt hat, für diesen Tag erledigt sei, halte ich nicht für richtig; sie findet in der Kriegsgeschichte keine Bestätigung.

Daß in den Kriegen von 1866 und 1870/71 der Waffe dieser höchste Siegespreis versagt blieb, beweist in keiner Weise, daß er überhaupt nicht zu erringen ist, sondern nur daß die Ausbildung der Waffe selbst und das Verständniß für ihre Verwendung hinter den Anforderungen der Zeit zurückgeblieben waren.

Freilich kann sich auch in Zukunft die gegnerische Kavallerie während der Schlacht dem Duell zu entziehen suchen und ihre Kräfte aufsparen, um in den Momenten der Entscheidung zur Sicherung der eigenen bedrohten Armeeflante vorzubrechen.

Doch ist zu bedenken, daß sie dann jedes eigene offensive Streben und damit den besten Theil ihrer eigenen möglichen Wirksamkeit kampflos aufgiebt, was kaum zu erwarten ist — und andererseits muß es eben der Offensivkavallerie gelingen sie aus solcher Reserve heraus zu zwingen. Auch hierzu ist die vorwärts der Armeeflügel gestaffelte Stellung die geeignetste. Die fortwährende Bedrohung der feindlichen Flanke, die in derselben zum Ausdruck kommt, kann den Gegner nicht gleichgültig lassen und wird ihn wohl immer veranlassen nach Mitteln zu suchen sich von dieser Bedrohung zu befreien.

Ist es somit klar, wo die Kavallerie ihre Aufstellung auf dem Schlachtfelde zu suchen hat, so handelt es sich dann noch um die Frage, welche Form der Aufstellung sie wählen soll.

In dieser Richtung dürfte die Auffassung des Generals v. Schlichting das grundsätzlich Richtige treffen, wenn er getrennte Aufstellung der Divisionen mit Entwickelungsraum zum Zweck operativen Zusammenwirkens für das theoretisch Richtige hält. Das möchte auch dann zutreffen, wenn die Divisionen im Korpsverband vereinigt sind.

Es liegt auf der Hand, daß es weit leichter ist getrennte Kräfte nach vorwärts in richtiger Frontbreite zu vereinigen, als sie unter den drängenden Verhältnissen des Gefechts erst aus versammelter Stellung zur Gefechtsbreite auseinanderzuziehen. Diese letztere Operation wird um so schwieriger sein, je näher die Truppe mit herannahender Krisis an die vordere Gefechtslinie herangeführt wurde. Es liegt dann immer die Gefahr nahe, daß durch das zeitraubende Auseinanderziehen der günstige Moment zum Eingreifen verloren geht, oder daß das Bestreben diesen auszunutzen zu Unordnung und Verwirrung führt, indem die

Truppen vorwärtsdrängen, ohne den nöthigen Entwickelungsraum gewonnen zu haben. —

Es muß daher als grundsätzlich richtig bezeichnet werden, daß Korps, Divisionen und Brigaden, sich mit ausreichendem Ent-wickelungsraum auf dem Schlachtfelde gruppiren. Doch kommen dabei natürlich auch lokale Gesichtspunkte zur Sprache, vor Allem die Nothwendigkeit sich im Gelände gegen Sicht und Feuer nach Mög-lichkeit zu schützen. In der Praxis können daher nur die jedesmaligen örtlich gegebenen Verhältnisse für die Gruppirung entscheidend sein; doch ist es gewiß von Nutzen sich von vornherein darüber klar zu sein, welche Konsequenzen die eine oder die andere Aufstellungsart nach sich zieht.

Die Hauptschwierigkeit besteht eben immer darin rechtzeitig so zu stehen, daß man den Moment ausnutzen kann. In der Schlacht von Vionville—Mars la Tour ist das unserer Kavallerie nicht gelungen, und auch im weiteren Verlauf des Krieges besonders gegen die Heere der Republik hätte sie gewiß häufig eingreifen können, wenn sie mit besserer taktischer Erziehung und klarerer Auffassung ihrer Aufgaben in den Feldzug hineingegangen wäre und es verstanden hätte die günstigen Momente auszunutzen.

Je schwieriger sich dieselben mit wachsenden Gefechtsentfernungen erkennen lassen, desto nothwendiger ist es mit völlig klaren An-schauungen und bewußten Zielen auf das Gefechtsfeld zu rücken.

Vor Allem ist es durchaus erforderlich zu geeigneter Zeit nahe heranzubleiben und auch bedeutende Verluste in abwartenden Stellungen nicht zu scheuen, wenn durch dieselben die Möglichkeit rechtzeitigen er-folgreichen Eingreifens erkauft werden kann. Dann bedarf es für jeden Reiterführer eines eingehenden Verständnisses für das Wesen des Infanteriegefechts.

Er muß so gut wie der Infanteriegeneral den Zustand des feindlichen Fußvolks, dessen Verbrauch an Reserven, die Zeichen des Erschlaffens oder eines bevorstehenden Angriffs beurtheilen können. Er muß im Stande sein sich in jedem Augenblick auch von den Gesammtverhältnissen der Schlacht Rechenschaft zu geben, um be urtheilen zu können, ob das Einsetzen der Reiterei an einer bestimmten Stelle, wo sich vielleicht eine günstige Chance bietet, auch durch die Gesammtlage gerechtfertigt ist oder nicht.

Immer werden es vor Allem die Momente der Gefechtskrisis sein, welche eine erfolgreiche Wirkung der Reiterei ermöglichen.

Da der Versuch wirklich von Infanterie bestrichene Räume zu durchreiten der Vernichtung gleich zu achten wäre, so müssen Momente gewählt werden, während deren der Gegner verhindert ist ein wirklich wirksames Feuer auf die Reiterei zu richten.

Diese aber ergeben sich, wenn nicht die Gunst des Geländes vollständig überraschendes Auftreten gestattet, so daß der Feind überhaupt nicht zu ausgiebigem Feuern gelangt, eben nur dann, wenn die moralische Erschütterung der angegriffenen Infanterie eine derartige ist, daß sie unter dem Eindruck des Reiterangriffs zu besonnenem Handeln nicht mehr im Stande ist, oder wenn sie durch den eigenen Feuerkampf und das auf sie gerichtete Feuer so vollständig in Anspruch genommen wird, daß es ihr unmöglich ist sich mit dem neu auftretenden Gegner zu befassen.

Wo sich solche Momente bieten, müssen sie mit Blitzesschnelle ergriffen und mit äußerster Energie ausgenutzt werden. Doch darf man sich andererseits niemals zu Attacken verleiten lassen, bei denen die voraussichtlichen Verluste nicht in vernünftigem Verhältniß zu dem möglichen Erfolge stehen. Man würde die Truppe nur zwecklos opfern, wie die Franzosen bei Wörth und Sedan es thaten.

Auch muß sich der Führer wohl vergegenwärtigen, welche Anforderungen Verfolgung oder Rückzug noch an die Truppe stellen werden, und diesen Gesichtspunkt bei seinen Entschließungen im Auge behalten.

Niemals darf man um sekundärer Erfolge willen Mittel aus der Hand geben, die man an anderer Stelle und zu anderer Zeit vortheilhafter verwenden kann und nothwendiger braucht.

Die Anforderungen aber, die nach der Schlacht an die Kavallerie herantreten, sind ihrer ganzen Natur nach außerordentlich hohe.

Wenn nach langem Anmarsch, stundenlangem Gefecht und blutigen Verlusten der Sieger auf der erstrittenen Wahlstatt in tiefer Erschöpfung lagert, wenn der Tag zur Neige geht, und die Schatten des Abends sich auf die Fluren senken, dann soll die Reiterei ihre hauptsächliche Thätigkeit beginnen, dann soll sie in athemlosem Nachtritt dem Gegner Flanke und Tete abgewinnen, aufs Ungewisse hin überall angreifen, wo sie auf Widerstand stößt, und rastlos vor wärts streben bis zu völliger Erschöpfung und Zersprengung des Feindes; oder sie soll sich unter den schwierigen Verhältnissen eines nächtlichen Rückzuges in aufopfernder Attacke dem siegreichen Gegner auf allen Wegen entgegenwerfen, auf denen er den zurückgehenden Kolonnen der geschlagenen eigenen Infanterie gefährlich werden kann, geeignete Abschnitte stundenlang vertheidigen ohne Sicherheit des Rückzugs, meist ohne Uebersicht der Gesammtlage, ohne Zusammenhang mit den übrigen Truppen in Flanke und Rücken bedroht, und doch unerschüttert durch den allgemeinen Zusammenbruch, durch Flucht und Panik der Ihrigen, allein angewiesen auf die eigene Kraft und das eigene Selbstvertrauen.

Das sind Verhältnisse, die an die materielle und moralische Kraft der Truppe wie an die rücksichtslose Energie und die Führergewandtheit des Reitergenerals die höchsten Anforderungen stellen, denen sich gewachsen zu zeigen nur wenigen Sterblichen gegeben ist. Man muß sich daher mit Bewußtsein auf solche Lagen vorbereiten.

Zunächst wird man wohl darauf bedacht sein müssen, die Truppe auch während des Schlachttages füttern und tränken, die Mannschaften wenn möglich sich erfrischen zu lassen. Man wird schon während der Schlacht selbst sich über die möglichen Rückzugslinien und die später etwa nöthigen Operationen klar zu werden, sich nach der Karte Straßennetz, wichtige Defileepunkte und Geländestellen einzuprägen suchen, die der Verfolgung oder deren Verzögerung günstig sind, um im gegebenen Moment ohne Zeitverlust und inneres Schwanken in voller Uebersicht der Verhältnisse handeln zu können. Nichts erleichtert den Entschluß in gleichem Grade wie volle geistige Beherrschung der Situation.

So sehen wir denn, daß die Führung von Kavallerie nicht nur, wie zu Anfang dieses Abschnitts betont, durch eine Reihe äußerer Umstände sehr wesentlich erschwert ist, sondern daß sie auch in jedem Augenblick die höchsten Anforderungen an die geistige Klarheit, die Kühnheit und die Charakterfestigkeit des Führers stellt, wenn die Waffe auf den Schlachtfeldern der Zukunft mit Aussicht auf Erfolg eingreifen soll, daß aber auch die beste Kavallerie unter den modernen Gefechtsverhältnissen versagen muß, wenn die Führung ihrer Aufgabe nicht gewachsen ist.

6. Taktische Führung im Feuerkampf.

Stellt für den eigentlichen Reiterkampf die Führung den vielleicht wesentlichsten Faktor des Erfolges dar, so gilt dies in fast gleichem Grade für das Gefecht zu Fuß und für die Aufgaben, die auf diesem Gebiet der Reiterei erwachsen. Denn das rechtzeitige Erkennen der Gefechtszwecke, die nur durch Feuerkampf zu erreichen sind, der Uebergang aus einer Fechtart in die andere, die gewandte und systematische Anordnung der Gefechtsform zu Fuß, die Gabe bei voller Ausnutzung der Feuerwaffen doch den eigentlich reiterlichen Geist in der Truppe aufrechtzuerhalten fordern einen sicheren militärischen Takt, eine volle Beherrschung der Situation und eine erhöhte Entschlußfähigkeit, sei es nun, daß selbständig operirende Kavallerie sich veranlaßt sieht, zum Karabiner zu greifen, sei es, daß im gemeinsamen Kampf der drei Waffen die Reiterei durch Einsetzen ihrer Feuerkraft zu wirken bemüht ist.

Im letzteren Fall wird diese Wirkung wohl meist gegen Flanke und Rücken des Gegners zu denken sein, weil meist nur in solcher Richtung eine verhältnißmäßig geringe Karabinerzahl erhebliche Wirkungen erzielen kann. Da mithin ein unmittelbares Zusammenwirken mit der Infanterie kaum jemals und dann jedenfalls nur in kleinen Verhältnissen stattfinden dürfte, so wird man in beiden Fällen im Allgemeinen nach gleichen Grundsätzen verfahren können.

Auch die Betrachtung kann demnach beide Fälle unter einheitlichen Gesichtspunkten zusammenfassen.

Was dem Gefecht zu Fuß der Kavallerie im Gegensatz zu dem Feuergefecht der Infanterie seinen eigenthümlichen Stempel aufdrückt, das ist vor Allem das Verhältniß zu den Pferden. Dieses in jedem einzelnen Fall zweckmäßig zu gestalten ist eine der wichtigsten aber auch schwierigsten Aufgaben der Führung.

Zunächst muß entschieden werden, ob man mit beweglichen oder unbeweglichen Pferden absitzen will, und es wird die Frage entstehen, wie sich in dem einen und in dem anderen Fall die Gefechtsbedingungen im Angriffs= wie im Vertheidigungsgefecht bei Sieg und Niederlage gestalten.

Greift man mit beweglichen Pferden an, so können dieselben der Truppe nachgeführt werden, nachdem sich diese letztere des Angriffsobjekts bemächtigt hat. Sie wird dann bald wieder zu Pferde sein und die etwa in der Aufgabe liegende Weiterbewegung fortsetzen können. Greift man dagegen mit unbeweglichen Pferden an, so ist man nach erfochtenem Siege zunächst nicht im Stande die operative Bewegung mit derselben Truppe rasch fortzusetzen, die das Fußgefecht geführt hat. Einerseits muß das genommene Objekt gewöhnlich wenigstens für einige Zeit festgehalten werden, andererseits wird die Rückkehr zu den Pferden um so zeitraubender sein, je weiter dieselben zurückgelassen werden mußten. Scheitert der Angriff, so bieten die beweglichen Handpferde den Vortheil, daß sie der zurückgehenden Truppe bei günstigen Geländeverhältnissen eine Strecke entgegenkommen und so den Abzug unter Umständen erleichtern können.

Wenn demnach der Wunsch zum Angriff mit beweglichen Handpferden abzusitzen als ein durchaus berechtigter und erklärlicher erscheint, so steht dem doch die Forderung gegenüber zum Angriff eine möglichst große Zahl von Gewehren ins Feuer zu bringen, eine Forderung, die bei der Kavallerie um so mehr ins Gewicht fällt, als es hier meist auf rasche Erfolge ankommt. Man wird daher überall da wo man einen starken Gegner vor sich zu haben glaubt die Nachtheile in den Kauf nehmen, die mit den unbeweglichen Pferden verbunden sind und wird sich nur dann zum Angriff mit beweglichen entschließen dürfen, wenn die geringe Stärke des Gegners so klar erkannt wurde, daß man auch bei geringerem Feuereinsatz der raschen Ueberlegenheit sicher ist. Hat man aber die Wahl, die als nothwendig erkannte Schützenzahl dadurch zu erreichen, daß man entweder eine Kommandoeinheit mit unbeweglichen Pferden absitzen läßt oder mehrere mit beweglichen, so wird man dem letzteren Verfahren den Vorzug geben, wenn nicht besondere Verhältnisse es wünschenswerth erscheinen lassen einen größeren Theil der Truppe zu Pferde zu belassen.

Zu gleichem Ergebniß gelangt die Betrachtung auch für das Vertheidigungsgefecht. Auch hier bleibt die Behauptung der Feuerüberlegenheit oberstes Gesetz, und man wird sich zum Absitzen mit unbeweglichen Pferden um so leichter entschließen, als einerseits die Handpferde infolge der besonderen Verhältnisse der Vertheidigung näher hinter der Feuerlinie bleiben können wie beim Angriff, der sich stetig von ihnen entfernt, und als andererseits eine Vorwärtsbewegung un mittelbar nach Durchführung des Gefechtszwecks meist nicht in der Absicht liegt.

Neben der Entscheidung der Frage ob ein Absitzen zum Gefecht mit beweglichen oder mit unbeweglichen Pferden angemessen erscheint, wird die Führung sich darüber schlüssig zu machen haben, wo d. h. in welcher Entfernung vom eigentlichen Gefechtsfelde das Absitzen statt zufinden hat.

Als Grundsatz hat dabei zu gelten, daß der gewählte Platz auf alle Fälle gegen feindliches Feuer gesichert sein muß. Dasselbe gilt natürlich auch für das Wiederaufsitzen, und findet in dieser Forderung das Vorführen beweglicher Handpferde seine natürliche Grenze.

In unmittelbarer Nähe des eigentlichen Gefechtsfeldes werden die Handpferde demnach nur dann gehalten werden können, wenn man es auf ein irgend entscheidendes Gefecht gar nicht ankommen lassen sondern den Feind nur mit überraschendem Fernfeuer belästigen und wieder verschwinden will, sobald sich Gegenwirkung einstellt; ferner wenn man des Erfolges sicher ist etwa gegen minderwerthige und stark erschütterte feindliche Truppen, oder endlich wenn das Gelände unter allen Umständen ein gesichertes Wiederaufsitzen und Verschwinden aus der Wirkungszone des Gegners gestattet.

Wo diese Gunst des Geländes nicht vorhanden und ein taktischer Rückschlag möglich ist, da wird der Platz für die Handpferde meist sehr weit rückwärts gesucht werden müssen, damit der etwa nachdrängende Sieger das Aufsitzen nicht unter Feuer nehmen kann, und dieses erst dann stattzufinden braucht, wenn sich die Truppe der Gefechts berührung mit dem Gegner bereits entzogen hat. Auch muß die Schußweite der Artillerie und deren indirekte Wirkung dabei in Rechnung gezogen werden.

Der Führer, der sich zum ernsten Fußgefecht entschließt, be sonders wenn es sich dabei um ein Angriffsgefecht handelt, wird sich daher darüber vollständig klar sein müssen, daß mit dem Absitzen zugleich der Verzicht auf die Benutzung der Pferde für absehbare Zeit ausgesprochen ist.

Die Hoffnung nach Einleitung des Kampfes das Gefecht abbrechen
und wieder auf die Pferde gelangen zu können, wird ſich in den
meiſten Fällen als Illuſion erweiſen. Iſt ein ſolches Abbrechen ſchon
für Infanterie außerordentlich ſchwierig, ſo ſteigern ſich dieſe Schwierigkeiten durch die Komplikation mit den Handpferden. Nur paſſives
Verhalten des Gegners oder beſondere Gunſt des Geländes können die
Allgemeinheit dieſes Grundſatzes einſchränken; ganz illuſoriſch muß es
dagegen erſcheinen, wenn man ſich einbildet eine beſtimmte Entfernungs-
grenze angeben zu wollen, innerhalb deren man ſich dem Gefecht noch
gefahrlos entziehen kann.

Niemals darf man ſich daher verleiten laſſen — in dem Gedanken
an ein eventuelles Wiederabbrechen des Kampfes — die Handpferde in
unzuläſſiger Nähe heran zu behalten, ſondern der Entſchluß zum
Feuerkampf muß ſtets auch zu Maßregeln führen, die dem Ernſt und
der Energie des Unternehmens in vollem Maße Rechnung tragen und
nirgends in Halbheit ſtecken bleiben.

Bleibt es demnach in allen Fällen ernſter Gefechtsabſicht grund-
ſätzlich nothwendig die Handpferde weit zurückzuhalten, müſſen dieſelben ſtets gegen feindliches Feuer gedeckt ſein, ſo muß der für ſie
gewählte Platz womöglich auch gegen Unternehmungen feindlicher
Kavallerie oder Umgehungsabtheilungen Sicherheit gewähren, alſo hinter
ſchützendem Gelände oder leicht zu ſperrenden Deſileen gelegen ſein.
Wo hierzu, wie das meiſt der Fall ſein wird, die Möglichkeit
nicht gegeben iſt, müſſen die Handpferde beſonders dann durch eine
Reſerve zu Pferde ausgiebig geſichert werden, wenn feindliche Kavallerie
ſich in der Nähe befindet. Sind doch beſonders unbewegliche Handpferde jeder feindlichen Patrouille hülflos preisgegeben. Auch wird
man den Platz für dieſelben, wenn möglich ſo beſtimmen, daß er durch
das eigene Artilleriefeuer geſichert werden kann. Zugleich wird der Auf-
klärungs- und Sicherheitsravon möglichſt weit auszudehnen ſein, um
feindliche Annäherung möglichſt frühzeitig zu erfahren.

Deckung der Handpferde iſt übrigens nicht einzige Aufgabe der Reſerve
zu Pferde. Auch der Schutz der Artillerie fällt in ihren Wirkungsbereich
ſowie jede ſonſtige Gefechtsaufgabe, für die überhaupt Reſerven aufge-
ſpart werden. Im Allgemeinen alſo werden ihr noch zufallen: Aufklärung,
Sicherung der eigenen und Bedrohung der feindlichen Gefechtsflanken, Um-

gebungsbewegungen, eventuell Verstärkung der Feuerlinie, Verfolgung
des geschlagenen Feindes und Deckung des etwaigen Rückzugs der Fuß=
kämpfer. Im Angriffsgefecht speziell ist es ihre weitere Aufgabe das
eroberte Kampfobjekt zu sichern und die operativen Bewegungen fort=
zusetzen, bis die abgesessen gewesene Truppe wieder zu Pferde ist.

Der Führer wird sich daher zu Beginn eines Gefechts zu über=
legen haben, wie stark er diese Reserve der allgemeinen Lage nach be=
messen muß, und ob die dann noch vorhandene Gefechtskraft zur
Durchführung des Gefechtszwecks ausreicht. Von diesen Erwägungen
wird es abhängen, ob er den Kampf überhaupt unternimmt oder seinen
Zweck auf andere Weise zu erreichen sucht. Im Allgemeinen wird die
Reserve um so geringer sein dürfen, je weniger von feindlicher Kavallerie
zu befürchten, und je größer die durch eine weitgetriebene Aufklärung
gewährte Sicherheit ist.

Ist nach diesem Gesichtspunkt die Truppenmenge bestimmt, welche
im Gefecht zu Fuß eingesetzt werden soll, so wird es sich um die
taktische Gruppirung derselben handeln.

Hier nun ist zweifellos ein flügelweises Einsetzen der Kommando=
einheiten (der Regimenter innerhalb der Brigaden, der Brigaden in
der Division) in noch höherem Grade geboten, wie beim Gefecht zu
Pferde. Denn ganz abgesehen von allen Vortheilen, die diese Truppen=
vertheilung im Gefecht selbst bietet, gewährt sie allein die Möglichkeit,
in geordneter Weise rasch zu den Handpferden zurückzugelangen; ein
treffenweises Einsetzen, das alle Verbände mischt, würde vor dem
Wiederaufsitzen eine zeitraubende Entwirrung der durcheinander getom=
menen Regimenter nöthig machen.

Was nun innerhalb dieses Rahmens die Gliederung nach Front=
breite und =Tiefe anbetrifft, so werden hierfür im Allgemeinen die
gleichen Grundsätze maßgebend sein müssen wie bei der Infanterie.

Bei der Vertheidigung kommt es hier wie dort darauf an, Zeit
zu gewinnen, die Feuerüberlegenheit zu behaupten und starke Reserven
zurückzuhalten, um unvorhergesehenen Anforderungen des Gefechtes ge=
wachsen zu sein. Gute Ausnutzung des Geländes, Festlegen der Ent=
fernungen, sichere Feuerdisziplin und reichliche Munition werden dieses
Streben vortheilhaft unterstützen. Besondere Verhältnisse ergeben sich
für die Kavallerie nur bei der Vertheidigung von Ortschaften, in denen

die Truppe mit ihren Pferden untergebracht ist, wie eine solche sowohl im Vorpostendienst, wie auch bei anderen Gelegenheiten nöthig werden kann und nicht selten von der Truppe wird gefordert werden müssen.

Es sind hierbei, wie mir scheinen will, verschiedene Eventualitäten zu unterscheiden.

Wird die Annäherung des Feindes rechtzeitig gemeldet, so wird man im Allgemeinen am besten thun mit sämmtlichen Pferden auszurücken und die Vertheidigung mit einem Theil der abgesessenen Mannschaften zu führen.

Liegt jedoch die Möglichkeit vor, daß man ohne rechtzeitige Be=nachrichtigung im Kantonnement überfallen wird, dann muß eine Vertheidigung, ohne auszurücken, ins Auge gefaßt werden, und muß dann das ganze Verhalten ein entsprechendes sein. Die Pferde müssen auf der dem Feinde abgekehrten Seite oder im Centrum des Ortes untergebracht werden, die Vertheidigung der Lisiere muß der Lokalität entsprechend vorbereitet, die Mannschaft nach Vertheidigungsabschnitten untergebracht sein. Die Ausgänge werden verbarrikadirt, die Zugangs=wege mit Drähten abgesperrt. Eine starke Innenwache, die zugleich als Reserve zu fungiren hat, wird an geeigneter Centralstelle auf=gestellt. Gegen Infanterie oder abgesessene Kavallerie ist eine hartnäckige Vertheidigung dann wohl möglich, ohne vernichtende Verluste befürchten zu müssen. Doch wird man sich darüber klar sein müssen, daß der Rückzug mit Pferden überhaupt so gut wie unmöglich ist, sobald man sich auf ein ernstes Gefecht in dieser Form eingelassen hat. Anders liegen die Verhältnisse, wenn der Gegner Artillerie zur Verwendung bringt. Ist das der Fall, so steht bei den heutigen Geschoßwirkungen der Verlust der meisten Pferde in Aussicht, und man wird sich dann die Frage vorlegen müssen, ob die Behauptung des Platzes einen solchen Einsatz rechtfertigt.

Entschließt man sich zur Räumung, so wird ein Theil der Mann=schaften die Pferde aus dem Orte bringen bezw. hinter den einzelnen Vertheidigungsabschnitten abtheilungsweise bereitstellen, während der Rest der Leute die Vertheidigung unter erhöhtem Munitionseinsatz fortführt und erst dann, wenn Alles bereit ist, rasch an die Pferde zu gelangen und das freie Feld zu erreichen sucht.

Ohne Verluste beziehungsweise ohne das Opfer einer letzten Feuerabtheilung kann es hierbei nicht abgehen, auch wird die Räumung nur dann gelingen, wenn sie systematisch vorbereitet ist.

Ein Räumen des Ortes bei Nacht ist daher unter allen Umständen mißlich und dürfte grundsätzlich nicht stattfinden. Selbst wenn der Feind überraschend in das Innere eindringt, ist es besser hier den Kampf mit ihm aufzunehmen, als mit dem Versuch davon zu kommen die Truppe, die dann kampfunfähig ist, sicherem Verderben preiszugeben.

Ueber das grundsätzliche Verhalten unter solchen Bedingungen muß meines Erachtens volle Klarheit geschaffen werden, damit im gegebenen Fall Jeder weiß, was er zu thun hat, und keine Unsicherheit eintritt, die nur üble Folgen haben kann.

Wenden wir uns nun der Betrachtung des Angriffs zu, so ergiebt sich ebenfalls, daß die maßgebenden Gesichtspunkte die gleichen sind, wie beim Infanteriegefecht. Auch abgesessene Kavallerie muß das Feuer auf die entscheidenden Distanzen herantragen, es muß in der Haupt= feuerstellung die Feuerüberlegenheit gewonnen, es muß aus ihr schließ= lich zum Sturm vorgebrochen werden. Dazu bedarf die vordere Schützenlinie immer erneuten Impulses von rückwärts her, der nur durch Tiefengliederung sichergestellt werden kann.

Sehr fehlerhaft würde es jedoch sein in dieser Hinsicht schematisch zu verfahren.

Man darf nicht vergessen, daß der Zweck und Charakter kavalle= ristischer Unternehmungen meistens eine rasche Durchführung des Offensivkampfes erfordert. In allen Fällen, wo das der Fall ist, wird das Streben dahin gehen müssen möglichst von Anfang an mit entscheiden= der Feuerüberlegenheit aufzutreten, und es liegt auf der Hand, daß die Tiefengliederung um so geringer sein kann, je größer von vornherein diese Ueberlegenheit ist.

Es kommt jedoch hierbei noch ein anderes Moment zur Sprache.

Vergegenwärtigen wir uns die der Kavallerie zufallenden Aufgaben, so sehen wir, daß abgesessene Reiter in der Offensive wohl nur in den seltensten Fällen gegen ausgedehntere geschlossene Gefechtslinien zu Fuß zu fechten haben werden. Dagegen wird es ihre Thätigkeit häufig mit sich bringen, sich vereinzelter Lokalitäten bemächtigen zu müssen, etwa eines feindlichen Etappenortes, einer Eisenbahnstation, eines wichtigen Defilees oder eines überfallenen Kantonnements. In allen solchen Fällen ist meist die Möglichkeit gegeben den frontalen Angriff durch gleichzeitige Neben= und Rückenangriffe zu unterstützen. Die Kavallerie ist durch die Schnelligkeit ihrer Bewegung ganz besonders befähigt diese Möglichkeit in der umfassendsten Weise auszunutzen und deren Wirkung durch das Moment der Ueberraschung zu steigern.

Gelingt es auf diese Weise den Hauptangriff wesentlich zu ent= lasten, so wird auch hierdurch eine entsprechende geringere Tiefen= gliederung desselben statthaft werden; ganz darf diese letztere jedoch nur da fehlen, wo der Kampf keine thatsächliche Besitznahme eines be= stimmten Objektes zum Zweck hat, sondern wo lediglich die Absicht vorliegt den Gegner mit Feuer zu überschütten, um dann entweder mit der Attacke über ihn herzufallen oder das Feuer abzubrechen und zu verschwinden, sobald sich ein Gegenangriff entwickelt. Das sind Fälle, wie sie bei der Kavallerie vielfach eintreten werden, sei es, daß dieselbe bei der Verfolgung überraschend gegen die Flanke feindlicher Rückzugskolonnen wirken will, sei es, daß sie sich noch während der Schlacht in Flanke und Rücken des Gegners gegen dessen Reserven wendet, oder in anderweiten ähnlichen Fällen.

Sind im Vorstehenden die hauptsächlichsten Grundsätze für die Gefechtsführung der Kavallerie gegeben, so erübrigt es noch, mit einigen Worten der der Kavallerie zugetheilten reitenden Artillerie zu gedenken, eigentlich nur um auszusprechen, wozu man sie meines Er= achtens nicht verwenden kann.

Wenn nämlich im Allgemeinen die Auffassung herrscht, daß Artillerie im eigentlichen Reiterkampf zweier größerer Kavalleriekörper erheblich mitzuwirken im Stande sei, so glaube ich, daß das doch nur in sehr bestimmter Beschränkung möglich ist, nämlich nur dann, wenn sich die eigene Kavallerie gewissermaßen defensiv verhält, und nur so lange, als sie in dieser Haltung verharrt; also z. B. in Fällen, wo sich die Truppe — der feindlichen Sicht entzogen — hinter deckendem Gelände aufstellt oder auf der Grundlinie auseinanderzieht, um den Gegner anlaufen zu lassen, ihn ins Artilleriefeuer zu locken und erst dann mit der Attacke über ihn herzufallen.

Sobald aber die Reiterei sich nach vorwärts zum Gefecht ent wickelt, hört die Rolle der Artillerie im Allgemeinen auf. Dann wird sie für die Kavallerie eher zum Ballast, zunächst, weil sie meist einer Spezialbedeckung bedarf, welche dem entscheidenden Reiterkampf ent zogen bleibt, dann, weil sie nur allzuleicht die freie Bewegung der

5*

Kavallerie behindert und bindet. Niemals darf sich daher diese letztere verleiten lassen ihre Gefechtsbewegungen von der Stellung der eigenen Artillerie abhängig zu machen. Vielmehr muß diese letztere sich un= bedingt nach den Bewegungen jener richten und muß bestrebt sein ihre Stellungen so zu wählen, daß sie wirken kann, ohne hinderlich zu sein und womöglich ohne einer besonderen Bedeckung zu bedürfen.

Sie wird sich daher so lange wie irgend angängig, vor der Haupt= masse der Kavallerie befinden müssen, um den gegnerischen An= und Aufmarsch beschießen zu können und früher wie die etwa vorhandene feindliche Artillerie in Stellung zu sein. Letzteres scheint mir von besonderer Wichtigkeit: denn der Pflicht das auf ihre Reiterei gerichtete Feuer abzulenken und zu bekämpfen kann sich die Artillerie des Gegners nicht entziehen. Sie muß daher ihre Stellung nach derjenigen der bereits feuernden Batterien wählen, empfängt damit von dieser das Gesetz und wird verhindert die etwaige Gunst des Geländes auszunutzen und ihr Eingreifen lediglich den taktischen Absichten ihrer Kavallerie anzupassen. Die Artilleriestellung wird ferner, wenn angängig, hinter einem schützenden Geländeabschnitt zu wählen sein, wo sie keine besondere oder doch nur schwache Bedeckung nötig hat und zwar am besten auf dem inneren angelehnten Flügel der eigenen Kavallerie, weil sie hier vor= aussichtlich am längsten im Feuer bleiben kann und die Offensiv= bewegungen am wenigsten hindern wird. Auch bei der Verfolgung bezw. bei der Deckung eines Abzugs ist ihre Thätigkeit wohl meistens eine beschränkte. Sie wird erst dann erfolgreich wirken können, wenn die eigentliche taktische Verfolgung — das Nachhauen — aufhört, die Fechtenden sich voneinander gelöst haben, und die operative Verfolgung beginnt.

Die Beweglichkeit der Kavallerieziele ferner muß natürlich die Feuerwirkung ungünstig beeinflussen, indem sie das Einschießen erschwert und die etwa erzielte Wirkung auf kurze Augenblicke beschränkt. Die Batterien werden die feindliche Kavallerie selbst daher nur dann zum Ziel nehmen dürfen, wenn dieselbe in größeren Massen und in kürzeren Gängen gefaßt werden kann. Wo aber die Reiterei sich in rascher Gangart vorwärts bewegt, wird man sich begnügen müssen einen Geländestreifen vor ihrer Bewegungsfront, den sie durchreiten muß, und auf den man sich noch einschießen kann, unter Schrapnelfeuer zu nehmen, das beim Herannahen der Reiterlinie zum Schnellfeuer zu steigern ist.

Doch wird sich auch hierzu die Gelegenheit nur ergeben, sofern sich die eigene Reiterei zurückhält, die feindliche Artillerie nicht die volle Aufmerksamkeit und Feuerwirkung in Anspruch nimmt oder endlich, wenn die Artillerie selbst von Kavallerie angegriffen wird.

Aus allen diesen Erwägungen ergiebt sich, daß von einer irgendwie entscheidenden Bedeutung einiger reitenden Batterien für den eigentlichen Reiterkampf nicht die Rede sein kann. Doch wird man natürlich stets darauf bedacht sein müssen, deren Gefechtskraft möglichst vollständig aus= zunutzen, besonders dann, wenn man über die Stärke des Gegners nicht zuverlässig orientirt ist und Ueberlegenheit vermuthet.

Die Hauptbedeutung der Artillerie ist jedoch stets in der Aufgabe begriffen das Fußgefecht der Kavallerie in Angriff und Vertheidigung zu unterstützen; in der Schlacht unter dem Schutz der Kavallerie gegen Flanke und Rücken des feindlichen Armeeflügels zu wirken; feindliche Marschkolonnen zu beschießen, um sie aufzuhalten oder zu zerstreuen; den Feind aus schwach behaupteten Oertlichkeiten oder Defileen zu ver= treiben und bei anderen ähnlichen Veranlassungen, wie sie der Krieg immer von Neuem hervorbringt. In allen diesen Fällen können die Batterien ihre Stellung und ihr Feuer in voller Freiheit wählen nach den eigenen Grundsätzen der Waffe, wie in jedem Gefecht gemischter Waffen, sie haben Zeit sich einzuschießen und durch die Dauer des Feuers Wirkung zu erzielen. Besondere taktische Gesichtspunkte sind dabei nicht zur Sprache zu bringen; vielmehr ergiebt sich die jedes= malige Aufgabe und das dementsprechende Verhalten lediglich aus der allgemeinen Gefechtslage bezw. aus den operativen Verhältnissen, deren Betrachtung wir uns nunmehr zuwenden müssen.

7. Operative Führung.

Es ist vielfach versucht worden wie für die taktische so auch für die operative Führung der Kavallerie formale Grundsätze und Regeln aufzustellen, die einen mehr oder weniger sicheren Anhalt für Gruppirung und Verwendung der Streitkräfte geben sollten.

Dem Einen erscheint die Kavallerie=Division normal gegliedert, wenn sich zwei Brigaden auf verschiedenen Straßen in erster Linie bewegen, die dritte hinter der Mitte als Reserve folgt. Der Andere will alle drei Brigaden in einer Front neben einander entwickelt sehen,

wieder ein Anderer zwei Brigaden auf einer Straße vereinigen,
während die dritte auf eine Nebenstraße gesetzt wird. Auch unser
Kavallerie=Reglement — das sich bei dieser Gelegenheit auffallender=
weise auf strategisches Gebiet begiebt — ordnet an (vergl. § 318), daß
man im Aufklärungsdienst die Masse der Division zusammenhalten müsse,
so lange die gegnerische Kavallerie noch nicht aus dem Felde geschlagen sei.

Ich halte alle diese Versuche das freie operative Element gewisser=
maßen zu reglementarisiren nicht nur für verfehlt, als dem Wesen
der Sache widersprechend, sondern aus eben demselben Grunde sogar
für schädlich, weil sie geeignet sind durchaus falsche Vorstellungen über
die Anforderungen und Verhältnisse des wirklichen Krieges hervor=
zurufen. Alle solche Bestimmungsversuche werden zunächst schon hin=
fällig, sobald man eine wechselnde Stärkenormirung der strategischen
Reitergruppen ins Auge faßt. Dann aber sind — wie ich das weiter
oben entwickelt habe — die Aufgaben, die an die Reiterei herantreten,
so verschiedener Natur, daß sie nun und nimmer stets in derselben
oder wenigstens annähernd gleichen Form gelöst werden können. Auch
die Stärke bezw. Ueberlegenheit des Gegners ist natürlich von ent=
scheidender Bedeutung für den Charakter des ganzen Verhaltens und
die Art der Gruppirung. Straßennetz und Gelände machen in dem=
selben Sinne ihren Einfluß geltend. Es kommt hinzu, daß bei den
vielfachen strategischen Bedürfnissen einer großen Armee die Heeres=
leitung durchaus nicht immer in der Lage sein wird der Kavallerie
so klare Alternativen zu stellen wie Aufklären oder Verschleiern,
Angreifen oder Vertheidigen, daß es oft aus höheren Rücksichten nicht
möglich sein wird die Kavallerie auf einer einzigen Straße anzu=
setzen und Aehnliches. Man wird vielmehr häufig gezwungen sein die
Erreichung der verschiedensten Zwecke zu gleicher Zeit anzuempfehlen,
und der Reiterführer wird zufrieden sein müssen, wenn nicht
Heterogenes von ihm verlangt wird, Dinge, die sich in der Aus=
führung gegenseitig ausschließen.

Diesen Verhältnissen entsprechend werden die Anordnungen der
Führung immer wieder von verschiedenen Gesichtspunkten bedingt und
daher stets formell verschieden sein müssen. Infolgedessen kann man
nur ganz allgemeine Gesichtspunkte für die operative Füh=
rung aufstellen, dafür aber ist es um so wichtiger die operative

Leistungsfähigkeit so hoch zu entwickeln, daß sie allen wechselnden Anforderungen zu entsprechen vermag.

Faßt man zunächst die Frage ins Auge, wie weit vorgeschobene selbständige Kavallerie den nachfolgenden Heersäulen vorauseilen müsse, so läßt sich nur ganz allgemein bestimmen, daß die Kavallerie bestrebt sein muß um so mehr Raum nach vorwärts zu gewinnen, je breiter die Front und je größer die Tiefe der Armee ist, je längere Zeit diese letztere also braucht um Konzentrationen, Frontveränderungen oder ähnliche Operationen vorzunehmen, die auf die Meldungen der Kavallerie hin etwa nothwendig werden können.

Was dann die für formelle Anordnung der Truppen möglichen Gesichtspunkte anbetrifft, so wird man — im Gegensatz zu allen Versuchen der Schematisirung — auch nur sagen können, daß jede operative Aufgabe — schon der Aufklärung und Sicherung wegen — eine gewisse Breitenausdehnung bedingt, der Kampf aber Zusammenwirken erfordert.

Es ergiebt sich daraus, daß der Reiterführer in jedem einzelnen Fall zu erwägen haben wird, wie weit er sich nach den jedesmaligen Umständen ausdehnen darf, bezw. wie eng er versammelt bleiben muß, und er wird diese Erwägung nur dann zweckmäßig anstellen können, wenn er sich vollständig klar darüber ist, welche taktischen und operativen Folgen sein Verhalten in jedem Fall nach sich zieht.

Kommt es vor Allem darauf an zu sichern und zu verschleiern, so ist — wie schon oben gesagt — Ausdehnung und Theilung der Truppe geboten, die im Allgemeinen der zu sichernden oder zu verschleiernden Front entspricht. Man wird sich dann darüber klar sein müssen, daß eine Konzentration zum Gefecht den Erfolg insofern in Frage stellen kann, als jede Entblößung der Front, wie sie durch die Versammlung bedingt wird, dem Gegner voraussichtlich Einsicht in die Verhältnisse gestattet, die seiner Kenntniß entzogen werden sollen. Auch wird mit dem Breiterwerden der Front die Möglichkeit der taktischen Konzentration überhaupt geringer, und man wird daher in solcher Lage im Allgemeinen auf Gefechte mit positivem Zweck verzichten und sich begnügen müssen, den Gegner im Anschluß an die Gunst des Geländes bezw. unterstützt durch stärkere reitende Artillerie und fahrende Infanterie möglichst abzuwehren. Bei großer Breite der Ausdehnung kann sogar ein Ausscheiden von Reserven zur Unterstützung bedrohter Punkte fehlerhaft sein, indem hierdurch die vordere Linie geschwächt wird ohne volle Gewähr, daß die Reserve überall rechtzeitig eingreifen kann. Auch wächst mit dem Breiterwerden der Front die Schwierigkeit operativer Richtungsänderungen.

Wie bei solcher rein defensiven Thätigkeit der Kavallerie kann ausnahmsweise auch bei der Aufklärung Breitenausdehnung nöthig werden, in allen den Fällen nämlich, wo der Gegner überhaupt erst aufzusuchen bezw. wo seine Abwesenheit in gewissen Gebieten festzustellen ist. Als Beispiel möge das Aufsuchen der Armee Mac-Mahons nach der Schlacht von Metz angeführt sein, wo es darauf ankam zu ermitteln, ob ein Abmarsch derselben gegen Nordosten stattfände oder nicht. Eine gewisse Breitenausdehnung war hier unter allen Umständen geboten. Diese in solchen Fällen lediglich durch Patrouillen zu erreichen ist unzweckmäßig, denn diese letzteren müssen, um erfolgreich wirken zu können, einen gewissen taktischen Rückhalt hinter sich haben, aus welchem sie unterstützt oder abgelöst werden können.

Doch wird man sich in solcher Lage immer bewußt bleiben müssen, daß für die Aufklärung, da auch der Gegner seine Bewegungen zu verdecken suchen wird, der entscheidungsuchende Kampf stets nöthig werden kann, um den feindlichen Sicherungsschleier zu durchstoßen. Man wird daher im Gegensatz zu den durch die Sicherung bedingten Anordnungen im Allgemeinen gut thun, die Hauptkräfte wenigstens gruppenweise zusammenzuhalten, die Breite nur mit kleineren Erkundungsabtheilungen herzustellen und so zu operiren, daß eine gewisse Vereinigung zum Kampfe immer noch ausführbar bleibt.

Gegen den der allgemeinen Richtung nach festgestellten Feind dagegen, den man schlagen und hinter dem man, koste es was es wolle, erkunden will, sind die Kräfte grundsätzlich soweit zusammenzuhalten, daß die Vereinigung zum Gefecht unter allen Umständen gesichert ist bezw. nur so weit zu trennen, als es durch marschtechnische, Aufmarsch- und Gelände-Rücksichten bedingt ist. Ebenso ist ein energisches Zusammenhalten der Kräfte meistens da geboten, wo man überraschend auftreten will. Hier wird man diesem Bestreben sogar die eigene Sicherheit theilweise zum Opfer bringen und die Gefahr auf sich nehmen, selbst überrascht zu werden, um den Zweck zu erreichen. Denn um sich nicht weithin zu verrathen, wird man auch Sicherheits- und Aufklärungsmaßregeln wenigstens räumlich beschränken müssen.

Taktisch sichert die größere Konzentration den Waffenerfolg; operativ erleichtert sie die Durchführung veränderter Entschlüsse, das Einschlagen neuer Marschrichtungen. Doch darf man sich andererseits auch die Nachtheile engerer Vereinigung nicht verhehlen.

Die Aufklärungszone ist hierbei naturgemäß eine weniger breite, als bei getrenntem Marschiren; die Möglichkeit die Bewegungen rückwärtiger Truppen zu verschleiern ist verringert oder aufgehoben; die Gefahr umgangen zu werden ist gesteigert, die Möglichkeit einen Luftstoß zu machen nahe gelegt: wenn der Gegner ausweichen will, hat man kaum ein Mittel ihn daran zu verhindern, ihn auf seinem Wege festzuhalten bis die eigene Hauptmasse herankommen kann; und schließlich bietet das vollständige Zusammenhalten der Kräfte nicht einmal immer die Gewähr größter Gefechtsbereitschaft bezw. günstigster Gefechtsentwickelung. Es giebt Verhältnisse, in welchen die operative Trennung den Kampf besser vorbereitet, als das Zusammenhalten der Truppen in engster Vereinigung: überall da nämlich, wo zur Erreichung des Gefechtszwecks größere Umgehungen nöthig sind, die meistens mit Vortheil operativ eingeleitet werden, oder wo die Entwickelung aus einem Defilee bezw. der Abzug durch ein solches durch Benutzung von Nebenwegen und entsprechende Trennung in verschiedene Kolonnen erleichtert werden kann.

So hat schließlich jeder Grundsatz seine Kehrseite, und immer wird es Fälle geben, die sich der schematischen Eingliederung unter allgemeine Gesichtspunkte entziehen. Auch für Verschleierung und Sicherung kann unter Umständen die Vereinigung der Kräfte gerechtfertigt sein, wenn z. B. die Besetzung weniger wichtiger Defileen einen ganzen Geländeabschnitt sperrt, oder wenn die Unzulänglichkeit der eignen Stärke ihr Vertheilen auf der ganzen Front ausschließt, und man sich auf die Abwehr an entscheidenden Punkten beschränken muß. Auch kann es gerade in der Defensive bisweilen von Vortheil sein, mit gesammelter Kraft angriffsweise vorzustoßen. Ebenso kann in der operativen Offensive Theilung geboten sein; wenn z. B. der Gegner excentrisch zurückgeht oder wenn es gilt weite Länderstrecken zu besetzen, einen vertheilten Volkswiderstand niederzuwerfen oder Eisenbahnverbindungen in größerem Umfang zu unterbrechen. Auch ändern sich natürlich alle Grundsätze der Führung, wenn die feindliche Kavallerie endgültig aus dem Felde geschlagen oder der Feind —

indem er Fehler begeht — sich Blößen giebt, die man mit Vortheil ausnutzen kann. So bleibt das Verfahren stets abhängig vom Gelände, von der eignen Aufgabe und von dem Verhalten des Feindes und unterliegt nur dem einen Gesetz, nämlich dem der Zweckmäßigkeit

Die größere Kunst der Führung wird naturgemäß dann erforderlich sein, wenn man sich entschließt mit getrennten, mehr oder weniger voneinander entfernten Kolonnen zu operiren. Hier vor Allem wird es auf die operative Leistungsfähigkeit ankommen. Die Schwierigkeit beruht hauptsächlich darin die Bewegungen der einzelnen Gruppen in Einklang zu bringen und zu erhalten.

Rechnet man mit Infanteriekolonnen, so kann man, da die Marschgeschwindigkeit stets eine annähernd gleiche bleibt, immer berechnen, wo ungefähr man die einzelnen Heerestheile zu suchen hat. Anders bei der Kavallerie, wo eine sehr verschiedene Marschgeschwindigkeit von dem einzelnen Führer gewählt oder vom Feinde geboten werden kann, wo man daher auch in dieser Hinsicht stets mit ganz unbestimmten Faktoren zu rechnen hat. Ganz wird man diesen Nachtheil niemals aufheben können. Entgegenwirken kann man demselben, wenn man von Hause aus das Vorgehen der einzelnen Kolonnen nach Zeit und Raum regulirt, so daß ohne zureichenden Grund nicht von einem gleichmäßigen Vorschreiten abgewichen werden darf, und den Melde und Befehlsapparat derart organisirt, daß er sicher funktionirt. Beide Maßregeln ergänzen sich gegenseitig. Kann man annähernd berechnen, wo sich die einzelnen Kolonnen in jedem Augenblick befinden, so können Meldungen und Befehle unter Berücksichtigung der für die Ueberbringung nöthigen Zeit stets auf den kürzesten Wegen geschickt werden und erreichen ihren Bestimmungsort ohne Zeitverlust und Umwege.

Auch wird es sich empfehlen, daß alle abgetrennten Heerestheile der Centralstelle, und wenn möglich den Nebenkolonnen, auch ohne besondere Veranlassung in gewissen bestimmten Zeitabständen Meldung über ihre Vorbewegung, ihr Verhalten und Verbleiben sowie darüber erstatten, ob vom Feinde Neues bekannt geworden ist oder nicht.

Nichts ist für den Kavallerieführer wichtiger, als fortdauernd über die Gesammtlage der unterstellten Truppentheile klar zu sein. Ebenso wichtig aber ist es, daß die einzelnen Gruppen über ihr gegenseitiges Verhältniß orientirt bleiben. Nur dann können sie im Sinn und im

Zusammenhang des Ganzen handeln. Es ist das von um so größerer Bedeutung, als die Schnelligkeit aller Bewegungen und die oft große Breite der Fronten eine rechtzeitige Einwirkung von oberster Stelle, bezw. ein Anfragen der unteren Instanzen bei plötzlich sich ergebenden Situationen fast immer unmöglich machen. Der Erfolg hängt dann einzig und allein von dem selbständigen aber sinngemäßen Handeln der Unterführer ab, und solches Handeln wird nur dann zu erwarten sein, wenn sie über die Gesammtlage orientirt sind.

Es muß daher so viel als möglich vermieden werden besondere Befehle an einzelne Truppenführer zu senden, von denen die anderen keine Nachricht erhalten.

Man muß vielmehr wenn irgend thunlich, wo es sich um operative Verhältnisse handelt, stets zusammenhängende Befehle geben, die allen Untergliedern gleichmäßig zugehen.*) Wo das nicht möglich ist, muß man die nicht unmittelbar vom Befehl betroffenen selbständigen Führer anderweitig von dem Angeordneten in Kenntniß setzen. Es erfordert diese Methode allerdings einen großen Apparat von Adjutanten, Ordonnanzoffizieren und Befehlsempfängern, aber diese scheinbare Kraft= vergeudung dürfte sich schließlich stets als eine Krafterspariß erweisen, weil sie die Truppe vielfach vor falschen Bewegungen bewahren wird.

Wie sehr man nun aber auch bestrebt sein mag durch praktische Anordnungen und systematisches Verfahren die Schwierigkeiten des Zusammenwirkens getrennter Kolonnen zu verringern, ganz werden sich dieselben nicht beseitigen lassen. Am nachtheiligsten aber werden sie sich da fühlbar machen, wo das Zusammenwirken getrennter Massen im Gefecht erreicht werden soll. Der offensive Reiterkampf entscheidet sich so schnell, daß selbst seine Folgen schon eine Zeit lang fortgewirkt haben können, ehe die Nebenkolonnen bezw. die Central= stelle auch nur von seinem Beginn Nachricht erhalten.

Man wird sich daher darüber klar sein müssen, daß ein Zusammen= wirken getrennter Massen im Gefecht sich im Allgemeinen nur dann erreichen lassen wird, wenn entweder der Gegner unbeweglich ist, so daß die Bewegungen gegen denselben der Zeit nach kombinirt werden

---

*) Anm. Am zweckmäßigsten ist es beim Befehlen aus dem Sattel den Befehl gleichzeitig an so viele Befehlsüberbringer wenn thunlich zu diktiren, als Kommando= behörden berücksichtigt werden müssen.

können, oder wenn durch nachhaltige Defensive an einer Stelle, den entfernteren Truppenkörpern Zeit und Möglichkeit verschafft wird zur Entscheidung heranzukommen. Auch dann, wenn der Anmarsch des Gegners frühzeitig erkannt wird, läßt sich der Punkt an dem man mit ihm zusammentreffen wird, an welchem also man die Konzentration bewirken müßte, niemals mit einiger Sicherheit berechnen, da die Marschgeschwindigkeit des Gegners ein veränderlicher Faktor ist. Es genügt daher auch keineswegs dem feindlichen Vorstoß nur auszuweichen, bis die Nebenkolonnen heran sind, da man ihnen dabei meist keinen bestimmten, jedenfalls aber nur einen sehr weit zurückgelegenen Vereinigungspunkt angeben kann.

Der Versuch sich aus getrennten Marschkolonnen gegen einen ebenfalls in der Bewegung befindlichen Gegner operativ zu vereinigen ohne an einer Stelle um Zeitgewinn zu fechten, dürfte sich daher überall da als illusorisch erweisen, wo die Trennung eine einigermaßen erhebliche ist. In allen solchen Fällen wird man sich demnach nicht scheuen dürfen entschlossen zum Vertheidigungsgefecht mit dem Karabiner zu greifen und alle vorhandenen Mittel der Defensive auszunutzen. Auch wird es sich beim Vorgehen mit getrennten Kolonnen empfehlen von einem Vertheidigungsabschnitt zum anderen gewissermaßen sprungweise vorzugehen und keinen zu überschreiten, ehe man nicht einigermaßen sicher ist den nächsten zu erreichen ohne auf überlegene feindliche Kavallerie zu stoßen.

Wird man von einer solchen in einem Gelände überrascht, das der Vertheidigung keine Anhaltspunkte bietet, so muß man bis hinter den nächsten günstigen Abschnitt zurückgehen, um den Nebenkolonnen Zeit zu verschaffen sich gegen des Feindes Flanken zu wenden. Diesen wird neben beschleunigter Meldung die Stimme der Geschütze von der Lage der Dinge Kenntniß geben müssen. Je wichtiger es daher bei der Kavallerie ist, daß um Zeit zu ersparen und zurecht zu kommen, auf den Kanonendonner marschirt wird, desto vorsichtiger muß auch in dieser Hinsicht verfahren werden.

Einerseits wird der, welcher Unterstützung herbeilocken will, sich nicht mit wenigen Schüssen begnügen, sondern wird durch anhaltendes und heftiges Schießen von dem Ernst der Lage Kunde geben müssen, andererseits werden die Nebenkolonnen nur dann ohne

Weiteres zur Unterstützung heranmarschiren dürfen, wenn sie die Ueberzeugung gewinnen, daß es sich nicht um unerhebliche und vorüber= gehende Gefechtszwecke handelt. Die Artillerie aber muß fest in der Hand des Reiterführers bleiben. Niemals darf, wo nicht Noth am Mann ist, ohne ausdrückliche Genehmigung dieses Letzteren das Feuer eröffnet werden; nur in Ausnahmefällen darf der Kommandeur der Artillerie nach eigenen Eingebungen handeln. Im Uebrigen aber ge= hören die Batterien überall in die Vorhut oder in die Arrieregarde, um geringe Widerstände rasch brechen und die unter Umständen kurzen Momente, die sich für ihre Wirkung eignen, voll ausnutzen zu können.

Gelten diese Gesichtspunkte für das schwierige Operiren mit ge trennten Kolonnen, so gestalten sich die Verhältnisse natürlich einfacher, wenn man die Kräfte auf einer Marschstraße vereinigt hält. Die Nachtheile liegen hier weniger in der Schwierigkeit der Führung, als vielmehr in der Beschränktheit des ganzen Verfahrens, die schon oben näher beleuchtet worden ist.

Es ist eben, wie ebenfalls schon betont, für jede Operation, die nicht den unmittelbaren direkten Angriff zum Zweck hat, eine gewisse Breitenausdehnung durch die Verhältnisse der Wirklichkeit wohl stets bedingt; doch muß man sich natürlich andererseits vor Zersplitterung der Kräfte hüten, für die besonders dann die Versuchung nahe liegt, wenn verschiedenartige Aufträge gleichzeitig erfüllt werden sollen. Nur in den seltensten Fällen wird es sich dann empfehlen die Truppe den ver= schiedenen Zwecken entsprechend zu theilen. Der Reiterführer wird vielmehr herauszufühlen haben, wo das Hauptgewicht der ihm gestellten Aufgaben liegt, welchen Hauptcharakter demnach seine Operation tragen muß, und wie sich die nebensächlicheren Zwecke möglichst erreichen lassen, ohne in der Hauptsache zu halben Maßregeln gezwungen zu sein. In dieser Erwägung, in diesem Reduciren des Komplicirten auf das Ein= fache, liegt eine der großen Schwierigkeiten der Führung. Die Fähigkeit in dieser Richtung überall das Richtige zu treffen kennzeichnet den geistig bedeutenden Führer und giebt an und für sich eine gewisse Gewähr des Erfolges, indem sie das Zusammenhalten der Gefechts= kraft auf dem entscheidenden Punkt ermöglicht. Aber sie genügt nicht allein, um den Erfolg zu sichern. Sie muß vielmehr getragen werden von der Kühnheit und von der Energie des Charakters.

Vor Allem muß jeden Reiterführer der Drang beseelen die
Initiative unter allen Umständen zu behaupten, sie niemals und unter
keinen Umständen dem Gegner zu überlassen. Sie zeitigt immer Erfolge, auch solche, auf die man gar nicht zu rechnen berechtigt war, denn
sie giebt dem Gegner das Gesetz, stört seine operativen Zirkel, zwingt
ihn zum Schlagen, ehe er seine Massen vereinigen konnte, und wird
auch dem numerisch Schwächeren häufig die relative Ueberlegenheit
sichern. Auch in die Durchführung defensiver Aufgaben muß man daher
so viele Elemente positiver Initiative und Offensive hineinlegen, als es
die Verhältnisse irgend gestatten.

Niemals darf man warten, bis man durch Befehle zur Thätigkeit
gedrängt wird, immer muß man aus eigener Initiative das Aeußerste
zu leisten suchen, was überhaupt durch die Verhältnisse möglich erscheint. Man wird damit der Truppe manche übermäßige Anstrengung
und erfolglose Arbeit ersparen, denn da die obere Heeresleitung die
Verhältnisse nie so rasch übersehen kann wie der vorne befindliche
Reiterführer, so müssen ihre Befehle stets verspätet eintreffen. Damit
aber hinken sie häufig den Ereignissen nach oder fordern übermäßige Anstrengungen, Nachtmärsche und Gewaltritte, wenn der
Zweck doch noch erreicht werden soll. Der Feldzug 1870/71 liefert
für diese Erfahrungswahrheit ungezählte Beispiele. Endlich darf man
niemals seine Entschließungen von noch zu erwartenden Umständen abhängig machen, sondern muß stets etwas ganz Bestimmtes,
Positives wollen und mit aller Energie aber auch mit aller
Umsicht durchzuführen bestrebt sein.

Diese für die Führung äußerst nöthige Umsicht erfordert eine
Befehlsgebung die Unterführer und Truppe niemals in zweifelhafte
Lage, sondern stets einen klaren und kühnen Willen zum Ausdruck
bringt. Sie fordert aber auf der anderen Seite, daß der oberste
Führer selbst sich geistig nicht nur mit der Durchführung des gefaßten
Entschlusses beschäftigt sondern auch alle anderen Möglichkeiten der
Lage durchdenkt und seine Anordnungen derart trifft, daß er seiner
Operation nöthigenfalls auch eine veränderte Richtung geben kann.
Sie wird sich ferner vor Allem da bethätigen müssen, wo der Erfolg
von List und Ueberraschung erwartet wird.

Was den ersten Punkt anbetrifft, so erfordert er um so eingehendere
Berücksichtigung, als es ganz außerordentlich schwierig ist die einmal
eingeleitete operative Marschrichtung einer größeren Reitertruppe, be
sonders wenn dieselbe in breiter Frontentwickelung vorgeht, in ver
änderte Bahnen zu lenken.

Das ganze in der ersten Richtung vorgeschobene weitverzweigte
Patrouillennetz hängt dann in der Luft. Dasselbe seitwärts in die
neue Richtung zu dirigiren ist selbstverständlich undurchführbar, es
wird sogar meistens unmöglich sein der Gesammtheit der vorgetriebenen
Abtheilungen von den veränderten Dispositionen Kenntniß zu geben.
Die von dort abgeschickten Meldungen werden den in der neuen Rich=
tung vormarschirenden Führer, wenn überhaupt, so doch sehr verspätet
erreichen. Ein neues Patrouillensystem wird erforderlich, Kraft= und
Zeitverlust sind die unausbleibliche Folge. Besonders nachtheilig wird
es sich fühlbar machen, daß die Meldungen aus der neuen Operations=
richtung nur sehr verspätet eingehen können.

Es ist daher von der äußersten Wichtigkeit, daß der Kavallerie=
führer seine Aufklärungsorgane nicht nur in die ihm von der höheren
Instanz befohlene Operationsrichtung und zu den bestimmt vorgezeich
neten Zwecken absendet. Er muß sich vielmehr selbständig nach allen
Richtungen hin orientiren, das Gelände weithin erkunden lassen, sich
über alle Verhältnisse der weiteren Umgegend orientiren, womöglich
selbständig Spionen= und Kundschafterdienst organisiren,*) kurz sich
derart vorsehen, daß er nie von den Ereignissen überrascht werden
kann und in jedem Falle, wo seiner Thätigkeit eine neue
vielleicht unerwartete Richtung angewiesen wird, immer auch in
dieser schon vorgearbeitet hat. Viel Zeit und Kraft wird er auf diese
Weise ersparen können. Wesentlich erleichtern aber wird es ihm seine
schwierige Aufgabe, wenn er über die Absichten der Heeresleitung und
etwa bevorstehende Aenderungen derselben stets rechtzeitig und fort
laufend orientirt wird. Nur dann wird die gesammte Reitertbätigkeit
und vor Allem die Aufklärung im Sinne der obersten Heeres=
leitung erfolgen und dieser mit Verständniß vorarbeiten können. Als

----

*) Anm. Ich erinnere an die diesbezüglichen Instruktionen Friedrich des
Großen sowie an die vielseitige Umsicht, mit welcher General Stuart seine Unternehmungen vorbereitete.

einer der verderblichsten Fehler muß es dagegen bezeichnet werden, wenn höhere Führer vor den ausführenden Organen mit ihren Absichten Verstecken spielen. Excentrisches Handeln und Kraftvergeudung, Mißverständnisse und Verwirrung werden die unausbleibliche Folge sein — die Kriegsgeschichte liefert dafür eine lange Reihe von Beispielen.

Was nun diejenigen Operationen betrifft, die durch Ueberraschung gelingen sollen, so wird bei ihnen mehr noch wie in allen anderen Fällen die Umsicht des Führers schlechthin zum entscheidendsten Faktor des Erfolges. Alles muß vorausbedacht und erwogen werden. Geist und Willen des Führers müssen von der Gesammtheit der Truppe erfaßt, die höchste Anspannung in gleichem Sinne muß von jedem Einzelnen gefordert werden. Im Uebrigen werden kleine Truppenkörper, die sich im Gelände verbergen können und kaum zu sichern brauchen, dabei anders verfahren müssen wie größere, die ihr Erscheinen nicht immer ganz zu verheimlichen vermögen und wenigstens einer gewissen Aufklärung und Sicherung bedürfen. Vor Allem wird es stets auf Schnelligkeit ankommen und die Nacht wird eine mächtige Helferin sein. Auf großen Heerstraßen, wo ein Verreiten ausgeschlossen ist, kann sie zu überraschenden Gewaltmärschen aufs Beste ausgenutzt werden, wenn man sich vorher über die Verhältnisse beim Gegner eingehend orientirt und dadurch eine gewisse Sicherheit des Handelns erreicht hat.

Ein Moment muß jedoch stets in Erwägung gezogen werden, das unter modernen Verhältnissen überraschendes Handeln wesentlich ererschwert und den Gegner unter Umständen befähigt die taktischen Folgen der Ueberraschung zu paralysiren. Dieses Moment wird gebildet durch das Vorhandensein der Eisenbahnen und der Telegraphen und es wird sich besonders nachtheilig geltend machen, wenn man in Feindesland operirt, in welchem beide Einrichtungen vor Allem dem Gegner zu Gute kommen.

Der Telegraph trägt die Nachricht von dem Erscheinen der Reiterei weithin auch da, wo sie von den feindlichen Truppen noch nicht erspäht wurde, und die Eisenbahn befördert Unterstützung an die bedrohten Punkte.

Es ist daher von besonderer Wichtigkeit durch weit vorausgesandte Patrouillen Telegraphen und Eisenbahnen, erstere nach allen Richtungen in der ganzen Gegend, in der man überraschend erscheinen will, zum Voraus und immer von Neuem gründlich zu zerstören.

Im Uebrigen bietet sich bei derartigen Unternehmungen ein weites Feld für List und Verschlagenheit, Eigenschaften, die sich sehr wohl auch in größeren Verhältnissen bethätigen können.

Plötzliches Verändern der Marschrichtung hinter dem Schleier der Vortruppen; überraschende Konzentration getrennter Kolonnen gegen den entscheidenden Punkt; Trennung und überraschende Wiedervereinigung der Kräfte; Ausstreuen falscher Nachrichten; Scheinangriffe gegen Nebenpunkte, die die Aufmerksamkeit des Feindes ablenken: alle derartigen Anordnungen können unter Umständen die Täuschung des Gegners zur Folge haben. Im eigenen Lande werden sie schon durch die Unterstützung der Bevölkerung wesentlich begünstigt werden.

Rechtzeitige und genaue Kenntniß von den Verhältnissen des Gegners bleibt jedoch immer eine nothwendige Vorbedingung.

Tritt ihre Wichtigkeit hier, wo es sich um Ueberfälle, Ueberraschungen und dergl. handelt, besonders schlagend hervor, so bildet sie doch auch bei jeder anderen Art kavalleristischer Thätigkeit eine der wesentlichsten Grundlagen allen Erfolges.

Nur sie ermöglicht rechtzeitige Entschlußfassung, rechtzeitige Einleitung nöthiger Bewegungen, rechtzeitige Konzentration oder Trennung.

Das System der Aufklärung praktisch zu organisiren ist daher eine der wesentlichsten Aufgaben jeder operativen Reiterführung. Ergänzt aber muß dasselbe werden durch ein ebenso praktisches System der Sicherung. Denn wenn auch der Satz, daß eine gute Aufklärung die beste Sicherheit gewährt, in gewissem Sinne richtig ist, so ändert das doch nichts an der Thatsache, daß die Truppe einer unmittelbaren Sicherung bedarf, die auch da vor Ueberraschung und Ueberfall bewahrt, wo aus dem oder jenem Grunde die Aufklärung versagte, und die der Truppe die Möglichkeit sorgloser Ruhe unter allen Umständen sichert.

Ueber Aufklärung und Sicherung ist schon so viel geschrieben worden, daß sich Neues kaum mehr beibringen läßt. Ich will daher nur auf einige Punkte hinweisen, die bisher vielleicht weniger Beachtung gefunden haben, als sie meines Erachtens verdienen.

Habe ich in einem früheren Abschnitt mit voller Schärfe darauf hingewiesen, daß Aufklärung und Verschleierung sich in gewissem Sinne

gegenseitig ausschließen und im Großen nicht von demselben Truppen=
körper geleistet werden können, so gilt dasselbe auch im Kleinen für den
Aufklärungs= und Sicherheitsdienst.

Praktisch greifbar wird diese Gegensätzlichkeit da, wo Aufklärung
und Sicherung sich berühren, nämlich im Patrouillendienst.

Die Aufklärungspatrouille richtet ihre Bewegungen nach dem
Feinde. Ihm muß sie sich anhängen ohne Rücksicht auf die Bewegungen
der eigenen Truppe. In manchen Fällen wird sie gezwungen sein als
Schleichpatrouille zu reiten d. h. verdecktes Gelände aufzusuchen und
den Kampf zu vermeiden.

Die Sicherheitspatrouillen dagegen (Seiten=, Feldwach=, stehende
Beobachtungspatrouillen) richten sich nach der Truppe, die sie zu sichern
haben. Mit ihr müssen sie in Verbindung bleiben. Ueberall ist es
ihre Pflicht die gegnerischen Patrouillen anzugreifen und zu verdrängen,
soweit ihre Stärke es irgend zuläßt, um sie zu verhindern Einsicht zu
gewinnen oder marschirende bezw. ruhende Truppen zu beunruhigen.
Wollten auch sie dem Feinde folgen, sich ihm anhängen, sein Verbleiben
und Verhalten festzustellen suchen, d. h. aufklären, so würden sie die
Verbindung mit der eigenen Truppe verlieren und die Sicherheit dieser
Letzteren in Frage stellen.

Es ist daher unbedingt nöthig, daß jede Patrouille klar und bestimmt
weiß, was ihr eigentlicher Zweck ist. Nur dann kann die Truppe darauf
rechnen gut mit Nachrichten versorgt und zugleich gut gesichert zu sein.

Auch wird durch ein solch systematisches Verfahren Kraft gespart.
Indem man die Sicherheit hat, daß jede Aufgabe durch eine bestimmte
Abtheilung gelöst wird, die eben nur diesen einen Zweck bewußt ver=
folgt, braucht man nicht immer wieder neue Patrouillen in dieselbe
Richtung zu senden, wie das schon im Frieden sehr zum Nachtheil der
Truppe leider so vielfach geschieht, und niemals kann es vorkommen,
daß eine Truppe vom Feinde überrascht wird, weil ihre Sicherheits=
patrouillen zugleich aufklären wollten, oder Nichts vom Feinde erfährt,
weil ihre Aufklärungspatrouillen es für ihre Pflicht hielten zugleich
zu sichern oder zu verschleiern.

Es kann überhaupt nicht genug betont werden, wie eine gewisse
Systematik des ganzen Verfahrens, die selbstverständlich ein Berück=
sichtigen besonderer Umstände niemals ausschließen darf, bei der Grup=

pirung der Kräfte sowohl als auch beim Aufklärungs- und Sicherungs-
dienst auf die Dauer allein gute Resultate zu geben im Stande ist,
wie dagegen systemloses Handeln stets zur Zersplitterung der Truppen
und zum Vergeuden ihrer Kräfte führt. Schon oben wurde darauf
hingewiesen (I. 2), daß man die feindlichen Armeekolonnen und die
feindliche Kavallerie nicht von denselben Patrouillen beobachten lassen
darf. In ähnlichem Sinne muß man überhaupt bei den den Patrouillen
zu stellenden Aufgaben verfahren. Je klarer, einfacher und präziser der
Auftrag, desto sicherer wird ihn die Patrouille erfüllen, was natürlich
nicht ausschließt, daß sie auch für andere Dinge ihre Augen offen hält
und Alles zur Meldung bringt, was ihr unterwegs auffällt.

Vor Allem muß die taktische und strategische Aufklärung
systematisch geschieden sein. Auch muß darüber volle Klarheit
herrschen, ob eine Patrouille in einem erreichten Geländeabschnitt lokal
beobachten oder sich dem etwa entdeckten Feinde anhängen soll.

Vortheilhaft wird es ferner sein urtheilsfähige Patrouillenführer
über die Lage soweit zu orientiren, daß sie Wichtiges von Unwichtigem
selbständig zu unterscheiden und danach ihre Handlungsweise einzurichten vermögen. Nothwendig bleibt es dabei immerhin auf besonders
wichtige Punkte hinzuweisen, z. B. daß Kolonnenteten nach Zeit und
Ort, Kolonnentiefen, Flügelpunkte feindlicher Stellungen, Ausdehnung
feindlicher Vorpostenlinien und Unterbringungsrayons, Erscheinen
neuer Uniformen und Truppenabtheilungen besonders sorgfältig festgestellt werden. Auch wird für eine systematische Ablösung der Patrouillen
Sorge zu tragen sein, damit die einmal gewonnene Fühlung nicht verloren geht und die Beobachtung nie unterbrochen wird.

Der Kavallerieführer selbst aber wird im Marsch bei der Avantgarde, wenn die Truppe in Ortsunterkunft ruht, dicht hinter der vordersten Linie sich aufhalten müssen, damit er wenn irgend möglich selbst
sehen und nach Augenschein urtheilen kann, alle Meldungen so früh
als möglich erhält und frühzeitig nach rückwärts disponiren kann, so daß
doppelte Wege für Meldung und Befehl vermieden werden. Sonst
wird es nur allzu oft vorkommen, daß seine Befehle und Maßregeln
den Ereignissen nachhinken und Unordnung und Niederlage zur Folge
haben. Auch muß der Kavallerieführer selber sehen, wie die Dinge vor
seiner Front stehen, um richtig handeln zu können, während der Führer

6*

gemischter Waffen viel eher nach der Karte verfügen kann, da seine
Truppen viel weniger vom Gelände abhängig sind, als selbständig
handelnde Reiterei, langsamer sich bewegen und daher für abändernde
Befehle zugänglicher sind.

Ein weiterer Punkt, der ernste Berücksichtigung erfordert und
einen weitgehenden Einfluß auf das ganze Aufklärungssystem aus=
üben muß, betrifft das Zurücksenden der Patrouillenmeldungen.
Bei allen Friedensübungen werden hierzu Meldereiter verwendet.
Es kann jedoch meines Erachtens einem Zweifel kaum unterliegen, daß
dieses System im Kriege ganz undurchführbar ist. Es würde nicht die
geringste Sicherheit gewähren. Im Frieden reitet der Meldereiter im
eigenen Lande, hat er nicht selbst eine Karte, so wird er nach der
Karte instruirt, jeder Landesbewohner sagt ihm außerdem Bescheid; stößt
er auf gegnerische Patrouillen, so lassen ihn dieselben oft genug unbehelligt.

Anders im Kriege. Hier hat selbst der Patrouillenführer wohl
kaum jemals eine Karte, der Meldereiter reitet durch völlig unbe=
kanntes Land, mit einer feindlich gesinnten Bevölkerung kann er sich
meist auch sprachlich nicht verständigen, wenn er nicht überhaupt ihr
auszuweichen gezwungen ist. Das Gebiet, durch das er zu reiten hat,
wird auch von feindlichen Patrouillen durchstreift. Wiederfährt ihm
oder dem Pferde ein Mißgeschick, so kommt die Meldung nicht an.
Dazu aber kommen die ungeheuer vergrößerten Distanzen des modernen
Krieges, die an sich schon das Reiten einzelner Leute zu einem sehr
bedenklichen Unternehmen machen.

Man muß sich also darüber vollkommen klar sein, daß das
Ueberbringen von Meldungen durch einzelne Meldereiter in Feindes=
land nur in räumlich sehr beschränktem Umfange und nur in der von
der eigenen Truppe vollständig beherrschten Zone überhaupt möglich
immer jedoch unzuverlässig ist, daß aber weitere Aufklärungs=
patrouillen selbst im eigenen Lande Meldungen nur ganz ausnahms=
weise durch Meldereiter werden zurückschicken können.

Kleine Patrouillen, wie das so vielfach im Frieden geschieht mit
dem Auftrage gegen den Feind vorzuschicken denselben dauernd zu
beobachten und von Zeit zu Zeit Meldung zu schicken, ist demnach im
Kriege vollständig unthunlich.

Der Zweck muß auf andere Weise erreicht werden.

Will man dauernde Beobachtung des Gegners auf weitere Ent
fernungen haben, so muß man stärkere Beobachtungskörper vorsenden,
die in angemessener Entfernung vom Feinde verharren, stark genug sich
kleinere gegnerische Trupps vom Leibe zu halten, und die nun
ihrerseits wieder kleine Beobachtungsorgane vorschicken, mit denen bei
verkürzten Entfernungen, wenn irgend thunlich, Meldereiterverbindung
zu unterhalten ist.

Von diesen vorgeschobenen Beobachtungscentren, die je nach den Umständen Zug= oder Schwadronsstärke haben können, müssen dann die als
wichtig erkannten Meldungen durch kleine Abtheilungen zurückgebracht
werden, die auch ihrerseits in angemessener Stärke zu bestimmen sind.

Wo sich dieses System aus diesem oder jenem Grunde nicht
durchführen läßt bezw. wo dasselbe der Ergänzung durch kleinere
selbständige Patrouillen bedarf, muß man damit rechnen, daß diese die
Nachrichten, die sie ermittelt haben, auch selbst zurückbringen müssen,
also nicht am Feinde kleben und fortlaufend Meldung schicken können.

Ob man sich nun aber des einen oder des anderen Mittels be=
dient, immer müssen die Meldungen möglichst rasch an größere
Kunststraßen oder feste Wege dirigirt werden, auf denen starke Relais=
posten sie in Empfang nehmen oder Radfahrerabtheilungen zu gleichem
Zweck sich bewegen. Diese letzteren müssen den Meldedienst nach rück
wärts so viel als irgend möglich der Kavallerie abnehmen, einmal um
die Pferdekräfte so weit angängig für den Dienst im Gelände zu schonen,
den nur das Pferd leisten kann, dann aber auch um die vorderen
Abtheilungen möglichst wenig zu schwächen, und weil die Radmeldung,
wenigstens unter nicht allzu ungünstigen Umständen, schneller vorwärts
kommt als die von Reitern beförderte.

Erwähnen möchte ich dabei, daß, wo man das Gebiet nicht voll
ständig beherrscht, Kavallerie=Relaislinien in Feindesland stets außer
ordentlich gefährdet sind, und daß in solchem Falle Fahrradabtheilungen
eine viel größere Sicherheit gewähren.*)

---

*) Anm. Die volle Ausnutzung dieses Hülfsmittels, so weit Straßen und
Witterungsverhältnisse sie gestatten, ist dringend zu empfehlen. Im Feldzug 1870/71
haben die Relaislinien die Kräfte der Kavallerie in sehr erheblichem Maße in
Anspruch genommen und die Gefechtsstärken empfindlich geschwächt. Die Klagen
hierüber wiederholen sich immer wieder von Neuem.

Für das Zurückbringen der Meldungen können sicher arbeitende
Relaislinien z. B. zwischen den vorgeschobenen Kavalleriemassen und
den nachfolgenden Heerestheilen von allergrößter Bedeutung werden. Mit
den Centralstellen der Heeresleitung sollte diese Relaisverbindung mit der
vorgeschobenen Kavallerie sogar während des Marsches eine dauernde sein.

Auch ist bei Einrichtung des ganzen Meldeapparates von vorn=
herein der schon oben betonten Nothwendigkeit Rechnung zu tragen
wichtige Meldungen nicht nur auf dem Instanzenwege zurückgehen zu lassen, sondern sie von den vorgeschobenen Meldungscentren
auch direkt und zwar zuerst, sei es an den obersten Führer der
betreffenden Kavallerie, sei es an die oberste Heeresleitung
zu senden. Wichtig ist es daß die auf jedem Kriegstheater höchste
Leitungsbehörde mindestens gleichzeitig mit den unteren Instanzen über
den Feind orientirt wird, damit sie stets in der Lage bleibt nach eigener
Auffassung zu disponiren und sich niemals durch früher ausgegebene
Befehle der Unterinstanzen gebunden sieht.

Daß man sich im Bewegungskriege vom Kavallerietelegraphen
keinen besonderen Nutzen versprechen darf, sei nebenbei betont. Derselbe
hat doch einen mehr oder weniger nur illusorischen Werth, da seine An-
wendbarkeit von einer zu großen Summe günstiger Bedingungen abhängt.

Mit derselben Systematik, die für Aufklärungs= und Meldewesen
geboten ist, muß man auch im Sicherheitsdienst verfahren, wenn eine
wirklich zuverlässige Sicherung erreicht werden soll.

In der Bewegung liegt dieselbe nach vorne vorzugsweise in dem
Abstand der vorgeschobenen bezw. zurückgelassenen Abtheilungen, und
es braucht nicht noch erwähnt zu werden, daß nur ein systematisches
sprungweises Vor- bezw. Zurückgeben der Avant= oder Arrieregarden, in rascherem Tempo wie die folgende Haupttruppe, die
nöthige Zeit zu der Orientirung im Gelände und über den Feind
verschaffen kann, die für die Sicherung erforderlich ist.

In bedrohten Flanken müssen besondere Marschsicherungen die
Truppe dauernd in gleicher Höhe und in angemessener Entfernung
begleiten. Auch hier wird das Zusammenwirken durch eine Regulirung
der gegenseitigen Marschgeschwindigkeiten wesentlich gefördert werden.

Die gleichmäßige Vorbewegung des ganzen Truppenapparates ist
eine wesentliche Vorbedingung allseitiger Sicherheit. Es muß daher

durch alle Mittel erstrebt werden sie bis in die kleinsten Verhältnisse hinein zu erreichen, in die ja schließlich nach dem Feinde zu auch die größte Truppenanordnung ausläuft.

Es wird sich zu diesem Zweck empfehlen, Seitendeckungen und Seitenpatrouillen nicht dauernd etwa für einen ganzen Marsch zu bestimmen. Während einer solchen Zeitdauer ist es so gut wie un=möglich das richtige Verhältniß zur Haupttruppe aufrecht zu erhalten ohne sich derselben auf Sehweite zu nähern, was in den meisten Fällen unausführbar ist. Auch können Umstände eine Stockung des Marsches oder das Einschlagen einer neuen Richtung bedingen. Die Seitendeckungen über solche Vorfälle zu orientiren wird meist un=möglich oder wenigstens sehr schwierig sein, wenn man sie dauernd abgeschickt und daher nicht die Gewißheit hat sie an einem gewissen Punkt bestimmt wieder zu treffen.

Es dürfte sich daher empfehlen solche Seitenabtheilungen immer nur abschnittsweise zu detachiren, d. h. sie an vorher bestimmten Punkten und Zeiten wieder an die Hauptkolonne heranzuziehen, und dafür eine neue Abtheilung für den nächsten Abschnitt abzusenden. Damit aber die Sicherung keinen Augenblick aufgehoben ist, wird die neue Abtheilung immer schon eine Strecke vor dem Punkt abzusenden sein, an welchem die erste wieder herangezogen werden soll.

Noch wichtiger fast als die Sicherung während des Marsches ist diejenige während der Ruhe. Für sie dürfen die Anordnungen nicht lediglich nach taktischen Bedürfnissen getroffen werden, sondern es kommt hier noch der Gesichtspunkt hinzu, daß die Pferde, um dauernd brauch=bar zu bleiben, einer ganz anderen Ruhe bedürfen wie die Mann=schaften.

Vor Allem muß es als wünschenswerth bezeichnet werden, daß so viele Pferde als irgend möglich täglich unter Dach und Fach kommen und abgesattelt werden können, daß dagegen das Biwakiren möglichst ganz vermieden wird.

Die Gefechtsbereitschaft in rein reiterlichem Sinne wird dadurch ja wesentlich beeinträchtigt, da aber die nöthige Nachtruhe für die Pferde eine absolute Nothwendigkeit ist, so muß man sich mit dieser Schwierig=keit abfinden und ihre Nachtheile durch zweckmäßige Anordnungen aus=zugleichen suchen.

Gegen diese Auffassung wird freilich vielfach eingewendet, daß Kavallerie früher viel mehr biwakirt habe als heute und dennoch leistungsfähig geblieben sei; also müsse das auch heute noch möglich sein.

Ich halte das für einen Trugschluß. Erstens waren die Anforderungen an die Truppe in früheren Kriegen meist viel geringer wie heute. Die Tage der Krisis, an welchen hohe Anforderungen gestellt werden mußten, traten Alles in Allem seltener ein wie im modernen Kriege. Die folgenden Ruhe= und Erholungspausen waren meistens größer. Faßt man z. B. die durchschnittlichen Marschleistungen der Napoleonischen Kavallerie ins Auge, so sind diese im Allgemeinen keine auffallend großen. Noch weniger war dies bei der Kavallerie Friedrich des Großen der Fall, wenn auch unter beiden Feldherren zu Zeiten sehr bedeutende Einzelleistungen vorgekommen sind.

Dann aber waren die Pferde früher auch viel weniger edel als unsere heutigen, und das gemeinere, kaltblütige Pferd kann Biwaks, Nässe und Kälte sehr viel besser aushalten, als unser heutiges hoch= gezogenes Kavalleriepferd, das Hitze und Anstrengungen ungleich besser verträgt als Nässe und Kälte.

Diesen Gesichtspunkten entsprechend muß die Führung verfahren. Wo es die Verhältnisse gestatten die Masse der Pferde hinter Infanterievorposten Sicherheit finden zu lassen, da muß dieser Schutz unbedingt in Anspruch genommen werden. Der Vorpostendienst strengt den Infanteristen, der selbst auf Feldwache schlafen kann, abgesehen natürlich vom weiteren Patrouillendienst, der stets der Reiterei zufällt, sehr viel weniger an als das Kavalleriepferd.

In dieser Forderung liegt ja unleugbar eine gewisse Bevorzugung des Reiters gegenüber dem viel geplagten Infanteristen, denn unver= meidlicher Weise zieht auch der Mann Vortheil von der dem Pferde gewährten Ruhe. Ich meine aber doch, daß solche Gesichtspunkte zu kleinlicher Natur sind um sie maßgebend werden zu lassen, wo es sich um Erhaltung eines wichtigen und nothwendigen Kraftfaktors der Armee handelt. Auch dürfte diese Bevorzugung nur eine scheinbare sein. Sie soll ja gerade das Mittel gewähren, nicht nur das Material an und für sich zu schonen, sondern zu schonen mit dem Zweck desto größere An= forderungen stellen zu können, wo es die Wichtigkeit der Umstände erfordert.

Wo in kritischen Tagen kühne und weite Unternehmungen in des Feindes Flanke und Rücken nothwendig werden, wo es darauf ankommt, die gegnerischen Bewegungen dauernd zu beobachten, die eigenen aber zu verschleiern, wo endlich nach beendetem Kampf die Aufgabe erwächst, sei es den Gegner rastlos zu verfolgen, sei es die ermüdete und weichende Infanterie zu schützen und zu sichern, da wird eine geschonte Kavallerie zu Leistungen befähigt sein, denen eine frühzeitig ermüdete nicht gewachsen sein würde. Diese Leistungen wird man dann unbedingt von ihr fordern können: sie werden die frühere Sorge um die Erhaltung der Waffe taktisch und strategisch hundertfach belohnen.

Im Uebrigen werden sich Fälle, in denen Kavallerie den Schutz der Infanterie in Anspruch nehmen kann, im Allgemeinen nur selten ergeben. Der Schwerpunkt aller kavalleristischen Thätigkeit liegt, wie wir sahen, in Zukunft auf ihren selbständigen Unternehmungen. Selbständige Vorposten werden damit die täglich sich erneuernde Aufgabe der Kavallerie bilden.

Wollte man sie nach denselben Grundsätzen handhaben wie bei der Infanterie, d. h. also die Vorposten prinzipiell biwakiren lassen, Gros, Pikets und Feldwachen gewohnheitsmäßig und täglich den Unbilden der Witterung aussetzen, so würde das eine stete Quelle der Ueberanstrengung für die Pferde bilden und der nothwendigen Sorge für Erhaltung des Materials nicht genügend Rechnung tragen. Es muß daher nicht nur die Unterbringungsweise der Gesammttruppe für die Zeiten der Ruhe, sondern es muß auch das ganze Vorpostensystem von der Tendenz beherrscht werden die größtmögliche Zahl von Pferden in völliger Sicherheit unter Dach und Fach zu bringen.

Die Sicherheit wird hiernach in erster Linie in der vermehrten Tiefenausdehnung zu suchen sein. Auch nach siegreichem Vorgehen wird man sich nicht scheuen dürfen entsprechend zurückzugehen, um den nöthigen Abstand der Avantgarden vom Feinde bezw. des Gros von der Avantgarde zu gewinnen. Etwas verlängerte Märsche fallen gegen den Vortheil größerer Sicherheit nicht ins Gewicht. Besonders wünschenswerth aber wird es sein Geländehindernisse vor die Front zu nehmen, die die Annäherung des Gegners dadurch erschweren, daß sie nur an einzelnen Punkten Durchgang gewähren: also vor Allem Flußläufe, die nur auf Brücken passirbar, Wälder, die

nur auf Wegen zu durchreiten sind, Sümpfe u. dergl. Hinter solchen
Abschnitten kann man meist in aller Ruhe kantonniren. Sie bieten
außerdem den Vortheil, daß sie meist mit verhältnißmäßig geringen
Kräften und zwar abgesessenen Mannschaften zu behaupten sind. Die
Pferde können in solchem Fall außerhalb der eventuellen Gefechtssphäre in Kantonnements gelegt werden und werden im Falle des
Alarms von zurückgebliebenen Mannschaften marschbereit gemacht.
Wo solche Abschnitte sich nicht erreichen lassen, muß man einerseits
weiter zurückgehen, andererseits müssen, wo man nicht allzu nahe
am Feinde liegt, die vordersten Kantonnements in Front und Flanken
zugleich die Sicherungslinie bilden. Allabendlich müssen derartige
Orte flüchtig zur Vertheidigung eingerichtet werden, und die Absicht
muß dahin gehen sie im Angriffsfall stehenden Fußes mit dem
Karabiner in der Hand und ohne mit den Pferden auszurücken so
lange zu vertheidigen, bis von den rückwärtigen Kantonnements Unterstützung gebracht wird.

Zu welcher Weise hierbei zu verfahren ist, ist an anderer Stelle
bereits besprochen worden.

Ergänzt muß dieses Vertheidigungssystem aber dadurch werden,
daß man innerhalb eines gewissen Rayons einen ununterbrochenen
Patrouillengang einrichtet, der in systematischer Anordnung das ganze
Vorgelände dauernd beobachtet, und daß man an weit vorgeschobene
wichtige Kommunikationspunkte kleinere Abtheilungen — in großen Verhältnissen Eskadrons — vorschiebt, die eine vorgeschobene Sicherungslinie
bilden. Auch diese vorgeschobenen Abtheilungen können, wenn die Verhältnisse günstig liegen, in Oertlichkeiten einrücken, so daß die Pferde
unter Dach und Fach kommen: doch werden sie meistens die Pferde
nicht absatteln können sondern die volle Alarmbereitschaft bewahren.
Auch die Unterbringungsart der Pferde und Mannschaften muß diesem
Gesichtspunkt Rechnung tragen. Hier muß die Absicht dahin gehen
bei jeder Bedrohung durch den Feind sofort auszurücken und sich der
gegnerischen Einwirkung zu entziehen. Genaue Orientirung im Wege-
netz, Sperrung der nach dem Feinde zu führenden Straßen und ver-
doppelte Wachsamkeit der Patrouillen, sind in solcher Lage besonders
erforderlich. Vor Allem muß der Führer der unbedingten Zuverlässigkeit
und Besonnenheit seiner Truppe gewiß sein.

Eine Kavallerie aber, die im Vertrauen auf ihre Feuerwaffe und die Aufmerksamkeit ihrer Patrouillen im Angesicht des Feindes zu kantonniren wagt und versteht und damit ihren Pferden das Biwakiren erspart, wird jeder gegnerischen bald an Material, Kraft und Selbstbewußtsein überlegen sein, die im steten Alarmzustand ihre Sicherheit sucht und ihre Kraft vergeudet.

Doch darf natürlich auch das Kantonniren nicht zum Schema werden. Es kann Verhältnisse geben, wo die Kavallerie in unmittelbarer Nähe des Gegners bleiben muß. Dann wird sie bisweilen gezwungen sein nicht nur zu biwakiren sondern mit dem Zügel am Arm die Nacht zuzubringen, um jeden Augenblick zum Vorgehen bereit zu sein; doch darf solches Verhalten nur in den Tagen großer taktischer Krisen gewählt werden. Auch werden natürlich die Witterungs- und Geländeverhältnisse gebührende Berücksichtigung bei Unterbringung und Anordnung der Vorposten finden müssen.

So sehen wir denn, daß sich bestimmte Vorschriften, wie für die Operationen selbst, so auch für die Anordnung der Vorposten niemals geben lassen, daß vielmehr Alles von dem Können von Führer und Truppe abhängt. Dieses Können bedingt in letzter Linie ihre größere oder geringere Operationsfähigkeit. Die Grundlage für dasselbe kann nur im Frieden gelegt werden. Sie wird bedingt durch sachgemäße und erfolgreiche Ausbildung und durch die zweckmäßige Vorbereitung der Kriegsorganisation. Auf beide Punkte soll im nächsten Abschnitt näher eingegangen werden. Hier sei nur betont, daß naturgemäß die gesammte operative Thätigkeit der Waffe sich grundverschieden gestalten muß, je nachdem die Truppe größere oder geringere Anstrengungen zu leisten vermag, durch ihre Ausrüstung mehr oder weniger selbständig ist, die Führer aller Chargen zu selbständigem Handeln befähigt sind, und die Bewegungsfähigkeit nicht durch Schwierigkeiten der Verpflegung von Mann und Pferd und der Munitionsversorgung beeinträchtigt werden. Zu dem einen Fall wird man mit Kühnheit und Wagemuth in echt reiterlichem Geist operiren, in dem anderen wird man sich auf Schritt und Tritt gebunden fühlen, nicht mit dem erforderlichen Selbstbewußtsein handeln können und die erfolgversprechendsten Unternehmungen aufgeben müssen, weil sekundäre Rücksichten ihre Durchführung unmöglich machen.

Kein noch so genialer Führer kann das vollständig ausgleichen, was in Bezug auf das Können der Truppe abgeht, wohl aber hat die Führung die Pflicht, die der Truppe innewohnende Leistungsfähigkeit zu erhalten und nach Kräften zu steigern.

Hier steht eine sachgemäße Schonung und Pflege des Pferde= materials in erster Linie, weil in diesem die Grundlage zu allem Weiteren gegeben ist.

Wir haben schon gesehen, welche hervorragende Bedeutung in dieser Hinsicht der Unterbringung und der Anordnung der Vorposten beizumessen ist. Doch kommen dabei noch andere Faktoren zur Sprache.

Vor Allem eine rationelle Eintheilung und Einrichtung der Märsche. Zunächst ist es in gewissem Sinne ein Irrthum anzunehmen, daß Kavallerie mehr und ausdauernder marschiren könne als Infanterie, daß das Kavalleriepferd größeren Strapazen gewachsen sei als der gut ausgebildete Fußsoldat. Das ist für eine Reihe von Tagen aller= dings richtig, für Dauerleistungen aber doch keineswegs erwiesen. Das deutsche Reiterpferd ist von ausreichender Verpflegung viel abhängiger als der Mann; die Art der Belastung verbunden mit der Schnelligkeit der Bewegung, die dadurch bedingte größere Intensität der Anstrengung greifen das Thier in höherem Grade an, als die mehr gleichmäßige Marschleistung den Menschen, der zugleich seelischen Einwirkungen zu gänglich ist, die seine Kraft zu steigern vermögen; endlich decimiren Druckschäden und Lahmheiten die Reihen der Pferde bei fortgesetzten Anstrengungen in höherem Maße, als eine gut ausgerüstete und ein= marschirte Infanterie unter ähnlichem Einflüssen leidet.

Es dürfen demnach in gewöhnlichen Zeiten nicht ohne zureichenden Grund Marschanforderungen gestellt werden, die nur die Tage der Krisis gerechtfertigt erscheinen lassen. Ueberall wird man die täglichen und gewohnheitsmäßigen Leistungen auf dasjenige geringste Maß zu reduziren suchen müssen, das der Zweck noch zuläßt. Nur in Ausnahmefällen wird man die Aufbruchszeiten so früh ansetzen dürfen, daß dadurch den Pferden die Nachtruhe wesentlich verkürzt wird. Leider giebt es immer noch Truppenführer, die sich nicht überzeugen lassen wollen, daß gerade das Pferd der Ruhe bedarf, und die nicht zufrieden sind, wenn sie die Kavallerie nicht Nacht für Nacht auf die Beine bringen, obgleich sie im Dunkeln so gut wie ganz unfähig ist aufzuklären oder gar zu fechten. Auf dem Marsche selbst ist ein angemessener Wechsel der Gangart nöthig. Stundenlange Trabreprisen — der sogenannte Lungentrab — sind der größte Ruin des Pferdematerials. Wo sie nöthig werden, ist meistens mangelnde Umsicht der Führung daran schuld. Wesentlich wird man zur Schonung der Pferde beitragen, wenn man nicht ohne Noth mit größeren Massen auf einer Straße marschirt und, wo das nicht zu vermeiden ist, durch angemessene Abstände die Gleichmäßigkeit des Marschirens zu regeln sucht: sonst entsteht ein fortwährendes Nachjagen und Aufprellen der hinteren Abtheilungen, das die Pferde aufs Aeußerste angreift. Immer wird man die nöthigen Erholungspausen für die Pferde einlegen müssen, tränken, wo sich irgend Gelegenheit dazu bietet, und niemals die Bewegung bis zu völliger Erschöpfung der Thiere fortsetzen dürfen. Rechtzeitige Ruhepausen steigern die Gesammtleistung ganz erheblich. Diese kann mit besserem Training der Pferde allmählich gesteigert werden. Eine solche allmähliche Steigerung mit den militärischen Anforderungen in Einklang zu bringen, ist eine wesentliche Kunst der Führung.

Neben konsequenter Durchführung einer rationellen Marschtechnik wird auch eine weise Oekonomie der Kräfte bei allen Detachirungen wie beim Patrouillendienst wesentlich zur Schonung des Pferdematerials beitragen. Besonders wird bei der Divisionskavallerie der übertriebenen Zutheilung von Ordonnanzen und Meldereitern an die Führer der anderen Waffen und die Vorposten der Infanterie gesteuert und mit Strenge darauf gesehen werden müssen, daß die betreffenden Abkommandirten rechtzeitig wieder zur Truppe herangezogen und nicht zu Dingen verwandt werden, zu denen sie gar nicht berufen sind.

So giebt es Führer, die die Meldereiter zum Patrouilliren benutzen auch da, wo besondere Abtheilungen mit diesem Dienst betraut sind, andere, welche die zu den Vorposten kommandirten Meldereiter auch nach Aufhören des Vorpostendienstes bei sich behalten. Zu allen diesen Dingen liegt eine ungeheure Kraftvergeudung, die um so nachtheiliger wirken muß, je weniger Kavallerie den Gesammtverhältnissen nach den Infanterie Divisionen überhaupt zugewiesen werden kann. Es muß als eine spezielle Pflicht jedes Kavallerieoffiziers bezeichnet werden in dieser Richtung seine Truppe so viel als möglich zusammenzuhalten.

Neben der Marschtechnik und der Oekonomie der Kräfte wird bei selbständiger Kavallerie eine rationelle Behandlung der rückwärtigen Verbindungen sehr wesentlich zur Erhaltung der Truppe beitragen und ist auch in operativer Hinsicht eine wichtige Pflicht des Truppenführers. Das tägliche weite Aussenden zahlreicher Requisitionskommandos schwächt und vermindert die Truppe in unzulässigem Maße, wo es nicht rationell und mit weiser Voraussicht gehandhabt wird; mangelhafte Ernährung bringt die Pferde sehr bald und gründlich herunter.

Das rechtzeitige tägliche Herankommen der Verpflegungsfahrzeuge, die rationelle Ausnutzung der Hülfsmittel des Landes, der fortlaufende rechtzeitige Ersatz der beweglichen Verpflegungsreserve sind daher Dinge, die man nicht lediglich den Intendanturbeamten überlassen darf, sondern die der Kavallerieführer selbst fortdauernd übersehen und in der Hand behalten muß: die von operativen Gesichtspunkten aus geregelt werden wollen, da sie die Operationsfähigkeit wesentlich mit bedingen. Selbstverständlich muß auch die oberste Heeresleitung hier helfend eingreifen. Im Allgemeinen wird es sich empfehlen einen fünf- oder sechstägigen Haferbedarf bei sich zu führen, wenn man allen Wechselfällen gewachsen bleiben will. Wenigstens hat sich das im Kriege 1870/71 als praktisch erwiesen. Doch wird man sagen können, daß, je weiter sich die Reiterei von der Masse des Heeres entfernt, je mehr sie die Verbindung mit derselben aufgiebt, desto größer die unmittelbar mitgeführte Verpflegungsmasse sein muß: desto näher muß diese ihrer Sicherung wegen aber auch an die Truppe herangehalten werden, desto ausgiebiger müssen die zu ihrem Schutz getroffenen Maßregeln sein. Diese letzteren werden besonders dann von erhöhter Wichtigkeit sein, wenn man mit schmaler Front operirt, die feindliche Umgehung erleichtert, während breitere Fronten an sich schon eine gewisse Sicherheit der rückwärtigen Verbindungen gewähren. Ist man ganz von dem Zusammenhang mit dem heimathlichen Ersatz abgeschnitten, so muß man sich in irgend einem periodisch zu besetzenden Ort in Flanke oder Rücken des feindlichen Heeres ein eigenes Verpflegungscentrum zu schaffen suchen und dasselbe zum Ausgangspunkt der Operationen machen. Alle Mittel sind dann recht, um in solchem Orte Verpflegungsmittel zusammenzubringen, denn immer bleibt die Sorge für die Verpflegung der Pferde eine der wichtigsten Aufgaben der Führung. Eine Versäumniß in dieser Richtung kann die genialsten Unternehmungen scheitern lassen und den Erfolg — auch der bestgeführten — in Frage stellen. Die Theorie legt gerade diesen Verhältnissen im Allgemeinen eine viel zu geringe Bedeutung bei.

So gestaltet sich die Thätigkeit des Führers selbständig operirender Kavallerie zu einer äußerst vielseitigen und verantwortlichen. Er wird ihr nur dann gerecht werden können, wenn alle Organe, mit denen er zu rechnen hat, ihn auf das Beste und Zuverlässigste unterstützen. Mit dieser Nothwendigkeit tritt die neue Forderung an ihn heran den Geist aller seiner Untergebenen in einer Weise zu heben und anzuspannen, die zu den höchsten Leistungen befähigt. Nur ein kühner, selbstbewußter und thatkräftiger Mann, der überall selbst das beste Beispiel giebt, wird in dieser Weise belebend und fördernd wirken können. Die Summe der gesteigerten Einzelleistungen zeitigt dann aber auch gesteigerten Erfolg, und der Erfolg fesselt das Glück.

So bleibt die letzte und höchste Forderung für erfolgreiche Führung von Reiterschaaren immer ein Mann, der sie zu beseelen, anzuspannen und zum Siege zu führen versteht.

II.
Organiſation und Ausbildung.

1. Zahl, Organiſation und Ausbildung.

Wenn man die modernen Kriegsverhältniſſe ins Auge faßt, wie ich ſie im vorigen Abſchnitt zu entwickeln verſucht habe: die numeriſche Stärke moderner Heere: die zahlreichen Neuformationen und Truppen zweiter Linie, die an Infanterie und Artillerie im Mobil= machungsfall aufgeſtellt werden; die räumliche Ausdehnung künftiger Kriegstheater; wenn man erwägt, wie zahlreiche und hochbedeutende Aufgaben der Reiterwaffe im Kriege der Zukunft harren: wie gerade die wichtigſten dieſer Aufgaben nur durch Einſatz von Reiter= maſſen gelöſt werden können, wie ich das nachzuweiſen verſuchte: wenn man dann demgegenüber die relativ geringe Zahl unſerer Reiter= Regimenter ins Auge faßt, ſo wird man ſich der Ueberzeugung nicht verſchließen können, daß unſere deutſche Kavallerie numeriſch zu ſchwach iſt, um auch nur den hauptſächlichſten Anforderungen der Zu= kunft gerecht werden zu können. Dieſe Ueberzeugung aber wird ſich zu ſchwerer Beſorgniß ſteigern, wenn man ferner bedenkt, daß durch Um= ſtände, die näher zu erörtern hier nicht der Platz iſt, gerade unſere Kavallerie in die Lage kommen kann in der eigenen Waffe gegen er= drückende Ueberlegenheiten fechten zu müſſen, und daß andererſeits die Schwierigkeiten eines zureichenden Erſatzes bei der Reiterei größer ſind als bei jeder anderen Waffe. Die hierin begründete Gefahr iſt aber um ſo ernſter, als bei den durch die hoch geſteigerten Anforderungen der Zukunft bedingten Anſtrengungen und Gefechtsverluſten — die um ſo größer ſein müſſen, je ſchwächer an Zahl die Truppe im Verhält= niß zu den geforderten Leiſtungen iſt — ein raſches Zuſammenſchmelzen derſelben in Ausſicht ſteht.

Deutſchland iſt ja allerdings ein verhältnißmäßig pferdereiches Land. Bei dem Umfang aber der im Kriegsfall im Ganzen aufzu=

stellenden Formationen wird vom ersten Moment der Mobilmachung an der Bestand an kriegsbrauchbaren Pferden im eigenen Lande wohl vollständig in Anspruch genommen: nur das noch nicht und das nicht mehr kriegsbrauchbare Material bleibt zurück.

Die als kriegsbrauchbar bezeichneten Pferde sind jedoch keineswegs alle für die Kavallerie verwendbar. Reitpferde als Transportmittel für Infanterie und Train, zum Theil auch noch für Artillerie, finden sich wohl, solche für Kavallerie aber nur in beschränkter Anzahl. Im Uebrigen ist man auf das Ausland angewiesen, dessen Leistungsfähigkeit größtentheils von der politischen Lage abhängt, also von Verhältnissen, die sich nicht willkürlich gestalten lassen. Es besteht demnach eine große nicht zu unterschätzende Schwierigkeit Pferdematerial für den Ersatz zu beschaffen. Es kommt hinzu, daß selbst das an sich brauchbare Material längerer Ausbildung und Trainirung bedarf, um wirklich kriegstüchtig und verwendbar zu werden. Ein rascher und vollwerthiger Ersatz eingetretener Verluste ist in Anbetracht aller dieser Umstände vollständig ausgeschlossen, und das bedeutet das baldige Heruntersinken der nummerischen Stärke der Kavallerie noch unter das jetzt schon so außerordentlich ungünstige Verhältniß.

Bei der gesteigerten Bedeutung, die der Reiterthätigkeit im modernen Kriege beigemessen werden muß, ist die Erkenntniß dieser Sachlage selbstverständlich gleichbedeutend mit der unbedingten Forderung Wandel zu schaffen, d. h. die Kavallerie zu vermehren.

Nur dann kann der gewaltige Mechanismus der modernen Armee normal und erfolgreich funktioniren, wenn in ihm selbst die Kraftfaktoren nach richtig abgewogenem Bedürfniß bemessen sind. Fehlt die Federkraft an einer Stelle, so liegt die Gefahr vor, daß im gegebenen Moment der ganze Mechanismus in Mitleidenschaft gezogen wird und den Anforderungen nicht mehr zu entsprechen vermag.

Die Nothwendigkeit die Kavallerie zu vermehren ist denn auch schon mehrfach erwogen worden bisher jedoch noch niemals mit dem zielbewußten Ernst, den die Lage meines Erachtens erfordert. Man hat vielmehr meist nur nach Auskunftsmitteln gesucht, um die bittere Nothwendigkeit einer ernsten Vermehrung wenn möglich zu umgehen. Zunächst ist vorgeschlagen worden aus den fünften Schwadronen aller Kavallerie-Regimenter neue Regimenter zu vier Eskadrons zu bilden, und man sucht diese Ansicht

damit zu begründen, daß ja auch im Kriege die Regimenter zu vier
Schwadronen formirt werden. Es kann sich jedoch der Ansicht keines
Sachverständigen entziehen, daß Generallieutnant von Pelet durchaus
Recht hat, wenn er diese Maßregel als den Ruin unserer Kavallerie
bezeichnet,*) die mit einem Schlage Alles auswischen müsse, was die
Reorganisation von 1859 und 1860 für die kriegstüchtige Ausgestaltung
unserer Kavallerie gethan habe und eine Verschlechterung der Waffe
gerade in dem Moment herbeiführen werde, wo sie sich mit dem Feinde
messen solle. Der General schreibt u. A.: „405 Estadrons haben im
Frieden den niederen Etat — 133 — bezw. den mittleren Etat -
137 — Dienstpferde. Die Zahlen sind 170 bezw. 235 Estadrons.
Die Kriegsstärke beträgt rund 150 Pferde. Um diese zu erreichen,
würden also in die Estadron mit niederem Etat 17, in die mit
mittlerem Etat 13 Pferde einzustellen sein. Besteht keine 5. Es
tadron, welche wie bisher im Mobilmachungsfalle in die Feld-Estadrons
aufgibt, bezw. ihre kriegsbrauchbaren Pferde an diese abgiebt, so müssen
Augmentationspferde, d. h. vom Lande gestellte, durchweg völlig rohe
und der Arbeit unter dem Reiter ungewohnte, vielfach minderwerthige
Pferde in entsprechender Zahl in die Estadrons eingestellt werden.
Mit 17 bezw. 13 Augmentationspferden für die Estadron ist es aber
noch nicht geschehen. Die Feld-Estadrons werden ihre jüngsten Remonten, etwa 15 Stück, als zu jung, zu wenig den Anstrengungen
gewachsen und nicht völlig rittig möglichst nicht mitnehmen; denn die
Erfahrungen der letzten Kriege haben gezeigt, daß, wenn es dennoch
geschah, der größte Theil den Strapazen sehr bald erlag. Nehmen
wir den günstigen Fall, eine Mobilmachung Anfang Mai an, so wird
man von 15 jungen Remonten bei gutem Material und richtiger
Auswahl höchstens 8 in die Feld-Estadrons einstellen können, der Rest
müßte bei der Ersatz-Estadron bleiben, um später nachgeführt zu
werden. Ein anderes Verfahren würde nur dazu führen diese werth-
vollen jungen Thiere zwecklos hinzuopfern. Die Stellen der Zurück-
bleibenden werden durch Augmentationspferde besetzt, was die Zahl
dieser Pferde in den Estadrons auf 24 bezw. 20 bringen würde.
Diese Zahlen erhöhen sich aber noch dadurch, daß der Ersatz-Estadron,

---

*) „Kavallerie-Regimenter zu vier Estadrons“ von Pelet-Narbonne. Kreuz-
zeitung vom 17. Januar 1899.

bei welcher die Rekruten ausgebildet werden müssen, eine Anzahl noch hierzu geeigneter älterer Pferde überwiesen werden, im Ganzen mindestens 32, also für die Eskadron 8. Ferner kann man rechnen, daß außerdem noch je 2 Pferde abgeben zur Berittenmachung von Stabswachen und Stabsordonnanzen. Nach dieser Berechnung würden also die Feld-Eskadrons mit 34 bezw. 30 Augmentationspferden ausrücken. (Die 60 Eskadrons mit hohem Etat mit 27.) Wesentlich anders stellt sich das Verhältniß, wenn im Frieden fünf Eskadrons bestehen, von denen eine als Ersatz-Eskadron zurückbleibt. Mit Ausnahme von 35 Rekrutenpferden und, unserer vorigen Annahme wieder folgend, von 7 jungen Remonten würden ihre kriegsbrauchbaren Pferde, bei niedrigem Etat 91 Stück, auf die vier Feld-Eskadrons vertheilt werden, so daß diese je 23 erhalten würden und daher, je nach dem Friedensstand, zu ihrer Ergänzung nur 11, 7, 4 Augmentationspferde einzustellen hätten. Diese Zahlen beeinflussen die Kriegsbrauchbarkeit der Eskadrons nicht, zur Wagenbespannung, Begleitung des Trosses, allenfalls hinter der Front können die Pferde Verwendung finden." Diesen Anschauungen des Generals kann in jeder Hinsicht zugestimmt werden. Mir will sogar scheinen, daß die Maßregel die fünften Eskadrons zu neuen Regimentern zusammenzulegen von ihm noch zu günstig beurtheilt wird, denn die Abkommandirungen sind theilweise größer als er annimmt, und außerdem befinden sich wohl meistens in den Eskadrons einige kriegsunbrauchbare oder kranke Pferde, die zur Ausrangirung kommen müssen. Auch scheint es mir im Allgemeinen nicht durchführbar 8 junge Remonten ins Feld mitzunehmen. Dadurch erhöht sich die Zahl der Ankaufspferde ganz wesentlich gegen die vom General v. Pelet angenommene Zahl. Auch darin hat aber der General vollkommen Recht, wenn er meint, daß dieser Zustand unter modernen Verhältnissen viel nachtheiliger wirken muß als früher, wo die Eskadrons nach vollendeter Mobilmachung meist noch eine längere Zeit vor sich hatten, ehe sie in Aktion traten und diese zum Zusammenschweißen der verschiedenartigen Elemente benutzen konnten. Heutzutage werden dagegen die Regimenter mit der Eisenbahn sehr bald an die Grenze befördert und es müssen gleich von Anfang an vollwerthige Leistungen von ihnen verlangt werden. Nichtgerittene und nicht in Trab- und Galopp-Arbeit befindliche Pferde können jedoch unmöglich Gewichte von 230 bis

7*

240 Pfund aufnehmen und mit dieser Last zum Theil querbeet viele
Stunden des Tages gehen. Nach wenigen Tagen würde der größere
Theil der Ankaufspferde unbrauchbar sein. Auch werfen sich diese
Pferde im Gliede, kleben und lassen sich nicht beherrschen.

Diese vollwiegenden Nachtheile ließen sich ja theilweise dadurch paralysiren, daß man die Eskadrons schon im Frieden auf Kriegsstärke und
mehr bringt — also auf etwa 160 Pferde — das würde aber einer=
seits einer nicht unerheblichen Kavallerievermehrung gleichkommen, und
andererseits würden auch die Friedensverhältnisse sich einer solchen
Organisation schwer anpassen lassen. Ohne auf diese näher eingehen
zu wollen, sei nur beispielsweise darauf hingewiesen, daß alle unsere
Kasernen und Reitbahnen für Regimenter zu fünf Eskadrons eingerichtet
sind. Auch bleibt zu bemerken, daß wir keineswegs stärkere Regi=
menter brauchen sondern eine größere Zahl von Regimentern, um
allen Bedürfnissen gerecht werden zu können.

Wenn somit eine Belastung der Eskadrons mit etwa 30 und mehr
Ankaufspferden als eine Maßregel bezeichnet werden muß, die den Kriegs=
werth unserer Kavallerie ganz bedeutend verschlechtern würde, so wird
Letzteres natürlich in noch viel höherem Maße der Fall sein, wenn sich
die Zahl der Ankaufspferde vermehrt. Auch derartige Maßregeln sind
wohl schon in den Kreis der Erwägungen gezogen worden, und es müßte
ja allerdings als außerordentlich bequem bezeichnet werden, wenn man durch
Einstellung von Ankaufspferden und Reservisten unsere Reiterei im Mobilmachungsfalle um ein Drittel bezw. um die Hälfte vermehren könnte.

Nach dem Gesagten sind derartige Maßnahmen natürlich als unmöglich zu bezeichnen.

Schwadronen, die beispielsweise etwa zur Hälfte aus Ankaufspferden beständen, wären einfach kriegsunbrauchbar. Ein Verfahren,
das derartige Resultate zur Folge hätte, würde demnach nicht nur keine
Vermehrung der Kavallerie bedeuten, sondern sogar die im Frieden
vorhandene für den Krieg vollständig lahmlegen. Selbst als Divisionskavallerie könnten derartige Eskadrons keine Verwendung finden, denn
gerade im Dienst dieser Truppe kommt es, abgesehen davon, daß die
Anstrengungen mindestens die gleichen sind wie bei den Kavallerie-
Divisionen, wesentlich auf sicheres Einzelreiten aller Leute an, und
gerade das ist mit den Ankaufspferden nie zu erreichen.

Alle diejenigen, die derartigen Maßregeln das Wort reden, stehen unter der Herrschaft eines Grundirrthums: sie übersehen, daß, wie ich schon im vorigen Abschnitt darauf hinwies, die Kavallerie ihrem ganzen Wesen nach eine stehende Truppe ist und niemals etwas Anderes sein kann; daß mithin das für die Infanterie heute adoptirte System durch Einstellung von Reservisten ꝛc. die Kadres auf Kriegsstärke zu erhöhen bei der Kavallerie grundsätzlich unanwendbar ist.   Denn bei der Infanterie werden ausgebildete Mannschaften zur Füllung der Kadres verwendet, bei der Kavallerie jedoch müßten unausgebildete Pferde eingestellt werden, und es bleibt zu berücksichtigen, daß trotzdem auch bei der Fußwaffe ein gewisser Prozentsatz der Neueingestellten gleich in den ersten Tagen den Anstrengungen erliegt.   Daß bei der Kavallerie junge Remonten und Ankaufspferde selbst unter günstigeren Verhältnissen, als wie sie heute vorliegen, zum größten Theil sehr bald zu Grunde gehen und lange Zeit nicht vollwerthig benutzt werden können, das hat der Feldzug 1870/71 zur Genüge bewiesen.

Das Bedürfniß numerischer Verstärkung der Kavallerie, und zwar auf der Grundlage des heutigen Fünf-Schwadronen-Systems, welches wenigstens eine gewisse Ausbildung der Ankaufspferde gewährleistet ohne die Stärke der Schwadronen unter das zulässige Minimalmaß herabzudrücken, ist infolge aller dieser Verhältnisse ein außerordentlich dringendes.   Man wird sich der Einsicht nicht verschließen können, daß jede auf anderem Wege erstrebte Kavallerieverstärkung auf Selbsttäuschung hinauslaufen, die Ziffern zwar auf dem Papier erhöhen, in Wirklichkeit aber die Waffe auf das Schwerste schädigen würde.

Mögen daher im Augenblick Verhältnisse, die sich meiner Beurtheilung entziehen, eine Maßregel in dem befürworteten Sinne als nicht angezeigt erscheinen lassen, so wird man sich doch darüber klar sein müssen, daß nach der heute in Angriff genommenen Reorganisation unserer Artillerie eine ausgiebige Errichtung neuer Kavallerie-Regimenter sich als eine für die Zukunft gar nicht mehr abzuweisende Nothwendigkeit darstellt, und daß in der Zwischenzeit irgendwelche Verstärkungsmaßregeln auf Grund des Kadresystems absolut von der Hand gewiesen werden müssen.

Als nothwendige Ergänzung der geforderten Neuformationen — um auch für die verstärkte Kavallerie nicht auf schlechteres Material

zurückgreifen zu müssen und zugleich um den Pferdeersatz im Kriege
einigermaßen sicher zu stellen — muß eine weitere Förderung der in
ländischen Pferdezucht energisch betrieben werden. Es ist das nur durch
angemessene Erhöhung des Remontepreises möglich.*)

Diese Gesichtspunkte können gar nicht bestimmt genug hervorgehoben und ausgesprochen werden, da dieselben unglücklicherweise auch
in militärischen Kreisen nicht überall genügendes Verständniß finden, und
es nothwendig erscheint die öffentliche Meinung, die in letzter Instanz
die Auffassung des Reichstages bedingen sollte, über diese Verhältnisse
aufzuklären.

Immerhin wird man die Schwierigkeiten nicht unterschätzen dürfen,
die sich einer Vermehrung der Kavallerie entgegenstellen, und wird
daher auf die Nothwendigkeit gefaßt bleiben müssen im Fall eines europäischen Krieges mit unzureichender Stärke an Aufgaben heranzutreten,
wie sie schwieriger in der Lösung und zugleich folgenreicher für den
ganzen Verlauf des Kampfes gar nicht gedacht werden können.

Auch unter solchen Umständen werden wir versuchen müssen diejenigen Erfolge zu erreichen, deren die Heerführung unbedingt bedarf.

Ueberlegene Energie und Kunst der Führung, Zusammenfassung
der Kräfte, erhöhte Sorge für Erhaltung der Truppe in materieller
und moralischer Frische, gesteigerte Kühnheit der Unternehmungen verbunden mit weiser Beschränkung in den Zielen werden dann das
.Mindermaß der Zahl ausgleichen müssen, soweit das möglich ist. Indem
wir das Nebensächliche bewußt bei Seite lassen, werden wir bestrebt sein
müssen in den entscheidenden Momenten und Richtungen mit gesammelter
Kraft aufzutreten und durch energische Ausnutzung der relativen Ueberlegenheit dieselbe dauernd zu gewinnen und zu behaupten.

Je höher aber hiermit die Anforderungen an die moralischen,
geistigen und materiellen Kräfte der Truppe gespannt werden, desto mehr
ist man zu der Forderung berechtigt und gezwungen, daß wenigstens
Organisation und Ausbildung allen modernen Anforderungen
gerecht werden. Wäre auch in dieser Hinsicht keine vollwerthige

---

*) Anm. Beiläufig sei bemerkt, daß einige Theile Lothringens fast die pferde-
reichsten ganz Deutschlands sind. Hier ließe sich durch Einführung geeigneten Hengst-
materials ein vorzügliches Artilleriepferd aus der vorhandenen Rasse züchten. Aber
es geschieht Nichts in dieser Richtung.

Grundlage für höchste Leistungen vorhanden, so würde selbst auf die nothwendigsten Erfolge der Reiterwaffe im Kriege nicht zu rechnen sein.

Es entsteht demnach die Frage, ob auf diesem Gebiet unsere deutsche Kavallerie den höchsten Anforderungen genügt.

Was zunächst die Organisation anbetrifft, so wird in weiten Kreisen ein Hauptwerth darauf gelegt, daß bereits im Frieden die-jenigen Verbände aufgestellt werden, welche die Grundlage der Kriegs-organisation bilden sollen, also die Kavallerie-Divisionen.

Vor Allem wird hierfür geltend gemacht, daß Führer und Truppe sich kennen müssen, um im Kriege ersprießlich zusammenwirken zu können. Auch meint man, daß, wenn nur erst die Divisionen definitiv formirt sind, dann auch die Zusammenziehung derselben zu größeren Uebungen in erhöhtem Maße stattfinden, und damit die taktische Ausbildung der Truppe wesentlich gefördert würde.

Mir will scheinen, als ob das Schwergewicht der organisatorischen Fragen doch weniger in der Formation der Divisionen im Frieden beruht, als vielfach angenommen wird.

Die Forderung, daß Führer und Truppe einander kennen müßten, kann ich zunächst als eine durchaus kriegsgemäße nicht erachten. So wünschenswerth es sein mag, daß ein solches Verhältniß besteht, so ist die Aufrechterhaltung desselben im Kriege doch niemals gewährleistet.

Die kriegsgemäße Forderung besteht vielmehr darin, daß die Grundsätze der Führung den Führern selbst wie der Truppe so geläufig und vertraut sind, daß unter allen Umständen eine ausreichende Leistung gewährleistet bleibt. Das zu erreichen ist Sache der Ausbildung. In der dauernden Aufstellung von Divisionen würde dagegen meines Erachtens sogar eine große Gefahr für die günstige Verwendung der Waffe und die Handhabung richtiger taktischer Grundsätze be-gründet sein.

Wir haben gesehen, daß die Aufgaben, die der Reiterei zufallen, die verschiedenartigste Gruppirung der Kräfte fordern; daß diese Forderung um so mehr hervortritt je schwächer die Waffe im Verhältniß zu der geforderten Gesammtleistung numerisch ist, und daß ihr nur durch eine äußerst flüssige Organisation genügt werden kann. Da muß denn allerdings gefürchtet werden, daß ein dauernder Bestand der Divisionen diese Flüssigkeit gefährden würde. So hoch man auch die Vortheile einer festen Ordre de Bataille anschlagen mag, niemals darf doch die zweckmäßige Verwendung der Truppe durch dieselbe beeinträchtigt werden.

Ebenso aber erscheint die Freiheit des normativen Handelns durch eine solche dauernde Formation in Frage gestellt.

Jede Kavallerietaktik bedingt einen gewissen Formalismus, weil sie stets mit geschlossenen Truppenkörpern rechnen muß. Werden nun dauernd Divisionen formirt, so liegt die Gefahr nahe, daß der nothwendige Formalismus zu taktischem Schematismus ausartet, da die Führer stets mit gleichen Stärken, mit einer gleichen Zahl taktischer Verbände zu rechnen haben und sich an diese Rechnung schematisch gewöhnen würden.

Mit dem Reglement von 1876 und der formalen Ausbildung der sogenannten Drei=Treffen=Taktik hatte die Waffe den gefährlichen Weg eines solchen Schematismus bereits beschritten. Heute hat sie die schlimmsten Auswüchse dieser Richtung wieder abgestreift und befindet sich in der Entwickelung zu freierer und weniger gebundener taktischer Bethätigung. Es kann, wie mir scheinen will, nicht vortheilhaft wirken, wenn ihr auf diesem Wege durch eine mehr oder weniger starre Organisation neue Fesseln auferlegt werden. Es muß vielmehr die Forderung gestellt werden, daß die Kavallerie im Stande ist in jeder beliebigen Zusammenstellung nach den gleichen taktischen Grundsätzen und Normen sich zu bewegen und zu fechten.

Neben diesen Bedenken muß schließlich noch erwogen werden, ob die jetzige Formation der Division zu sechs Regimentern wirklich allen Anforderungen genügt, ob sie als selbständige strategische Einheit ihren Aufgaben und den zu erwartenden Widerständen numerisch gewachsen ist.

Betrachtet man sie im Verhältniß zu den heutigen Massen=Armeen bezw. dem eventuellen Massenaufgebot eines Volkskrieges, so stellt sie jedenfalls nur einen sehr geringen absoluten Kraftfaktor dar. Soll sie nun gar vereinzelt und selbständig auftreten, so wird es außerdem nicht einmal möglich sein sie ganz zusammenzuhalten. Die Siche=rung der Flanken und der nothwendig nachzuführenden Fahrzeuge, die weitreichende Aufklärung, die Nothwendigkeit weitausgreifender Requisitionen, Alles das zwingt zu Detachirungen, die nicht immer unerheblich bleiben können. Es kommt der naturgemäße Abgang der Marschverluste hinzu. Das Gelände zwingt oft zur Trennung   z. B. bei Umgehungen zum Oeffnen und Durchschreiten von Defileen — kurz, die Anforderungen sind so vielseitig, daß der eigentliche Gefechtskörper der Division, der Gewalthaufen, bald nur eine sehr minimale Gefechts= kraft darstellen kann. Bringt doch eine volle Kavallerie Division nur etwa 3600 Säbel, abgesessen mit beweglichen Pferden nur etwa 1680, mit unbeweglichen Pferden etwa 3000 Gewehre ins Feuer; Stärken, die auch ohne die zahlreichen Detachirungen gegen einen irgend erheblichen infanteristischen Gegner gering sind.

Daß uns gerade die Kavallerie=Division in der ungefähren jetzt gebräuchlichen Stärke als die normale Größe vorkommt, liegt wohl größtentheils in den Ergebnissen des Feldzuges 1870/71, in welchem sich diese ungefähre Stärke bewährte. Es ist aber zu bedenken, daß wir damals keinen kavalleristischen Gegner zu bekämpfen hatten, und das Thätigkeitsgebiet der Kavallerie vornehmlich infolge Mangels einer ordentlichen Schußwaffe ein sehr beschränktes war im Verhältniß zu Dem, was man in Zukunft erwarten muß. Erhalten aber werden wir in der Täuschung dadurch, daß bei den Friedensübungen einerseits die Stärkeverhältnisse der Gegner meist annähernd die gleichen sind, andererseits aber die der Kavallerie im Ernstfalle zufallenden Aufgaben doch immer nur in sehr unvollständiger Weise zum Ausdruck gebracht werden können. Auch der Umstand mag dabei mitsprechen, daß unsere vermuthlichen Gegner eine ähnliche Organisation adoptirt haben: nicht zum wenigsten ferner die Anschauung, daß sich jede taktische Einheit bei der Kavallerie als ein Ganzes führen und taktisch einsetzen lassen muß. Auch die Erfahrungen von 1866 werden vielfach im gleichen Sinne ins Feld geführt. Es ist jedoch zu bedenken, daß hier nicht die Größe der taktischen Körper an sich das Verderbliche war, sondern daß das Ungenügende vielmehr in der strategischen und taktischen Verwendung derselben zu erblicken ist.

Unbefangener Erwägung muß demgegenüber meines Erachtens die Division, wie wir sie heute haben, als größte selbständige taktische Ein= heit der Kavallerie für zahlreiche und besonders für die entscheidenden Aufgaben zu schwach erscheinen. Schon die Nothwendigkeit an entschei= dender Stelle den Sieg über die feindliche Reiterei unter allen Um= ständen zu erfechten, in gleichem Maße aber auch die ferneren Aufgaben zwingen, wie mir scheinen will, zu erheblich größeren Konzentrationen.

Auch dieser Gesichtspunkt spricht demnach gegen die dauernde Auf= stellung von Kavallerie=Divisionen. Andererseits kann aber auch die

Bildung stärkerer Friedensformationen natürlich nicht befürwortet werden, da sie ebenso wie die heutige Division eine Beschränkung der taktisch, strategisch und für die Friedensausbildung nothwendigen Flüssigkeit der Organisation zur Folge haben müßte.

Dagegen leuchtet ein, daß es von hervorragender Wichtigkeit sein muß diejenigen stärkeren Formationen, also Kavalleriekorps oder stärkere Divisionen, deren Nothwendigkeit man voraussehen kann, gleich bei der Mobilmachung planmäßig aufzustellen, und es nicht auf die spätere Zusammenziehung getrennter Divisionen ankommen zu lassen.

Denn ganz improvisiren lassen sich solche Formationen nicht. Sie bedürfen, um zu funktioniren, eines sorglich und reichlich zusammengesetzten und gut zusammen arbeitenden Stabes, der über alle für größere Operationen nöthigen Hülfskräfte verfügt. Sie bedürfen ferner, um selbständig operiren zu können, einer gewissen Summe von Trains und Kolonnen, die größer sein muß als diejenige zweier oder dreier einzelner Kavallerie Divisionen. Denn einerseits bedingt das Zusammenfassen des Korps größere Konzentration, wodurch man abhängiger von der Kolonnenverpflegung wird, und andererseits muß das Korps befähigt sein nachhaltigere Gefechte durchzuführen wie eine einzelne Division. Es bedarf daher auch einer stärkeren Nachfuhr von Munition.

Es dürfte sich mithin empfehlen einige fertig organisirte Korps stäbe und entsprechende Trains von Hause aus mit ins Feld zu nehmen.*) Die einfache Uebertragung der Funktionen der Korpsführung auf den ältesten Führer zweier oder mehrerer zeitweise vereinigter Divisionen dürfte selbst für die Befehlsführung an einem einzelnen Schlachttage kaum genügen, geschweige denn bei selbständigen strategischen Operationen. Dagegen brauchen natürlich die anfänglich formirten Korps nicht dauernd in ihrem Bestande erhalten zu werden. Man kann von ihnen detachiren oder sie verstärken je nach den Umständen, und so wird gerade ihre Formation jene Flüssigkeit der Organisation gewährleisten,

---

*) Anm. Wie ich nachträglich aus einem Bericht des General v. Moltke an S. M. den König aus dem Jahre 1868 über die bei Bearbeitung des Krieges 1866 hervorgetretenen Erfahrungen ersehe, macht der General schon damals den Vorschlag, im Armeehauptquartier den Stab eines Kavalleriekorps-Kommandos nebst zugehörigen Verwaltungsbranchen mobil zu machen und bereit zu halten. Dasselbe empfiehlt der Feldmarschall an einer anderen Stelle „besonders wenn man den richtigen Murat gefunden hat".

die ich als eine nothwendige Forderung des modernen Krieges glaube erwiesen zu haben. Im Uebrigen scheint es mir, daß diejenigen Vortheile, die man sich von der Aufstellung von Kavallerie Divisionen verspricht, auch auf anderem Wege erreicht werden können.

Dagegen bedarf die Waffe, um auf operativem Gebiet allen An forderungen gerecht zu werden — wie wir sahen — neben einer flüssigen Organisation und ausreichender Stärke einer außerordentlich großen operativen Beweglichkeit. Diese Forderung aber ist um so wichtiger, als wir uns der Einsicht nicht verschließen konnten, daß gerade die Hauptbedeutung der Waffe in Zukunft auf dem Gebiet der ihr zufallenden strategischen Aufgaben gesucht werden muß.

Für diese Beweglichkeit der Truppe zu sorgen ist daher eine unbe dingte Pflicht, und gerade in dieser Richtung steht unsere Kavallerie meines Erachtens noch nicht auf der Höhe der ihrer wartenden Aufgaben.

Die operative Leistungsfähigkeit hängt zum guten Theil aller dings von der Güte des Pferdematerials ab und von dem zweckmäßigen Training von Mann und Roß. In gleich hohem Grade aber wird sie bedingt durch die taktische Selbständigkeit der Truppe und durch die Möglichkeit Mann und Pferd dauernd bei Kräften zu erhalten, also zu verpflegen. In letzterer Hinsicht hat uns Deutsche der französische Feldzug in hohem Grade verwöhnt, während z. B. die Russen 1877/78 in dieser Richtung die übelsten Erfahrungen gemacht haben.

Das Quantum Fourage, das man auch bestenfalls auf den Pferden mitführen kann, ist ein sehr geringes. Darauf zu rechnen, im Lande selbst das Nöthige zu finden, wäre mehr wie leichtsinnig. Schon im Feldzug 1870/71 ist das trotz der im Allgemeinen äußerst günstigen Kulturverhältnisse keineswegs immer gelungen. Bei den Massenheeren der Neuzeit wird man das Land wenigstens in den späteren Stadien des Krieges noch mehr ausfouragirt finden wie bisher, wo man nicht zufällig gerade auf unberührte reiche Landstriche trifft. Auch liegt die Möglichkeit nahe in Gegenden Krieg führen zu müssen, die bei spärlicher Bevölkerung und bedeutendem Getreideexport überhaupt nur sehr geringe Futtervorräthe bergen. Kurz es bleibt oft schon für den gewöhnlichen Bedarf im Allgemeinen nichts Anderes übrig, als sich auf die Magazine und die aus diesen mitgeführte beweg liche Verpflegungsreserve zu verlassen, wenn man sich nicht auf Schritt

und Tritt durch weit ausholende Fouragirungen in jeder freien Bewe
gung will hemmen lassen. Die Leichtigkeit, diese Futterreserve zu
bewegen und in ihren Vorräthen zu ergänzen, giebt demnach unbedingt
das Maß für die unter allen Umständen zu gewährleistende Schnellig
keit bei den Operationen der Kavallerie. Wer auf günstigere Chancen
glaubt rechnen zu können, wird sich gerade im entscheidenden Augenblick
bitter enttäuscht sehen.

Will man demnach eine rasche und bewegliche Kavallerie haben,
so müssen ihre Verpflegungstrains mindestens ebenso rasch marschiren
können wie die Truppe selbst. Nur dann erfüllen sie, wie übrigens
jeder Train, ihren Zweck: nur wenn dieser Bedingung genügt ist, hat
man wenigstens eine gewisse Sicherheit den Bedürfnissen der Truppe
auch unter schwierigeren Verhältnissen genügen zu können.

Wie hundertfältige Kriegserfahrung lehrt, ist es schon außeror=
dentlich schwierig der Infanterie ihre Verpflegungsfahrzeuge rechtzeitig
zuzuführen, obgleich diese unter Umständen sogar rascher marschiren
können als die Truppe. Für die Kavallerie dagegen wird stillschweigend
angenommen, daß das Fuhrwesen rechtzeitig eintrifft, obgleich es sehr
viel langsamer marschirt als die Reiterschaar, zu der es gehört.

Diese Auffassung war bis zu einem gewissen Grade erklärlich, so
lange die Kavallerie an die Bewegungen der Infanterie mehr oder
weniger gebunden blieb. Heute wo Reiterei selbständig operirt, wo sie
weite Strecken in kürzester Frist zurücklegen muß, ist eine solche An=
schauung geradezu unmöglich geworden.

Man bedenke nur, daß wir mit täglichen Marschleistungen von
oft 40 bis 50 km mindestens und zwar dauernd rechnen müssen: daß
eine geschlagene oder ausweichende Kavallerie in die Lage kommen kann
die gleichen Strecken in kürzerer Zeit zurückzugehen zu müssen, als sie
zum Vorgehen brauchte und manchmal noch an demselben Tage. Wo
bleibt da eine Bagage, die nur Schritt fahren und auf keiner Straße
Kehrt machen kann, die den kleinsten Berg nicht überwindet und auf
jedem sumpfigen oder Sandwege stecken bleibt? Wie kann ferner
strategisch selbständige Kavallerie ihre Bagage sichern, wenn diese Tage=
märsche weit hinter ihr zurückbleibt? Und doch ist solche Sicherung,
wenn man in Feindesland gegen eine thätige feindliche Kavallerie
und event. insurgirte Bevölkerung operirt, absolut nothwendig. Wie

werden solche Bagagen mit den Reitermassen, denen sie folgen, die
Armeefronten rasch frei machen können, wenn sich die Heere zur
Schlacht entgegen rücken? Wie werden sie die Möglichkeit haben nach
dem Kampf aus der Tiefe vorgeholt der zur Verfolgung vorbrechenden
Reiterei rechtzeitig zu folgen, im Vorgehen zur Hand zu sein und
beim Zurückgeben nicht verloren zu gehen? Wie wird sich bei geringer
Beweglichkeit des Fuhrwesens die Verbindung der Truppe sei es mit
stehenden Magazinen sei es mit den rückwärtigen beweglichen Ver
pflegungsstaffeln ermöglichen lassen?

Hier liegt offenbar eine schwerwiegende organisatorische Aufgabe
vor, und es muß wohl zweifellos als eine der wichtigsten
Friedensaufgaben der Heeresleitung bezeichnet werden, die
Trains der Kavallerie so zu organisiren, daß sie allen modernen
Anforderungen genügen, d. h. also, daß sie ebenso rasch marschiren
können wie die Truppe und dieser unmittelbar zu folgen vermögen,
und daß sie andererseits im Stande sind eine fünf- bis sechstägige Hafer-
reserve fortzubewegen — die, wie wir sahen, unbedingt erforderlich ist, wenn
Reiterei einigermaßen unabhängig soll operiren können. Nur wenn
das gelingt, wird man mit Sicherheit darauf rechnen können, die
Kavallerie wirklich nutzbringend zu verwenden und sie nicht in kürzester
Zeit erfolglos zu Grunde gehen zu sehen, ohne die Möglichkeit
sie jemals vollwerthig zu ersetzen. Hierbei dürfen aber nicht
nur die guten chaussirten Straßen Frankreichs in Rechnung gestellt
werden, sondern man muß sich ebenso rasch auf den Sandwegen Ost
und Westpreußens oder auf den Knüppeldämmen und sumpfigen Wegen
Polens und Rußlands oder im Gebirgslande bewegen können.

Ohne näher auf die in diesen Beziehungen nöthigen Maßregeln
eingehen zu wollen, deren eminente Wichtigkeit jedem praktisch denkenden
Soldaten einleuchten dürfte, möchte ich hier nur eine grundsätzliche Ansicht
aussprechen.

Das Bestreben die den Truppen folgenden Verpflegungskolonnen
bei intensiver Befrachtung möglichst kurz zu gestalten verfolgt den
Zweck — auch bei großer Tiefe der Truppenkolonnen selbst — diesen den
Bedarf rechtzeitig zuführen zu können und das Kommunikationsnetz
überhaupt möglichst wenig zu belasten. Berechtigt ist dieses Streben
da, wo es den Zweck erreicht, verwerflich, wo das nicht geschieht.

Die Kavalleriemassen nun bewegen sich mit ihren Trains vor-
oder seitwärts der Armeen. Ist das Letztere der Fall, so haben sie
auch für ihre Trains eigene Straßen zur Verfügung. Sind sie vor
der Armee, so sind sie meist um Tagemärsche voraus, machen zum
Kampf die Fronten frei und suchen sich auf die Flügel zu setzen. Nur
ausnahmsweise gehen sie hinter die Armee zurück. In jedem dieser
Fälle müssen sie die Straßen rasch frei machen können. Ihre Marsch-
tiefen sind verhältnißmäßig keine sehr bedeutenden.

Aus dem operativen Verhältniß der Kavalleriemassen zu den
Armeen kann also die Forderung einer besonderen Kürze der Kavallerie-
Trainkolonnen nicht hergeleitet werden, da die Gesammttiefe dieser
Kolonnen unter allen Umständen eine verhältnißmäßig geringe bleibt.
Ob die große Bagage einer Kavallerie-Division 2½ oder 5 und mehr
Kilometer lang ist, ist ziemlich gleichgültig: unbedingt erforderlich aber ist,
wie wir sehen, daß sie rasch in jeder beliebigen Richtung sich vorbewegen
oder verschwinden kann. Man sollte daher bei allen Kavallerietrains viel
weniger auf die Zahl der Wagen sehen, als darauf, daß diese
leicht und beweglich genug sind, um der Truppe auf allen Wegen in
rascher Marschgangart, also im Trabe, folgen zu können: man müßte
ferner den selbständigen Kavalleriemassen da, wo sie nicht auf die Verpfle-
gungsreserven der Armee zurückgreifen können, zweite Verpflegungs-
staffeln zutheilen, die denselben Anforderungen an Beweglichkeit zu entsprechen hätten, wie die ersten der Truppe unmittelbar folgenden
Lebensmittel- und Fourage-Wagen, zugleich aber derart organisirt
wären, daß sie keinen besonderen Aufwand an Bedeckungstruppen er-
forderten.

Wird die Truppe auf diese Weise bewegungsfähig gemacht, so
kommt es weiter darauf an ihre technische und taktische Selbständigkeit
für alle voraussichtlichen Lagen außer Zweifel zu stellen.

In dieser Richtung ist Manches geschehen. Die Truppe ist zur Zer-
störung von Eisenbahnen ausgerüstet, ferner mit einem Faltbootwagen und
dem Kavallerietelegraphen. Daß der Letztere im Bewegungskriege, also
gerade auf dem wichtigsten Gebiet kavalleristischer Thätigkeit, besonders
häufig angewendet werden wird, will mir, wie schon erwähnt, nicht
recht wahrscheinlich erscheinen. Beim Faltbootwagen ist es mindestens
fraglich, ob er bei seinem jetzigen Gewicht der Reiterei so schnell in

jedem Gelände zu folgen vermag, wie es erforderlich wäre, um immer da zur Stelle zu sein, wo man ihn gerade braucht.

Seine wesentlichste Bedeutung hat er so wie so wohl nur für das Uebersetzen kleinerer Truppenkörper. Im operativen Sinn dagegen dürfte das Faltbootmaterial doch kaum genügen, um größeren Kavallerie truppen mit ihren Trains die rasche und sichere Ueberwindung von Flüssen zu ermöglichen. In diesem Sinn wird man ihnen nur dann eine gewisse Bedeutung zusprechen können, wenn man die Faltbootwagen z. B. einer Division zu einem Brückentrain vereinigt.

Immerhin ist das Faltbootmaterial eine außerordentlich dankens= werthe Zugabe und würde es noch mehr sein, wenn es durch seine Schwerfälligkeit nicht gar so sehr an gebahnte Straßen gebunden wäre. Für die Divisionskavallerie Regimenter, die stets im Kontakt mit der Infanterie bleiben und im Bedarfsfall auf die Divisions=Brückentrains zurückgreifen können, hat es übrigens keinen besonderen Werth. Es wäre vortheilhaft, wenn im Kriegsfalle die Faltbootwagen dieser Truppen theils den selbständigen Kavallerieformationen zur Vermehrung ihres Brückenmaterials zugetheilt würden.

Wichtiger aber fast als die Faltbootfrage erscheint es mir, daß die den Kavallerie=Divisionen zuzutheilenden Pionierdetachements eine weitere Ausgestaltung erfahren, und ihnen ein Brückenwagen beigegeben wird, dessen mitgeführtes Material es der Kavallerie ermöglicht kleinere Gräben und Rinnsale rasch zu überwinden, die weder gesprungen noch geklettert dagegen oft mit einer einzigen Strecke ohne Unterstützung oder mit nur einem Bock überbrückt werden können. Gerade vor solchen nach der Karte oft gar nicht zu taxirenden Hindernissen können bedeutende kavalleristische Operationen oft unerwartet zum Stehen kommen, besonders wenn in Feindesland die Uebergänge zerstört sind.

Neben allen diesen Fragen, von welchen die operative Beweglich keit der Truppe bedingt wird, ist es von gleicher Wichtigkeit, daß für das Gefecht selbst die Truppe genügend ausgerüstet ist.

In dieser Hinsicht muß mit allem Nachdruck betont werden, daß in erster Linie eine weit ausgiebigere Ausrüstung mit Karabiner= munition nothwendig erscheint als bisher.

Die Bedeutung des Fußgefechts hat, wie wir sahen, ganz wesentlich zugenommen. Fast täglich wird unter gewissen Umständen die Kavallerie

zum ausgiebigen Gebrauch des Karabiners greifen und häufig größere
Mengen Munition einsetzen müssen, um ihre Gefechtszwecke zu erreichen.
Der Munitionsersatz aber ist viel schwieriger als bei der Infanterie,
da besonders bei Raid=artigen Operationen die Verbindung mit den rück=
wärtigen Munitionsreserven unterbrochen sein wird. Diese Verhält=
nisse weisen in erster Linie auf eine starke Erhöhung der Taschen=
munition und der in Patronenwagen mitgeführten ersten Reserve hin.
Jedoch bedürfen auch die für den weiteren Munitionsnachschub vorge=
sehenen Maßnahmen dringend einer angemessenen Erweiterung.

Sehr zu erwägen ist ferner, ob es nicht empfehlenswerth wäre,
die Kavallerie mit Radfahrerdetachements*) und zur Steigerung der
Feuerkraft mit tragbaren oder fahrbaren Maximgeschützen auszurüsten.
Die neueste Konstruktion dieser Waffe ermöglicht einfachen Transport
und sehr rasches Uebergehen in die Feuerstellung.

Die Radfahrer würden zunächst den Meldedienst nach rückwärts,
wie schon oben dargethan, wesentlich erleichtern, sie würden aber auch
für gewisse operative und Gefechtszwecke wie für den Vorpostendienst
vielfach gute Dienste leisten können. Ein unmittelbares Zusammen=
wirken mit der Kavallerie im Gefecht wird natürlich nur da möglich
sein, wo die Wegeverhältnisse ein Herankommen der Radfahrer an das
Gefechtsfeld ermöglichen; dahingegen werden sie bei guten Witterungs=
und Wegeverhältnissen mit Vortheil benutzt werden können, um weit
vorwärts gelegene wichtige Punkte bis zum Eintreffen der Reitertruppe
zu besetzen, diese Letztere in den Flanken zu sichern, beim Verschleierungs=
dienst und in der Defensive zu unterstützen, rückwärtige Defileen für
einen Rückzug offen zu halten, den Gegner im Rücken zu beunruhigen
u. dergl.

Was die Maxims anbetrifft, so darf man natürlich nicht etwa in
erster Linie daran denken, sie in den Reiterkampf eingreifen zu lassen. In
dieser Richtung darf man der Kavallerie nicht ihr Selbstvertrauen
rauben, indem man sie auf die Unterstützung durch die Feuerwaffe ver=
weist. Auch würden sich thatsächlich wenige Gelegenheiten bieten, bei
denen man die Maxims mit Vortheil zur Unterstützung einer Attacke
verwenden könnte. In den Entwickelungsstadien des Kampfes, also bei

---

*) Anm. Die Räder müssen so niedrig sein, daß der Mann schießen kann
ohne abzusteigen, und womöglich transportabel.

der Annäherung des Feindes auf große Entfernungen, versprechen sie keine guten Resultate. In den Momenten aber, wo die Massen zur Attacke ansetzen, würden sie die freie Bewegung durch ihre Feuerstellung nur hindern. Dagegen würden sie von wesentlichem Nutzen sein, wo es gilt einen infanteristischen Gegner rasch zu überwinden oder abzuwehren — und in der Schlacht, wenn es der Reiterei gelingt gegen Flanke oder Rücken der gegnerischen Hauptmassen zur Waffenwirkung zu gelangen. Hier, wo Reserven, Kolonnen und Fuhrwesen geeignete Zielobjekte gerade für überraschend auftretende Maxims bieten werden, kann durch sie die Wirksamkeit und das Wirkungsfeld der Kavallerie wesentlich gesteigert werden.

Neben ihnen wird natürlich die Artillerie stets ihre hohe Bedeutung für den Fernkampf wie für den Kampf gegen Oertlichkeiten, Wälder und Defileen behaupten. Mit ihr ist die deutsche Reiterei meines Erachtens in genügendem Maße ausgerüstet. Nur müßten die großen selbständigen Kavalleriekörper — und das ist allerdings von hoher Wichtigkeit — in Bezug auf den Munitionsersatz viel selbständiger gestellt werden wie bisher. Auch hier wird sich in Zukunft ein viel größerer Verbrauch ergeben als 1870/71, und die Entfernungen werden es unmöglich machen aus den allgemeinen Munitionsreserven der Armee laufenden Ersatz zu schöpfen. Das geht wohl zur Genüge aus der Betrachtung der Aufgaben hervor, die die Reiterei zu lösen haben wird.

Diese Aufgaben legen dann noch einen anderen Wunsch nahe, nämlich den ohne Vermehrung der Geschützzahl die Batterien derart zu formiren, daß auf jede Brigade zu zwei Regimentern eine Batterie von demnach vier Geschützen kommt.

Es werden sich besonders bei der operativen Thätigkeit der Kavallerie häufig Gelegenheiten ergeben, die den Einsatz von Artillerie nöthig machen. In den meisten solcher Fälle wird es nicht sowohl auf eine besonders ausgiebige Wirkung als vielmehr darauf ankommen, daß überhaupt Artillerie rasch zur Stelle ist. Auch wird man bei Bewegungen auf getrennten Straßen selten mit Bestimmtheit voraussehen können, wo man die Artillerie nöthig haben wird.

Unter diesen Umständen muß es von hohem Werthe sein jeder Brigade unter Umständen eine Batterie mitgeben zu können und bei Detachirung einer solchen zu besonderem Zweck nicht gleich die Hälfte

der Gesammtartillerie einer Division verausgaben zu müssen.*) Auch sind
die kleinen Batterien an und für sich handlicher und beweglicher wie die
größeren. Sie entsprechen damit mehr der Eigenthümlichkeit der Reiterwaffe ohne doch die Konzentration der Wirkung da zu beeinträchtigen,
wo die Lage den vollen Krafteinsatz fordert. Der Vortheil der hier vorgeschlagenen Eintheilung erscheint mir demnach so einleuchtend, daß ich
glaube darauf verzichten zu können ihn noch des Weiteren zu erläutern.**)

Wird die Kavallerie in der vorgeschlagenen Weise mit Allem ausgerüstet, was der moderne Krieg erfordern wird und die moderne
Technik leisten kann, so wird sie hierin — wenigstens zum Theil — vorläufigen Ersatz für einen ausreichenden numerischen Zuwachs finden
können, wenn es ihr zugleich gelingt auch ihre Ausbildung auf
eine entsprechende Höhe zu bringen.

Es kann ja keinem Zweifel unterliegen, daß in dieser Hinsicht mit
dem hingebendsten und geradezu bewundernswerthem Fleiß in der Waffe
gearbeitet wird, und daß in mancher Richtung neue Gesichtspunkte,
neue Methoden und neue Ziele der Ausbildung zur Geltung gelangt
sind. Im Großen und Ganzen betrachtet aber beruht die Ausbildung
unserer Kavallerie doch auch heute noch auf den Anschauungen einer Periode
kriegerischer Entwickelung, die abgeschlossen hinter uns liegt. Ein ziel-
und zweckbewußter Bruch mit der Vergangenheit hat selbst auf den
Gebieten nicht stattgefunden, auf denen die Errungenschaften und Anforderungen der Neuzeit eine totale Verschiebung aller militärischen
Werthe herbeigeführt haben.

Daß ein Ausbildungsmodus, der die Erscheinungen des modernen
Krieges nicht bis zu ihren äußersten Konsequenzen berücksichtigt, niemals
vollwerthige Resultate geben kann, das liegt an und für sich auf der
Hand. Solche aber müssen wir erreichen. In der Ausbildung muß
unsere Kavallerie alle anderen Kavallerien der Welt überbieten, wenn
sie das Schlachtfeld der Zukunft behaupten will, und sie kann es auch,

*) Anm. Bei stärkeren Divisionen muß natürlich auch die Zahl der Batterien
entsprechend vermehrt werden.
**) Anm. König Wilhelm I. hat schon im Jahre 1869 Batterien zu vier Ge-
schützen für die Kavallerie in Vorschlag gebracht. Randbemerkung zu dem bereits
S. 106 Anm. erwähnten Bericht des Generals v. Moltke aus dem Jahre 1868
über die bei Bearbeitung des Feldzuges 1866 hervorgetretenen Erfahrungen.

denn sie verfügt über das weitaus beste Pferde- und Menschen-
material in Europa. Es kommt dabei nur auf zwei Dinge an:

Erstens, daß man mit voller Schärfe erkennt, in welchen Richtungen
die Ausbildung hinter den Forderungen der Zeit zurückgeblieben ist und
welche Ziele sie unter modernen Verhältnissen zu verfolgen hat, und
zweitens darauf, daß man auf Grund solcher Erkenntniß entschlossen die
geradesten Wege einschlägt, die zum Ziele führen, und sich nicht scheut
mit dem Alten und Hergebrachten rücksichtslos zu brechen, sofern es
der erkannten Aufgabe nicht mehr genügt.

Betrachten wir nun im Sinne der ersten dieser Forderungen die
einzelnen Gebiete der Reiterthätigkeit, auf welche sich die Ausbildung
zu erstrecken hat, so ergiebt sich in erster Linie, daß die Leistungen,
die vom Pferdematerial gefordert werden müssen, in ganz erheblichem
Maße gestiegen sind. Die Gesammtsumme derselben läßt sich mit den
Anforderungen der letzten Kriege überhaupt nicht mehr vergleichen.
Eine Steigerung dieser Leistung durch die Art der Ausbildung ist daher
unbedingt geboten.

Es tritt ferner mit voller Bestimmtheit hervor, daß für den
Kampf zu Pferde das Hauptgewicht in Zukunft auf der Wirkung größerer
taktischer Abtheilungen liegen wird, und daß in Bezug auf das Gefecht
zu Fuß ein vollständiger Umschwung der Verhältnisse eingetreten ist.
In Zukunft wird dasselbe immer mehr in den Vordergrund treten.
Beiden Gesichtspunkten wird die Ausbildung Rechnung zu tragen haben.

Endlich wird man sich darüber klar sein müssen, daß der Schwerpunkt dieser Letzteren überhaupt verlegt werden muß.

So lange von der Kavallerie vor Allem entscheidende Gefechts-
wirkung erwartet wurde, war es ganz berechtigt auch für die Ausbildung diesen Gesichtspunkt in den Vordergrund zu stellen. Nachdem
aber feststeht, daß in Zukunft der Kampf in erster Linie Mittel zum
Zweck ist, daß viel wichtiger als die durch denselben unmittelbar erzielte
Vernichtung feindlicher Kräfte die durch den Sieg gewonnene Möglichkeit ist — aufzuklären, zu verschleiern oder die feindlichen Verbindungen
zu unterbrechen, da muß dieses geänderte Verhältniß auch in der Ausbildung zum Ausdruck kommen.

Das ist nun natürlich nicht so zu verstehen, als ob die Ausbildung
zum Gefecht vernachlässigt werden dürfte; wohl aber muß die Kavallerie

8*

dazu erzogen werden den Sieg im Gefecht immer nur als das erste Glied in der Kette ihrer Thätigkeit zu betrachten und den Blick über das Gefechtsfeld hinaus auf ihre ferneren Aufgaben zu richten. Für die Erfüllung dieser Letzteren muß sie in ganz anderer Weise vorbereitet werden wie bisher. Denn heute erscheint die ganze strategische Thätigkeit der Reiterei, losgelöst aus dem engen Zusammenhange mit den übrigen Waffen, in den Rahmen der Massen-Armeen und der selbständig operirenden Massenkavallerie gerückt, und diese Veränderung der Verhältnisse macht ihren Einfluß geltend bis herab zur kleinsten Aufklärungspatrouille.

Auch auf diesem Gebiet muß die Friedensausbildung den Anforderungen des Krieges zu folgen suchen. Sie muß die Truppe an die Größe ihrer Aufgabe in Raum und Zeit gewöhnen, in der Einzelthätigkeit gesteigerte Resultate erzielen und die Ausbildung des Offizierkorps über die Waffenspezialität hinaus zu allgemeineren militärischen Anschauungen zu steigern suchen.

So ergeben sich also auf allen wesentlichen Gebieten der Ausbildung neue Gesichtspunkte und neue Anforderungen.

Auf welchem Wege man ihnen am besten und zweckmäßigsten gerecht werden kann, das soll in den nächsten Abschnitten untersucht werden.

Indem ich mich dieser Erörterung zuwende, ist es nicht meine Absicht alle Einzelheiten der militärischen Erziehung zu besprechen.

Es kommt mir vielmehr darauf an das Wesentliche hervorzuheben und diejenigen Fragen zu betonen, bei denen wir meines Erachtens neue Wege einschlagen müssen, wenn wir zum Ziel gelangen wollen.

2. Reiten, Futtern und Trainiren.

Wo es sich um Ausbildungsfragen der Kavallerie handelt, da wendet sich die Betrachtung naturgemäß in erster Linie dem Reiten zu, d. h. der Dressur der Pferde und der Reitausbildung der Leute. Das Reiten bildet so sehr die Grundlage aller kavalleristischen Leistungen, daß sich die Vortheile verbesserter Pferdedressur und Reitausbildung auf allen Gebieten kavalleristischer Bethätigung geltend machen müssen. Vor Allem tragen sie auch zu einer Erhöhung der Leistung des Pferdematerials ganz wesentlich bei.

Abrichtungsschwärmer und Anglomanen, die bei mancher gesunden Anregung einen nichts weniger als günstigen Einfluß auf unsere Kavallerie ausgeübt haben oder auszuüben suchen, behaupten freilich, daß man mit dem ungerittenen dagegen für gewisse Zwecke abgerichteten und dann trainirten Pferde bessere Leistungen erzielt als mit dem durchgerittenen und dabei noch den Vortheil hat keine widersetzlichen Pferde zu erziehen.

Dem gegenüber bleibt jedoch immer die Thatsache bestehen, daß unsere Rekruten in der kurzen zur Verfügung stehenden Ausbildungszeit nur auf gut gerittenen, durchlässigen Pferden gut und rasch reiten lernen. Daß solche Pferde bei der nöthigen Uebung auch im Gelände besser und sicherer gehen als ungerittene, beweist wohl zur Genüge die Thatsache, daß alle unsere Armee-Herrenreiter für die Steeplechasebahn heute darauf bedacht sind die Hindernißpferde gründlich durchzureiten, weil sie nur dadurch die Möglichkeit erlangen auch gegen besseres Material zu konkurriren. Nur das gerittene Pferd bietet ferner die Gewähr sicheren Einzelgehens und die Durchlässigkeit, die es ermöglicht etwa auftretenden Ungehorsam rasch zu brechen. Aber auch die Dauerleistung des gerittenen Pferdes ist eine größere als des ungerittenen. Das ist durch tausendfältige Erfahrung dargethan.

Das gerittene Pferd, das mit allseitig durchgebildeter Muskulatur im Gleichgewicht geht, schont seine Vorderbeine und Gelenke, unterstützt besser den Rücken, trabt ausdauernder und hält überhaupt länger aus als das undurchlässige Thier, das sich gegen das Gewicht des Reiters steif macht und damit unnütz Kraft verausgabt. Auch ermüdet der Reiter viel weniger auf dem durchgerittenen als auf dem rohen Thiere, was keineswegs zu unterschätzen ist.

In der Erkenntniß dieser Thatsachen hat man denn auch wohl ganz allgemein in der Armee mit der übertriebenen Anglomanie gebrochen, das Streben nach verbesserter Dressur tritt überall zu Tage und centrifugale Bestrebungen Einzelner erlangen keinen allgemeineren Einfluß.

Dagegen scheint es mir andererseits unzweifelhaft, daß die Ziele der spezifischen Soldatenreiterei, die wir zu verfolgen haben, in mancher Hinsicht unmittelbarer und besser erreicht werden können, als es noch vielfach der Fall ist.

Dem ganzen Wesen der modernen Anforderungen im Kriege entsprechend muß die Einzelausbildung von Mann und Pferd die Grundlage der gesammten Ausbildung darstellen und zwar so, daß ideell das Reiten in der geschlossenen Abtheilung sich lediglich als das Resultat der erzielten Einzeldressur darstellt. Nur so können die körperlichen, seelischen und geistigen Eigenschaften von Mann und Pferd in zweckmäßige Thätigkeit gesetzt, nur so kann bei den Pferden der Herdendrang überwunden, bei den Reitern die Selbständigkeit erzielt werden, die der moderne Krieg absolut erfordert, nur so kann der Reitlehrer Fehler und Unarten individuell korrigiren. Es muß ferner ein erhöhtes Gewicht auf das Reiten mit einer Hand und mit Waffen gelegt werden, denn die Kandare — mit oder ohne durchgezogene Trense — ist im Kriege die einzig anwendbare Gebrauchsführung und die Handhabung der Waffe beim Reiten muß dem Mann gleichsam zur zweiten Natur werden, wenn sie sich nicht als eine fortwährende Behinderung in der Führung des Pferdes darstellen soll. Endlich muß das selbständige Reiten im Gelände mit allen nur denkbaren Mitteln gefördert werden.

Das Alles zu erreichen wird aber nur dann möglich sein, wenn es gelingt die Vorstufen der Ausbildung d. h. also die reine Reitausbildung von Mann und Pferd rascher zu überwinden als bisher und dadurch Zeit für das eigentliche kriegsgemäße Reiten zu gewinnen.

Betrachten wir unter diesen Gesichtspunkten unsere gesammte Reitausbildung, so wird uns bald klar werden, wo wir den Hebel einzusetzen haben.

Zunächst dürfte es wohl möglich sein, die Remonten bei dem heutigen edleren, widerstandsfähigeren Material im ersten Ausbildungsjahr weiter zu fördern, als es bis in die neueste Zeit meist geschah und vielfach noch geschieht. Durch Steigerung der Anforderungen und Gewährung einer größeren Freiheit für den Gang der Dressur hat die Reitinstruktion ja allerdings gegen früher einigermaßen Wandel geschaffen. Es kommt nun vornehmlich auf die Art und Weise, auf die Methode an, wie aus der gewährten größeren Freiheit in sachgemäßer Kürzung der früher vorgeschriebenen Perioden ein Nutzen gezogen wird.

Immerhin muß man in dieser Richtung mit Vorsicht vorgehen. Daß z. B. das englische Blutpferd sich auch in jungen Jahren unter der Arbeit am besten entwickelt, kann wohl nicht bezweifelt werden:

diese Erfahrung kann man aber keineswegs unmittelbar auf unsere Remonten übertragen, obgleich dieselben zum Theil viel Blut haben. Das preußische Pferd z. B. entwickelt sich vollständig erst vom siebenten zum achten Jahre, und es wäre daher falsch seine höchste Leistung als Soldatenpferd schon früher erzwingen zu wollen. Diese Spätreife unserer Pferde muß also immer berücksichtigt und die Thiere müssen dementsprechend geschont werden. Immerhin läßt sich ein gesteigerter Dressurgrad mit dieser nothwendigen Rücksicht vereinigen.

Zunächst kann, ohne eine Schädigung des Materials befürchten zu müssen, die junge Remonte gleich nach ihrem Eintreffen beim Regiment in Dressur genommen werden, anstatt damit bis nach dem Manöver zu warten, wie das jetzt zum Theil noch geschieht. Es erscheint möglich früher, wie es meistens geschieht, mit dem Galopp zu beginnen. Endlich ist es durchaus nicht nöthig die Remonten beim Beginn des zweiten Aus= bildungsjahres wieder auf Trense zu setzen.*) Man kann vielmehr die Dressur auf Kandare da wieder aufnehmen, wo sie vor dem Manöver stehen blieb. Alle diese Maßnahmen bedeuten eine ganz wesentliche Zeit= ersparniß, und es unterliegt wohl keinem Zweifel, daß man auf diesem Wege in der reinen Reitausbildung der Pferde — ohne Waffen — bis spätestens Weihnachten des zweiten Ausbildungsjahres diejenige Höhe erreichen kann, zu der man bisher vielfach erst am Schluß des zweiten Winters gelangte.

Geht man dann auf dieser Grundlage — unter fortwährender gleich= zeitiger Förderung der Dressur — zu der spezifischen Ausbildung als Soldatenpferd, also zur Gewöhnung der Thiere an die Waffen und die reine Kandarenführung über, so wird man bis Anfang Februar die Remonte mit Leichtigkeit so weit gefördert haben, daß sie reif ist für die Einstellung in die Eskadron.

Neben dieser Beschleunigung der Ausbildung muß und kann jedoch das Bestreben bestehen, die Einzeldressur zur Grundlage der ganzen Ausbildung zu machen und dafür zu sorgen, daß die Pferde von Anfang an lernen allein zu gehen und sich im Gelände sicher zu benehmen.

Schon das erste Gewöhnen an Sattel und Reiter geschieht weit besser an der Longe als an der Hand neben einem älteren Pferde,

---

*) Anm. Was ja nach der Reitinstruktion jetzt im Ermessen des Regiments= kommandeurs liegt.

weil bei letzterer Methode das junge Pferd geradezu zum Kleben er
zogen wird.   Man kann ferner die ersten Dressurmonate, die ja nunmehr in den Sommer fallen, dazu benutzen die jungen Thiere unter
zuverlässigen Reitern, wie solche auch während des Manövers in der
Garnison zurückgelassen werden müssen, einzeln oder in kleineren
Gruppen unter geeigneter Kontrole, die sich leicht erreichen läßt, ins Freie
zu schicken   womöglich in den Wald und in unebenes Gelände
um sie an die Schwierigkeiten des Terrains und die Dinge der Außen-
welt zu gewöhnen anstatt, wie das jetzt meist geschieht, sie in der Bahn
und auf dem Reitplatz erst zu Klebethieren künstlich zu erziehen und
ihnen dann später in schwierigem Kampfe das Kleben erst wieder ab-
zugewöhnen.   Auch während der ganzen übrigen Dressur muß man
die Thiere immer wieder einzeln ins Freie schicken und in der Bahn
selbst so wenig als irgend thunlich in der Abtheilung hintereinander
hergehen lassen.   Auch darf man nur beste Reiter gerade für die junge
Remonte verwenden, da Fehler, die im Beginn der Dressur gemacht
werden, gerade am allerschwersten nachträglich zu korrigiren sind und
den Erfolg der ganzen Ausbildung in Frage stellen können.

Daß auf diesem Wege die Dressur den militärischen Anforderungen
viel direkter entgegen arbeiten kann als nach bisheriger Methode
unterliegt keinem Zweifel und kann als praktisch erwiesen gelten. —
Aehnlich verhält es sich mit den Rekruten.

Der Weg, den die Reitinstruktion vorschreibt, die Uebungen, die
sie an die Hand giebt, führen nicht rasch genug zum Ziel.   Auch das
hat seinen Grund darin, daß wir heute bessere Rekrutenpferde haben,
als zur Zeit, da die Reitinstruktion entstand.

Fängt man mit den Rekruten möglichst sofort mit dem Galopp
und dem Einzelreiten — event. an der Longe — an und läßt man
dieselben, sobald sie nur einigermaßen sitzen, Schenkelweichen und Seitengänge üben, so wird man ganz andere Resultate erreichen, wie durch
das ausschließliche Reiten auf den geraden Linien und das Schließen.
Der geforderte ausgiebige Gebrauch der Schenkel macht die Leute selbst-
thätiger und unabhängiger, zwingt sie sich loszulassen und arbeitet
dem sich fest Ziehen entgegen.   Das Einzelreiten zwingt den Mann zu
vortreibenden Hülfen, die er in der Abtheilung nicht braucht, wo die
Pferde von selbst hintereinander herlaufen.   Auch die Pferde werden

hierbei nicht so todt und stumpf, wie sonst wohl infolge der Rekruten-
reiterei. Bis Weihnachten können die Rekruten auf diesem Wege so
weit und weiter sein, wie sonst bei der Trensenbesichtigung. Nach
Weihnachten können sie auf Kandare kommen und Anfang Februar
müssen sie, allerdings noch ohne Waffen, in Seitengängen, Kontregalopp und allen sonstigen Bahngängen so weit vorgeschritten, in
ihrem Sitz und in ihrer Unabhängigkeit zu Pferde so weit entwickelt
sein, daß man ihnen die Waffe in die Hand geben und mit der eigentlichen Soldatenreiterei beginnen kann. Daß schon um diese Zeit die
Seiten- und Kontregänge in vollendeter Form geritten werden, ist natürlich ausgeschlossen, doch muß das Verständniß der Leute für diese
Lektionen geweckt und das Bestreben erkennbar sein die richtige Biegung
zu erzielen. Auch mag darauf hingewiesen werden, daß zum Ausführen
von Freiübungen zu Pferde — etwa in den Pausen des eigentlichen
Reitens — die Lanze schon vor dieser Periode verwandt werden kann.

Was nun den Rest der Eskadron anbetrifft, also die sogenannten
Dressurabtheilungen, so braucht wohl kaum gesagt zu werden, daß das,
was man bei Rekruten und Remonten erreichen kann, von ihnen unbedingt gefordert werden darf, nämlich, daß sie etwa Anfang Februar
die Höhe ihrer reinen Reitausbildung erlangen. Freilich darf man sie
dann im Herbst nicht noch wieder auf Trense setzen, um sie so gewissermaßen mit dem A B C wieder anfangen zu lassen. Zweifellos ist es
vortheilhaft ihnen die gewohnte Kandare zu lassen, dafür aber das
Einzelreiten um so mehr in den Vordergrund zu stellen. Eine
einigermaßen andere Behandlung bedarf nur diejenige Abtheilung, in
welcher die besseren Reiter des zweiten Jahrganges auf den bestgerittenen
Pferden zu Remontereitern ausgebildet werden sollen. Diese Abtheilung
muß allerdings im Herbst auf Trense gesetzt werden, aber auch hier dürfte
es genügen die Trensenausbildung nur bis Weihnachten auszudehnen und
dann auf die Kandare überzugehen, so daß besonders mit Rücksicht auf
den hohen Dressurgrad der dieser Abtheilung angehörenden Pferde die
reine Reitausbildung auch hier bereits bis Mitte Februar erledigt sein kann.

Aus den angedeuteten erhöhten Anforderungen an die Einzelausbildung von Reiter und Pferd ergiebt sich naturgemäß auch die
Nothwendigkeit einer anderen Art der Reitbesichtigungen
als der bisher noch vielfach üblichen.

Das Vorstellen der geschlossenen Abtheilung muß auf das Aller=
nothwendigste beschränkt, das Ableiern eines eingedrillten Besichtigungs=
programms direkt verboten werden. Reiter und Pferde einer Abtheilung
müssen, wie sie individuell ausgebildet wurden, auch einzeln besichtigt
und beurtheilt werden.

Daß auf diese Art vorhanden gewesene oder noch vorhandene
Schwierigkeiten eine bessere und gerechtere Würdigung erfahren und
die thatsächlich geleistete Arbeit besser zu Tage tritt, ist zweifellos.
Allerdings ist es bedeutend schwieriger und erfordert ein gewiegtes
Kennerauge die Leistung einer solchen Abtheilung im Ganzen zusammen=
fassend zu beurtheilen. Auf jeden Fall wird ein so entstandenes Urtheil
stets der Wahrheit am nächsten kommen, weil es unbeeinflußt ist durch
Schein und Aeußerlichkeiten.

So ergiebt sich denn, daß auf dem vorgeschlagenen Wege die ganze
Eskadron etwa bis Mitte Februar mit ihrer reinen Reitausbildung
abgeschlossen haben kann.

Daß manche Bedenken dem entgegenstehen und daß manche
Schwierigkeiten zu überwinden sind, wenn dieses Ziel erreicht werden
soll, soll nicht geleugnet werden.

Zunächst kann entgegengehalten werden, daß es für Pferde und
Mannschaften seine wesentlichen Vortheile hat alljährlich wieder mit der
Trensenreiterei zu beginnen. Das Thätigsein der Reiter ist auf Trense
leichter zu kontroliren wie auf Kandare, und ziehen die Leute sich einmal
auf Kandare fest, so ist das in seinen Folgen weit schlimmer als auf
Trense. Andererseits können die Pferde sich auf Kandare leichter ver=
stellen, falsch biegen, hinter den Zügel geben und den Lehrer gewisser=
maßen betrügen. Fehlerhafte Einwirkungen der Kandare sind für die
Dressur nachtheiliger als solche, die nur mit der Trense bewirkt wurden.
Das fast ausschließliche Reiten auf Kandare erfordert daher bessere
Reitlehrer und gefühlvollere Reiter, und wenn man über solche
nicht verfügt, so kann hierin ein gewisser Nachtheil allerdings erblickt
werden.

Man kann ferner einwerfen, daß zu einer so ausgiebigen Aus=
dehnung des Einzelreitens, wie sie hier gefordert wird, weder Zeit,
Reitbahnen, noch Lehrkräfte ausreichen, und es ist allerdings zuzugeben,
daß die drei dem Regiment offiziell zustehenden Reitbahnen nicht ge=

nügen, wenn man auf dem angedeuteten Wege einen hohen Dressurgrad
erreichen will, und daß es in keiner Weise ausreicht, die Dressurabtheilungen etwa nur ³/₄ Stunden gehen zu lassen. Abtheilungen von
mittlerer Stärke müssen täglich mindestens ⁵/₄ Stunden gehen, wenn
auf das Einzelreiten das nöthige Gewicht gelegt werden soll; Rekruten-
abtheilungen sogar noch länger. Auch dürfen Rekruten, wenn sie
Seitengänge und Galopp frühzeitig beginnen, nicht ganz von der Bahn
ausgeschlossen sein sondern müssen im Gegentheil wöchentlich ein bis
zwei Mal in der geschlossenen Bahn arbeiten. Das Alles ist mit drei
Bahnen besonders im nordischen Klima nicht zu leisten. Vier Bahnen
pro Regiment möchte ich als das zulässige Minimum bezeichnen. Mit
dieser Anzahl von Bahnen kann man es durchaus erreichen alle Abtheilungen lange genug gehen zu lassen. Noch vortheilhafter ist es
natürlich, wenn jede Schwadron über eine Bahn verfügt, so daß besonders schwierige Thiere und zurückgebliebene Leute auch einzeln in
der Bahn nachgearbeitet werden können, und die Longen= und Zirkel=
arbeit ausgiebig betrieben werden kann.

Auch in diesen Verhältnissen liegt natürlich eine bedeutende
Schwierigkeit.

Doch dürften sich alle diese Hindernisse überwinden lassen.

Mit der vermehrten Uebung wird das Verständniß für die Kandaren=
reiterei bei Lehrern und Schülern allmählich zweifellos steigen. Auch
kann die Arbeit mit getheilten Zügeln vortheilhaft verwendet werden,
um den Uebergang von der Trense zur Kandare zu vermitteln und
den eventuellen nachtheiligen Folgen der reinen Kandarenarbeit entgegen
zu wirken. Die bessere Ausbildung der Remonten, wie sie auf dem
angedeuteten Wege zu erreichen ist, wird im Lauf der Zeit besseres,
gehorsameres und durchlässigeres Material für Rekruten= und Dressur=
abtheilungen geben; besser ausgebildete Rekruten liefern dann auch
wieder bessere Remonte= ꝛc. Reiter, so daß die Dressurschwierigkeiten
sich wohl heben lassen. Auch unser Reitlehrerpersonal ist ein durchaus
genügendes. Die Reitschule in Hannover hat in dieser Hinsicht denn
doch außerordentlich günstig gewirkt. Auch unter den älteren Unter=
offizieren findet sich eine Anzahl theilweise sogar ausgezeichneter Reit=
lehrer. Die nöthige Zeit läßt sich sehr wohl erübrigen, wenn man nur
alles Ueberflüssige aus dem Dienstbetrieb entschlossen wegläßt, und was

schließlich die Bahnfrage anbetrifft, so dürfte es wohl bei den meisten Regimentern möglich sein vierte und eventuell auch fünfte Reitbahnen aus eigenen Mitteln zu errichten. Keine Geldanlage wird sich besser bezahlt machen als diese. Freilich stehen unter Umständen bureaukratische Anwandlungen der Verwaltungsbehörden im Wege, doch läßt sich auch dieser Widerstand da beseitigen, wo die höheren Vorgesetzten den Regimentskommandeur unterstützen, und in den meisten Fällen findet man auch bei den Intendanturen verständnißvolles Entgegenkommen.

Sind demnach die Nachtheile und Schwierigkeiten, die der angedeuteten Ausbildungsgrenze entgegenstehen, wohl zu überwinden, so sind andererseits die Vortheile so überwiegend, daß jene gar nicht dagegen in Betracht kommen können.

Zunächst sind verbessertes Einzelreiten und gesteigerte Uebung in der Kandarenführung — wie wir sahen — an und für sich ein Vortheil, der der Kriegstüchtigkeit der Truppe unmittelbar zu Gute kommt; dann muß der frühere Abschluß der Remontedressur der Mobilmachung direkt zu Gute kommen; man wird in höherem Maße als bisher und jedenfalls mit mehr Vortheil Remonten in die mobilen Eskadrons einstellen und dafür ältere Pferde zurücklassen können, die zur Ausbildung des Nachersatzes an Mannschaften durchaus erforderlich sind. Es kann gar nicht dringend genug davor gewarnt werden alle älteren Pferde ins Feld mitzunehmen. Kein Mensch kann voraussehen, wie groß die Verluste sein werden; daß sie groß sein werden, unterliegt dagegen gar keinem Zweifel. Auch ist es keineswegs gesagt, daß zukünftige Kriege rasch beendigt sein werden, sie können sich im Gegentheil recht lange hinziehen. Unter solchen Umständen muß ein zur Rekrutenausbildung geeignetes Pferdematerial unbedingt bei den Depots zurück bleiben, selbst wenn die Ausrückestärken sich dann um einige Pferde pro Eskadron — um viele kann es sich nicht handeln — geringer stellen sollten.*) Im Uebrigen bildet auch die beschleunigte und verbesserte Reitausbildung der Rekruten im Mobilmachungsfalle einen direkten Vortheil, da man nun schon gegen den Schluß der Winterperiode Rekruten für

---

*) Anm. Im Gefecht von Kavallerie gegen Kavallerie halte ich es für wenig entscheidend, ob die Schwadron um einige Reiter stärker oder schwächer ist; den Sieg entscheidet unbedingt der höhere Grad von Geschlossenheit; wo es gar nicht zum Handgemenge kommt, kommt auch die Zahl der Säbel nicht zur Geltung.

die mobilen Formationen wird bestimmen können. Endlich bedeutet das angedeutete Verfahren einen ungeheueren Zeitgewinn für die gesammte Ausbildung.

Zunächst gewinnt man im Winter die Monate von Mitte Februar bis zum Beginn der Exerzirperiode. Diese Zeit kann man nun zur unmittelbaren Vorbereitung kriegsgemäßer Leistungen ver= wenden. Jetzt können die Grundsätze der Richtung, der Aufstellung, des Sammelns, die man schon in den ersten Wintermonaten dauernd zu lehren bestrebt war, geübt und befestigt werden. Wo es die Witterung und sonstige Umstände erlauben, können das Reiten im Gliede, das Nehmen von Hindernissen, die Entwicklung des Exerzirgalopps, unter fortwährender Kontrole und Förderung der Bahndressur vorgenommen werden. Auch die Winter-Felddienstübungen, die, so lange sie die formale Reitdressur immer wieder unterbrechen, ohne entsprechenden Nutzen die Ausbildung ganz außerordentlich stören, können in diese Periode verlegt werden, in der dann auch Rekruten an derselben theilnehmen können, was mit Rücksicht auf den Mobilmachungsfall von wesentlicher Bedeu= tung ist. Vor Allem aber muß diese Zeit der Einzeldressur und dem Einzelgefecht zu Gute kommen. Unser Reglement legt auf Letzteres ein ganz besonderes Gewicht,*) und bei den meisten Regimentern wird es fleißig geübt. Die Resultate sind aber gerade in diesem Punkte immer recht fraglicher Natur und die meisten Schwadronschefs vertreten wohl die Ansicht, daß diese Uebungen in vieler Hinsicht äußerst nach= theilig wirken. Diese Anschauung ist auch keineswegs ganz unberechtigt. Wird das Einzelgefecht in der üblichen Weise auf mangelhaft gerittenen Pferden ausgeführt, so wird nicht nur das Pferd noch weiter verdorben sondern auch der Reiter. Ebenso wird ein ungeschickter Reiter hierbei sehr bald auch ein gut gerittenes Pferd hart und widerspenstig machen. Da man nun aber weder mit idealen Pferden noch Reitern rechnen kann, so liegt in dem vielen Ueben des Einzelgefechts allerdings eine nicht zu unterschätzende Gefahr, weil die Art der Uebung nicht recht praktisch ist. Die Reiter umkreisen sich in kunstvollen Volten: der eine flieht, der andere verfolgt: beide reißen die Pferde bei zahl= reichen Kurzkehrtwendungen ins Maul;**) alles Dinge, die bis auf

---

*) Exerzir-Reglement Nr. 129 u. 324.
**) Vorschrift für die Waffenübungen der Kavallerie VII. D.

Letzteres im Ernstfall niemals vorkommen. Auch sollte die ganz eminente
Gefahr nicht unterschätzt werden, die darin liegen dürfte den Leuten
das Fliehen vor einem Gegner künstlich beizubringen. Die wenigsten
von ihnen sind Horatier; haben sie einmal Kehrt gemacht, so laufen sie
auch ganz gewiß definitiv davon. In Wirklichkeit geht die Sache
anders vor sich. Hat man nur einen Gegner, so jagt man auf ihn zu,
sucht ihn vom Pferde zu stechen, und es ergiebt sich hieraus eventuell
nach einmaligem Kehrtmachen Beider, wenn sie ergebnißlos aneinander
vorbeijagten, ein Gefecht in engster Berührung mit Wendungen auf
der Vorhand; wer zum zweiten Male Kehrt macht, kann nur noch auf
die Schnelligkeit seines Pferdes rechnen, den Kampf hat er auf=
gegeben. Solche Einzelnduelle dürften aber zu den seltenen Aus=
nahmen gehören. Bei den meisten Kämpfen bewegt sich der Mann
zwischen zahlreichen Kameraden und Gegnern in engem Wirbel unter
Wolken Staubes hin und her; er muß bald rechts bald links angreifen
und sich vertheidigen. Das Wesentliche hierbei ist nicht sowohl das
geschickte Fechten mit der Lanze als vielmehr die volle Beherrschung
des Pferdes und der offensive Gedanke, der den Reiter mit einem
gewissen Fanatismus beherrschen muß. Wer sein Pferd mit dem
Gewicht werfen und wenden kann, wie er will, ohne es ins Maul zu
reißen und hart zu machen; wessen Arm nicht ermüdet; wer auch in
rascher Gangart sicher trifft, wohin er zielt; wer mit der Energie des
Hasses nur immer den Gegner zu vernichten strebt ohne an Ausweichen
zu denken; der wird Sieger bleiben; der lernt aber auch die wenigen
wirklich praktischen Grundsätze der Lanzen= und Säbelführung sehr bald.
Die Uebung im Einzelgefecht muß also im Wesentlichen gewissermaßen
in den Vorübungen zu demselben beruhen: in der Stählung des
Armes, in der Uebung des Stechens, in der Anregung aller energischen
Leidenschaften und vor Allem in der möglichsten Vervollkommnung des
Einzelreitens bis zur vollen Harmonie zwischen Reiter und Pferd und
zwar vornehmlich in denjenigen Uebungen, die beim Gefecht erforderlich
sind. Rasches Umplaciren des Pferdes, Schlangenlinien zwischen wechselnd
aufgestellten Objekten, Stechen nach den verschiedensten Richtungen
und nach wechselnden Zielen, Alles möglichst ohne Zügel, niemals
schematisch, dürften die hauptsächlichsten dieser Uebungen sein. Das
eigentliche Einzelgefecht also das Kontrefechten Einzelner und Mehrerer

dürfte sich hieran erst anschließen, wenn in den Vorübungen schon eine gewisse Höhe erreicht ist, für Retruten also erst am Schluß der Sommer= ausbildung vor dem Manöver; immer sollte es auf das nothwendigste Minimum beschränkt bleiben und dann nur in wirklich friegsgemäßer Weise also meistens von Mehreren gegen Mehrere geübt werden. Ich glaube, daß sich auf diesem Wege ohne Schädigung der Pferde ein weit höherer Grad der Vervollkommnung erlangen läßt als unter den heutigen Bedingungen, wo das Einzelgefecht meist von Haus aus in der Form des Kontrefechtens erst mit der Exerzirperiode beginnt. Jedenfalls aber wird das erreicht werden, daß man diese Letztere selbst sehr wesentlich entlasten kann, wenn man die genannten Uebungen in der Soldatenreiterei bereits im Winter beginnt und fördert. Je mehr es die Leute gelernt haben weich auf der Kandare zu reiten, je bequemer und leichter sie infolge längerer Uebung die Lanze auch zu Pferde handhaben, je ausgiebiger sie schon im Winter die Grundsätze der Richtung, der Aufstellung, des Temporeitens, des Sammelns, die richtige Galopphaltung üben; je ruhiger andererseits die Pferde auch in starken Gängen mit tiefer Nase am Zügel stehen lernten; desto leichter wird es dem Eskadronchef sein die Schwadron einzuexerziren und die Ruhe der Bewegungen zu erlangen, die die Grundlage alles guten Exerzirens bildet. Die Exerzirzeit kann demnach kürzer bemessen werden und was man so an Zeit gewinnt, kommt einestheils dem Felddienst und der Ausbildung im Gelände zu Gute, andererseits gewährt das ganze System mit seiner durchgehenden wesentlichen Zeitersparniß die Mög= lichkeit auch die spezifische Reitausbildung von Mann und Pferd nicht auf die Wintermonate allein zu beschränken. Hat jede brauchbare Schwadron eine ganze Reihe von Pferden, die es nicht nöthig haben sechs Monate des Jahres in Seitengängen und abgekürzten Gangarten geübt zu werden, so giebt es andererseits wohl in jeder Eskadron solche, die dringend der Nachdressur bedürfen, und die man doch schwächeren Reitern anzuvertrauen gezwungen ist, weil man das bessere Reitermaterial für Remonten und jüngere Pferde braucht. Das liegt in dem ganzen System, in welchem Pferdedressur und Mannschafts= ausbildung sich gegenseitig bedingen. Auch einzelne Remonten werden der Nachdressur bedürfen, manche Retrutenpferde werden sich in Fehlern festgezogen haben. Jetzt gewinnt man Zeit und Gelegenheit alle diese

Thiere — etwa von Februar an — durch Unteroffiziere und bessere Reiter nachbilden zu lassen, sei es, daß man sie zu einer Difficilabtheilung zusammenstellt, sei es, daß sie in Einzeldressur genommen werden. Diese Nachdressur kann man den ganzen Sommer hindurch fortsetzen, da jetzt reichlich Zeit hierfür vorhanden ist.

Auf die Wichtigkeit aber gerade dieser Maßregel möchte ich ganz besonders hinweisen. Hört während der ganzen Sommerperiode die Dressur auf, überläßt man die schwierigen Pferde während dieser ganzen Zeit ununterbrochen dem Exerziren und dem Felddienst, so ist es unausbleiblich, daß sie sich in ihren Fehlern festziehen, und niemals wird man durchweg gut gerittene Pferde in der Eskadron erzielen. Daß man auch diese Thiere zum Theil zum Exerziren heranziehen muß, versteht sich von selbst; worauf es ankommt ist, daß sie vom Februar an und während des ganzen Sommers immer wieder von einem guten Reiter korrigirt werden. Führt man dieses System mit rücksichtsloser Energie besonders für die jüngeren Pferde durch, wenn auch anfänglich unter Beeinträchtigung der Rottenzahl beim Exerziren und Felddienst, so wird sich die Zahl der überhaupt vorhandenen schwierigen Pferde in überraschend kurzer Zeit verringern.

Zu allen diesen Vortheilen tritt aber dann noch ein anderer meines Erachtens sehr wesentlicher hinzu.

Nach bisheriger Gewohnheit wird nach der Kandarenbesichtigung welche den Schluß der Winterausbildung darstellt, die Schwadron umgesetzt und rückt dann zu den Exerzirübungen aus. Die neuen Uebungen in neuer Umgebung beginnt ein großer Theil der Mann= schaften auf neuen Pferden, mit denen die Leute noch nicht Gelegenheit hatten sich zu einigen. Das bedeutet eine ganz wesentliche Erschwerung des Exerzirens.

Diesen Nachtheil kann man vermeiden, wenn man die Eskadron schon im Februar, also nach Abschluß der reinen Reitdressur, umsetzt. Nun können die Leute noch längere Zeit auf denjenigen Pferden, die sie während der Sommerperiode reiten sollen, in der Bahn bezw. auf dem Reitplatz und, wo es die Verhältnisse irgend gestatten, auch im Gelände ausgebildet werden, und die Eskadron wird mit weit größerer Sicherheit in die Exerzirperiode eintreten als andernfalls, besonders dann, wenn man auch hier nicht schematisch verfährt, sondern der Esladronchef es versteht, alle Vortheile, die ihm seine guten Reiter bezw. seine sicher gerittenen Pferde bieten, durch Wechseln und Umsetzen der Reiter gehörig auszubeuten.

Es läßt sich natürlich auch hiergegen Manches einwenden und dem Praktiker brauche ich nicht erst auseinanderzusetzen, worin die Schwierigkeiten bestehen. Sie lassen sich aber überwinden, und die Vortheile, die man erzielt — und das scheint mir die Hauptsache — überwiegen ganz wesentlich die kleinen Unzuträglichkeiten, die man mit in den Kauf nehmen muß.

Ich glaube nicht, daß es sehr wesentlicher oder weitgehender Aenderungen unserer Bestimmungen bedarf, um die Ausbildung den entwickelten Grundsätzen anzupassen. Man braucht im Wesentlichen nur mit dem hergebrachten Schematismus des Ausbildungsganges und der Besichtigungen zu brechen, um das erwünschte Ziel zu erreichen.

Nicht um hier einen neuen Schematismus zu entwickeln, sondern lediglich um den entwickelten Anschauungen einen festen Rahmen zu geben, um zu zeigen, wie ich mir in der Praxis das Verfahren deute, sei im Folgenden der Ausbildungsgang, soweit er die Reiterei und die Pferdedressur betrifft, in seinen verschiedenen Perioden dargelegt.

„Beginn der Remontedressur: Spätestens Anfang Juli. Es dürfte zu erwägen sein, ob es nicht vortheilhaft wäre die jungen Pferde noch früher zu den Regimentern zu schicken.

Trensenbesichtigung der Rekruten und der II. Abtheilung 2. Reitklasse kurz vor Weihnachten.

Kandarenbesichtigung der alten Remonte, sämmtlicher Dressurabtheilungen und der Rekruten und zwar mit Letzteren und der II. Abtheilung II. Reitklasse schließend etwa Mitte Februar.

Dann: Umsetzen der Schwadronen im Wesentlichen nach den Anforderungen des Exerzirens.

Ende März bezw. Anfang April: Trensenbesichtigung der jungen Remonte, wobei im Allgemeinen Seitengänge, abgekürzter Galopp und Kontregalopp gefordert werden können. Besichtigung der Schwadron im „Soldatischen Reiten", Vorübung zum Einzelgefecht, Stechen nach Objekten, Exerzirgalopp, Reiten im Gliede; Alles mit Waffen unter gleichzeitiger Kontrolle der Bahndressur.

Besichtigung der difficilen und nachgearbeiteten Pferde.

Kurz vor dem Manöver: Besichtigung der jungen Remonte auf Kandare. Besichtigung der vorjährigen Remonte (deren Zustand nach der ersten Exerzirperiode hier geprüft wird) in der Abtheilung; Besichtigung der difficilen Abtheilung; Besichtigung des Einzelgefechts."

Sucht man die Ausbildung natürlich mit denjenigen Abänderungen, die durch klimatische und örtliche Verhältnisse bedingt sind, diesem Besichtigungsplan im Allgemeinen anzupassen, sorgt man dafür, daß jeder Mann täglich, wenn auch nur wenige Minuten Lanzenübungen macht um Arm und Hand zu kräftigen, daß jeder Reiter täglich einzeln reitet, jedes schwierige Pferd möglichst fortdauernd korrigirt wird, daß die Grundsätze der Richtung, der Aufstellung, der Schwenkungen ꝛc. schon in der Reitbahn den Leuten täglich eingeprägt werden, wie ich das schon oben entwickelte: übt man dann außerdem, wo immer die Verhältnisse es gestatten, die Mannschaften im frischen schneidigen Geländereiten — wozu freilich die höheren Vorgesetzten die Mittel zur Deckung etwaiger Flurschäden bewilligen müssen — so wird man, glaube ich, meine lediglich aus der Praxis geschöpfte Auffassung bis zu einem gewissen Grade bestätigt finden, daß sich eine gesteigerte Ausbildung der Reiter für die spezifisch militärischen Zwecke auf diesem Wege erreichen läßt unter gleichzeitiger Hebung der reinen Reitausbildung.

Die verbesserte Reiterei allein thut es aber nicht. Wir haben gesehen, daß der moderne Krieg vor Allem auch die größten Anforderungen an die Dauerleistung unserer Pferde stellt und zwar in doppelter Hinsicht: einmal in der Marschleistung und dann im ausdauernden Exerzirgalopp, wie ihn die Bewegung großer Massen und die Attacke gegen die modernen Feuerwaffen fordert.

Daß eine gute Durcharbeitung des Pferdes indirekt auch der Dauerleistung zu Gute kommt, wurde bereits erwähnt. Bei außergewöhnlichen Leistungen spielt ferner das Blut eine sehr große Rolle.

So sehr aber auch diese Faktoren mitsprechen, so kommt für die Dauerleistung unseres Soldatenpferdes doch in erster Linie der allgemeine Kräftezustand der Thiere zur Geltung, und dieser wird bedingt durch Futter und Training.

Ein besonderes Gewicht möchte ich in erster Linie auf das Futter legen, da einerseits andauernd hohe Leistung sowohl im Zurücklegen großer Distanzen als auch im Exerziren nur bei durchaus zureichender

Ernährung ohne Schädigung des Materials gefordert werden können, und andererseits unsere Friedensration im Vergleich zu den nothwendigen Leistungen immer noch zweifellos zu knapp ist. Kein Regiment könnte sich dauernd auf der Höhe erhalten, auf der unsere Reiterei sich trotz Allem augenblicklich befindet, wenn es nicht verstände, durch allerlei Hülfsmittel die Ration wenigstens zeitweise zu erhöhen. Aber dieser Hülfsmittel giebt es eine ganze Reihe und da eine Erhöhung der Friedensration wohl kaum zu erwarten ist, so wünschenswerth sie auch sein mag, so scheint es mir von ganz wesentlicher Wichtigkeit diese Hülfsmittel so weit als möglich zu entwickeln.

Wie das zu geschehen hat, wird sich nach den verschiedenen Garnisonen verschieden gestalten. Worauf es ankommt ist die lokal sich bietenden Konjunkturen gehörig auszubeuten. Als Beispiel ist es vielleicht nicht ganz uninteressant aus persönlicher Erfahrung Einiges mitzutheilen.

Durch das Vertrauen und die Liberalität meines kommandirenden Generals war mir gestattet worden 60 Rationen Hafer pro Tag und Escadron statt in natura in Geld zu empfangen und mit diesem Gelde frei wirthschaften zu dürfen.

Es handelte sich also um einen Futterversuch im größten Maßstabe, dessen Ergebnisse auf alle Fälle interessant sein dürften. Da Erbsen, Bohnen und weißer amerikanischer Mais — der gelbe ungarische Mais ist minderwerthig — um 1½ bis 2 Mark pro Doppelcentner billiger waren als Hafer, so wurden diese Futtermittel beschafft, und es ergab sich hieraus zunächst eine ganz wesentliche Gewichtserhöhung der Ration: in noch höherem Grade steigerte sich deren Nährwerth.

Es wurde damit zunächst der Vortheil erzielt, daß im Winter nicht nur kein Futter für die größeren Anstrengungen des Sommers gespart zu werden brauchte, sondern daß schon im Winter die Ration erhöht werden konnte. Ich halte das für einen ganz wesentlichen Vortheil, da die Pferde, die ausgefuttert und in voller Kraft aus dem Winter kommen, Anstrengungen in weit höherem Grade gewachsen sind als Thiere, die erst während oder nur kurze Zeit vor dem Beginn der stärkeren Arbeit zureichendes bezw. nahrhaftes Futter erhalten.

Die Vertheilung des Futters wurde nun derart vorgenommen, daß nach dem Manöver, wo ein Fettersatz bei den Pferden erwünscht

9*

ist, zunächst amerikanischer Mais gefüttert und die Ration um
½ Pfund täglich erhöht wurde. Etwa von Weihnachten an wurde
dann zu Bohnen- und Erbsenfütterung übergegangen, diese etwa bis
zur Hälfte des Schwadronsexerzirens andauernd gesteigert und dann bis
zum Manöver annähernd auf gleicher Höhe erhalten. Sie repräsentirte
schließlich einen Nährwerth von etwa 15 Pfund Hafer, wie er als der
normale für unser leichtes und mittleres Kavalleriepferd bezeichnet
werden kann. Erbsen und Bohnen wurden 12 Stunden gequellt,
wobei das Wasser zweimal gewechselt werden mußte, um das Sauer
werden zu verhüten.

Während des Manövers wurden theils an geeigneten Punkten des
Manövergeländes selbst Futtervorräthe niedergelegt, aus denen die
Esladrons schöpften, theils wurden diesen Letzteren Geldmittel zur
Verfügung gestellt, um an Ort und Stelle Futter zu kaufen; so konnte
auch während des größten Theils des Manövers die Erhöhung der
zuständigen Ration durchgeführt werden.

Der Versuch konnte während annähernd zweier Jahre durch=
geführt werden.

Seine Ergebnisse waren außerordentlich zufriedenstellende. Nicht
nur der Futterzustand nahm sichtlich zu und erhielt sich auch während
der größten Anstrengungen im Manöver und bei den Kavallerie=
Divisionsübungen, sondern es verringerte sich auch trotz gesteigerter
Leistungen die Zahl der Niederbrüche und sonstigen Lahmheiten ganz
wesentlich; die Gänge erhielten sich frischer, kurz das Material ver=
besserte sich ganz auffallend. Sind doch Niederbrüche, Lahmheiten und
Stumpfwerden der Pferde in den allermeisten Fällen Folgen von
Uebermüdung bei nicht genügendem Kräftezustand. Auch die Zahl der
Koliken nahm eher ab als zu, was einestheils für die Unschädlichkeit
des Bohnen- und Erbsenfutters spricht, andererseits aber auch darauf
zurückzuführen sein dürfte, daß Futtervolumen wie Arbeitsleistung nach
dem Manöver nur ganz allmählich verringert wurden.

Im Uebrigen ergab sich aus dem Versuch, daß die weiße Pferde=
bohne von den meisten Pferden gar nicht oder nur sehr ungern ge=
nommen wurde. Am besten bewährten sich die grüne Smyrna= und
die braune holländische Bohne, weil diese bei gleichem Gewicht und
Nährwerth ein größeres Volumen repräsentirten, als z. B. das gleiche

Gewichtsquantum Erbsen und von den Pferden sehr gern ge=
nommen wurde. Reine Bohnen und Erbsenfütterung bewährte
sich nicht, weil das Pferd des mechanischen Anreizes der Hafer=
hülse in Darm und Magen und einzelner chemischer Bestandtheile des
Hafers für die Verdauung bedarf. Auch bei dem gewählten Verhältniß,
das sich übrigens vorzüglich bewährte (60 Rationen Bohnen ꝛc. und
76 bis 78 Rationen Hafer pro Escadron), zeigte es sich vortheilhaft
die Rauhfutter=Ration zu erhöhen, um die fehlende Haferhülse zu ersetzen.
Zur Beschaffung dieses Zuschusses waren jedoch reichliche Mittel vor=
handen, da hierzu nunmehr der Düngerfonds des Regiments, bezw. die
eigenen Mittel der Escadrons disponibel waren. Im Uebrigen wurde
natürlich auch für die Beschaffung der Bohnen ꝛc. der Düngerfonds in
den gesetzlich gestatteten Grenzen zur Aushülfe herangezogen. Immerhin
konnten trotz des hohen Futters hier bedeutende Ersparnisse gemacht
werden, die schon in einem Jahre zum Bau einer geräumigen·Reit
bahn genügten und so auf anderem Wege der Ausbildung und
Erhaltung des Materials zu Gute kamen.

Im dritten Versuchsjahre sanken die Haferpreise und stiegen die
Preise der anderweitigen Futtermittel; deswegen, wie aus anderen
Gründen, mußte der Umsatz eines Theiles der Haferration in nahr=
haftere Futtermittel aufgegeben werden, obgleich eine wesentliche Erhöhung
des Rationsnährwerthes immer noch hätte erzielt werden können. Um
trotzdem die Ration in annähernd gleicher Höhe wie im Vorjahre zu
erhalten, mußte demnach auf andere Mittel zurückgegriffen werden.

Es zeigte sich, daß eine Strohersparniß von etwa zwei Pfund
pro Pferd und Tag sehr wohl durchführbar sei;*) hierdurch wurden
abermals reichliche Mittel für Gewährung von Kraftfutter gewonnen,
und dürfte diese Art der Ersparniß bei hohen Strohpreisen besonders
empfehlenswerth sein. Im Uebrigen konnte der Düngerfonds reichlich
herangezogen werden, für den die hohen Ausgaben, die der Bau der
Reitbahn im Vorjahre verursacht hatte, fortfielen. So war immer noch
eine bedeutende Erhöhung der Ration durchführbar, wenn auch nicht
in demselben Maße wie in den Vorjahren.

---

*) Anm. Um diese Strohersparniß zu erzielen ist es keineswegs nöthig englische
Streu anzulegen, die zu viel Zeit und Arbeitskräfte in Anspruch nimmt um
empfehlenswerth zu sein.

Ich will nun keineswegs behaupten, daß sich Aehnliches überall und unter allen Umständen durchführen läßt. Die Preise der Cerealien schwanken, die Einnahmen des Düngerfonds sind überall verschieden. In manchen Garnisonen lassen sich Erbsen und Bohnen vielleicht über= haupt nur schwer beschaffen. Auch die Transportkosten sind verschieden. Soll man aber einen Vortheil deshalb außer Acht lassen, weil er sich nicht überall und immer gleichmäßig erzielen läßt? Schon einige Jahre gesteigerten und verbesserten Futters heben das Pferdematerial auf längere Zeit, und es sollte daher in unserer Kavallerie Alles daran gesetzt werden, um diese Vortheile, wo immer sie sich durch günstige Preiskonjunkturen bieten, möglichst auszunutzen. Auch darauf muß immer wieder hingewiesen werden, daß die Gewöhnung der Pferde an die verschiedenartigsten Futtermittel (Roggen, Gerste, Weizen ꝛc.) un bedingt zur kriegsgemäßen Ausbildung der Kavallerie gehört, da sie im Kriege zweifellos zur Nothwendigkeit wird, wie auch die Erfahrungen unserer letzten Kriege ganz besonders gezeigt haben.

Nothwendig aber ist es hierzu — und das ist es, worauf ich besonders hinweisen möchte —, daß den Regimentskommandeuren innerhalb gewisser Normen die denkbar größte Freiheit gelassen werde, und dieselben nicht von dem Gutachten der Intendanturen und deren ungezählten Vor schriften und formalen Bedenken abhängig gemacht werden. Für ganz gegenstandslos halte ich die Befürchtung, die mir einmal entgegen gehalten wurde, daß bei theilweisem Ankauf der Futtermittel durch die Regimentskommandeure Unzuträglichkeiten bezw. Unterschleife durch Unterbeamte vorkommen könnten. Eine rechnungsmäßige Kontrole wäre leicht einzurichten. Die Befähigung der Regimentskommandeure an= gemessen zu verfahren kann doch kaum in Abrede gestellt werden, und ihr Interesse an der Sache würde in dem Maße wachsen, als ihnen die nöthige Freiheit der Bewegung gelassen würde.

Neben dem angemessenen Futter ist der Training für die Dauer= leistungen der Pferde entscheidend.

Daß der Training mit dem Nährwerth der Ration Hand in Hand gehen muß, liegt auf der Hand. Aber auch abgesehen von diesem Abhängigkeitsverhältniß kann man denselben nicht fortdauernd aufrecht erhalten. Trainiren strengt nicht nur Muskeln, Gelenke und Sehnen an sondern greift vor Allem auch das Nervensystem der Pferde be=

sonders die Magennerven auf die Dauer an. Will man sein Material daher nicht schädigen, so muß man den Pferden zu gewissen Zeiten gründliches Ausruhen ermöglichen und dann den Fettansatz befördern, dessen das Thier zu seinem Wohlbefinden bedarf. Am besten eignet sich hierzu die Zeit vor und um Weihnachten, in der man demnach die Arbeit auf das für die Ausbildung zulässige Minimum herabdrücken muß und mit Mastfutter — Heu, Mais, Malzkeimen, getrockneten Biertrábern, auch Kartoffeln — nicht sparen darf. Aber auch nach den Höhepunkten des Galopptrainings muß ein gewisses Nachlassen der Arbeit, eine Zeit der Nervenberuhigung eintreten.

Im Uebrigen muß der Training vom Gesichtspunkt der kriegsmäßigen Anforderungen aus geleitet werden und darf niemals den Charakter des Sportlichen annehmen, der dem Wesen des Krieges durchaus fremd ist. Besonders gilt das vom Galopptraining.

Gerade hier scheint es mir, daß das Kriegsgemäße nicht immer scharf genug ins Auge gefaßt wird.

Wir erzielen mit unserer Truppe durch sorgsame Arbeit sehr bedeutende Galoppleistungen. Ich habe selbst bis 8000 Meter Exerzirgalopp hintereinander weg im Regimentsverbande reiten sehen, und die Pferde hatten am Schluß doch noch Kraft und Athem um das Tempo zu verlängern. Auf solche und ähnliche Leistungen basiren wir dann auch unsere taktischen Uebungen in der Brigade und in der Division, und zahlreiche Pferde werden hier und da diesen Leistungen zum Opfer gebracht. Nun bin ich gewiß der Letzte, der im sicheren aber kriegsgemäßen Exerziren im Galopp nicht die Krone aller taktischen Ausbildung der Kavallerie erblickte: aber andererseits muß denn doch mit aller Bestimmtheit hervorgehoben werden, daß alle die taktischen Bilder und Folgerungen, die wir auf die angedeutete Weise erlangen, mit dem Ernst des Krieges so gut wie Nichts zu thun haben.

Bei den genannten Friedensübungen reiten wir meist ohne oder mit nur leichtem Gepäck auf eigens ausgesuchten günstigen Plätzen und, wie gesagt, mit eigens trainirten Pferden. Alle diese Bedingungen fehlen im Kriege. Zunächst tragen die Pferde da fortdauernd das volle Kriegsgepäck, zweitens fehlt ihnen meist vollständig der spezifische Galopptraining. Die gewöhnliche Gangart während des Marsches und auf

Patrouille ist der Reisetrab, zum Galopp kommen meist nur vereinzelte Patrouillen, die Truppe im Ganzen nur in den seltenen Fällen, in denen es zur Attacke kommt. Dann fehlt meist das günstige Exerzirgelände, und endlich befinden sich bei allen Kriegs-Eskadrons Ankaufspferde und Remonten, mit deren Kräften gerechnet werden muß, wenn sie nicht, wie 1870 mehrfach der Fall, gleich im Anfang des Krieges zu Grunde gehen sollen, wo man sie dann besser überhaupt zu Hause ließe. So reduziren sich die Galoppleistungen des Ernstfalles ganz wesentlich und nur mit diesen reduzirten Galopp= leistungen darf die Führung rechnen. Daß diese Verhältnisse taktisch sehr wesentlich in Betracht kommen, liegt auf der Hand. Vor Allem handelt es sich um die Frage, ob es zweckmäßig ist, unter vielfachen Opfern an Pferdematerial auf Leistungen hinzuarbeiten, die im Kriege illusorisch und nur geeignet sind falsche Vorstellungen vom Gefecht zu entwickeln. Diese Frage muß entschieden verneint werden. Gewiß ist es daher unerläßlich, daß die Pferde andauernd und in praktischer Haltung galoppiren, die Leute auch bei langen Galoppreprisen richtig sitzen, das Pferd richtig führen und mit dem Gewicht wenden und pariren lernen ohne hart zu werden; dazu bedarf es fleißiger Uebung, zuerst am besten in einer Weise, bei der die Haltung von Mann und Pferd dauernd kontrolirt werden kann, also womöglich einzeln auf der Galoppir= bahn oder im Trupp, dann aber auch im geschlossenen taktischen Ver= bande. Diese Uebungen brauchen aber im Allgemeinen nicht wesentlich über dasjenige Maß hinaus gesteigert zu werden, das im Ernstfall auch von nicht speziell im Galopp trainirten Pferden unter vollem Kriegs= gepäck geleistet werden kann. Die Höhe dieser Leistung hängt vom Blut, dem Kräfte- und Arbeitszustand der Pferde ab und dürfte für unsere leichte Kavallerie vielleicht durchschnittlich auf 4000 Meter an genommen werden, für die Küraffiere etwas niedriger. Darüber hinaus die Galoppleistungen zu steigern erscheint überflüssig und schädlich, wenn es mit der Gefahr einer Schädigung des Materials verbunden ist.

Viel wichtiger dürfte es sein die Pferde an das Galoppiren unter kriegsgemäßen Bedingungen zu gewöhnen, also unter vollem Marsch= gepäck und in wechselndem Gelände. Nichts ist schwieriger als unter solchen Bedingungen die Geschlossenheit der Truppe und die vorschrifts=

mäßigen Tempos einzuhalten. Die Erfahrung zeigt, daß schon im
Manöver Beides nur durch die äußerste Energie der Führung aufrecht
erhalten werden kann. Der Trab wird selbstverständlich im Gelände
immer kürzer, da die Anforderung des Reglements für das leichte
Kavalleriepferd schon für den Exerzirplatz eine außerordentlich hohe ist;
aber auch der Galopp dürfte meist hinter der reglementarischen Norm
zurückbleiben. Der Grund hierfür ist meines Erachtens darin zu
suchen, daß im Allgemeinen zu lange Galoppreprisen verlangt werden
und das Reiten unter Gepäck zu wenig geübt wird. Exerziren wir
doch heute so gut wie niemals außer im Manöver unter voller Kriegs-
belastung der Pferde, theilweise um das Gepäck zu schonen, theilweise
aber auch, um in der gleichen Zeit zahlreichere und umfangreichere
Uebungen vornehmen und diese vielseitiger gestalten zu können, als es
sonst möglich wäre ohne das Pferdematerial allzusehr anzustrengen.
Auch hierfür läßt sich ja Manches sagen, besonders mit Rücksicht auf
die nothwendige Ausbildung der Führer; die Gefahren dieser Methode
für die wirklich kriegsgemäße Ausbildung der Truppe verlieren damit
aber Nichts von ihrer Bedeutung, und muß daher die Ausbildung
stets im Reiten unter absolut kriegsgemäßen Bedingungen gipfeln.

Wenn aber der Galopptraining im Allgemeinen unter friedens-
mäßigen Bedingungen erzielt wird, so meistens auch der Training für
Dauerleistungen. Auch bei Felddienstübungen, Patrouillen und Dauerritten wird meist ohne Gepäck geritten. Nur zum Manöver und zu
größeren Gefechtsübungen außerhalb der Garnison wird volles Marsch-
gepäck mitgenommen.

Mir scheint dieses System nicht durchaus rationell; vielmehr liegt
es auf der Hand, daß die plötzlich und unvermittelt gesteigerte Belastung die Pferde angreifen muß. Die Erfahrung bestätigt das
denn auch. Die ersten Manövermärsche sowie sonstige Uebungen unter
Gepäck pflegen die Pferde in unverhältnißmäßiger Weise zu ermüden.

Ganz wird sich dieser Uebelstand natürlich niemals vermeiden
lassen, sonst müßte man das ganze Jahr unter Gepäck reiten oder die
kriegsgemäßen Uebungen auf gewisse Zeiten beschränken, was leider mit
Rücksicht theils auf die Schonung des Pferdematerials, theils auf die
Anforderungen der soldatischen Ausbildung nicht angängig erscheint.
Wohl aber möchte ich einer allmählichen mit den Leistungen während

des Ausbildungsjahres Hand in Hand gehenden und sich steigernden Uebung im Reiten mit Gepäck das Wort reden.

Der Kompagniechef, der seine Kompagnie einmarschiren will, vermehrt ganz allmählich und systematisch die Belastung des Tornisters, bis derselbe von den Mannschaften kaum mehr als Erschwerung empfunden wird. Aehnlich müßte man auch bei der Kavallerie verfahren. In jeder Periode müßte vom Reiten mit leichtem Sattel allmählich zum vollen Gepäck übergegangen werden. Besichtigungen taktischer Verbände und die letzte Besichtigung des Einzelgefechts sollten grundsätzlich nur in voller Kriegsausrüstung vorgenommen werden. Vor dem Manöver müßten die Pferde allmählich an das Gepäck gewöhnt werden. Ich glaube, dieses System würde nicht nur eine wesentliche Steigerung der kriegsgemäßen Ausbildung von Mann und Pferd bedeuten, sondern es würde uns auch vor manchen Täuschungen bewahren, indem es uns einen wirklich wahren Maßstab für das gewähren würde, was die Truppe im Kriege leisten kann.

Im Uebrigen muß wie der Galopptraining so auch der Training zu Dauerleistungen ganz systematisch betrieben werden, indem man während jeder Dienstperiode des Jahres die Anstrengung allmählich bis zu einer gewissen Höhe steigert, durch verlängerte Reprisen in den stärkeren Gangarten, durch allmähliche Steigerung der Anforderungen im Exerziren, durch allmähliche Ausdehnung der Felddienst- und Marschübungen nach Zeit und Raum, durch allmählich wachsende Zumuthungen im Geländereiten.

Nur indem man alle diese Gesichtspunkte berücksichtigt und mit einander in Einklang bringt: Verbessertes Dressur- und Soldatenreiten, fortgesetzte Einzelausbildung, allmählicher Training zu Galopp- und Dauerleistung, rationelles Futtern, wird es gelingen, denjenigen Grad der Elementarausbildung zu erreichen, der zu den höchsten praktischen Resultaten befähigt.

3. Ausbildung zum Gefecht zu Pferde.

Wurde im vorigen Abschnitt der Nachweis versucht, daß in der Reitausbildung, in der Schule des Einzelgefechts und im Training von Mann und Pferd der Zweck kriegsgemäße Leistungen zu erzielen in mancher Hinsicht unmittelbarer erstrebt und vielleicht vollkommner erreicht werden kann, als es heute vielfach noch der Fall ist, so gilt es jetzt von demselben Gesichtspunkt aus die taktische Ausbildung der Truppe ins Auge zu fassen, und zwar zunächst die Ausbildung für das Gesecht zu Pferde.

Den Bestimmungen nach, die für dieselbe maßgebend sind, wird das Hauptgewicht auch heute noch auf die kleineren und mittleren Verbände gelegt. Mit größter Sorgfalt werden die Schwadronen, Regimenter und Brigaden ausgebildet; die Uebungen in großen Verbänden dagegen finden stets nur in sehr beschränktem Maße und gewissermaßen ausnahmsweise statt. Die eigentliche systematisch durchgeführte Ausbildung findet in der Brigade ihren Abschluß.

Daß dieser Zustand den Anforderungen des modernen Krieges nicht mehr entspricht, ergiebt sich aus Allem, was ich bisher zu entwickeln versuchte, und braucht kaum noch besonders hervorgehoben zu werden. Wie im Kriege die Massenverwendung unbedingt im Vordergrunde stehen wird, so muß auch für die Ausbildung unbedingt die Forderung aufgestellt werden, daß dieselbe bis zu den Uebungen des Massengesechts systematisch durchgeführt wird; daß sie in ihnen nicht nur ihren jährlichen Abschluß sondern auch ihren eigentlichen sachlichen Gipfelpunkt findet. Auch müssen von den elementarsten Uebungen an alle Bestrebungen von dem Gedanken getragen und durchdrungen sein, daß es vor Allem darauf ankommt die Truppe für das gemeinsame Gesecht großer Massen vorzubereiten. Von diesem Gesichtspunkte aus wird die relative Bedeutung der einzelnen Ausbildungsperioden beurtheilt werden, von ihm aus wird die Eintheilung des Uebungsjahres vorgenommen, von ihm aus werden auch die Uebungen selbst geleitet werden müssen.

Die Grundlage jeder guten Gesechtsausbildung bildet natürlich nach wie vor die Eskadronschule. Der innere feste Halt der Eskadrons und die Leichtigkeit sie zu bewegen schafft erst die Möglichkeit zweckmäßiger Gesechtsthätigkeit. Die Wichtigkeit dieser Grundlage wächst mit den zunehmenden Massen. Dem Schwadronsexerziren ist also in Zukunft eher ein erhöhter als ein verminderter Werth bei zumessen.

In zweiter Linie kommt das Regimentsexerziren in Frage. Hier gilt es, wie wir sehen werden, vor Allem die taktische Gewandtheit der Truppe und die Selbständigkeit der Eskadronchefs zu entwickeln. Mit dieser Forderung wird — in dem Sinne wie ich sie verstehe — ein erweiterter Rahmen für dieses Exerziren geschaffen. War es schon bisher unmöglich ein Regiment in den wenigen für das Regimentsexerziren durch die Felddienstordnung ausgeworfenen Tagen wirklich kriegsgemäß auszubilden, so tritt diese Unmöglichkeit für die Zukunft noch schärfer hervor. Es dürfte daher vielleicht zu erwägen sein, ob es nicht zweckmäßig wäre die begrenzte Zeitbestimmung für das Regimentsexerziren überhaupt aufzuheben und es den Kavallerieführern zu überlassen den lokalen Verhältnissen entsprechend die Ausbildungszeit zu bestimmen. Wo detachirte Eskadrons unter erheblichen Kosten heranzuziehen sind, würde natürlich die Genehmigung der höheren Truppeninstanzen bezw. des Kriegsministeriums erforderlich sein.

Einen ganz anderen Charakter wie das Regimentsexerziren trägt das Brigadeexerziren. Es bildet gewissermaßen den Uebergang und die Vorstufe für die Massenbewegung; hier sollen zuerst die Grundsätze der treffen und flügelweisen Verwendung gelehrt werden. Da man hier jedoch mit taktisch vollständig ausgebildeten Truppenkörpern zu rechnen hat, so bedarf es keiner so langen Ausbildungszeit wie für die Schwadron bezw. das Regiment.

Dagegen ist es natürlich durchaus erforderlich, daß die eigentliche Massenverwendung selbst, d. h. also das Exerziren in höheren aus mehreren Brigaden bestehenden Einheiten (Divisionen und Korps) um so gründlicher betrieben wird; denn mit diesen Einheiten und nicht mit Brigaden wird im Kriege gerechnet — und ihre Aufgaben sind so vielseitig und verlangen um glücklich gelöst zu werden so durchgebildete Führer, daß sich diese Uebungen nicht in wenigen nicht einmal jährlich wiederkehrenden Tagen erledigen lassen. Darüber kann meines Er achtens ein Zweifel gar nicht bestehen. Es muß daher die Forderung aufgestellt werden, daß — im Notfall unter Einschränkung des Brigade exerzirens — allen Brigaden jährlich Gelegenheit gegeben wird in größeren Verbänden zu üben.

Im Uebrigen könnte auch bezüglich der für das Brigadeexerziren vorgesehenen Zeit eventuell ein größerer Spielraum gewährt werden. Wo Platz- und Garnisonverhältnisse günstig liegen, könnte dem Brigadekommandeur unter Kontrolle der höheren Vorgesetzten die Zeiteintheilung überlassen bleiben.

Für die Uebungen größerer Massen, für welche unter allen Um=
ständen die Truppentheile aus größeren Entfernungen zusammengeführt
werden müssen, bedarf es dagegen stets einer durch allgemeine Vor=
schriften bestimmten Uebungsfrist. Andererseits aber ist hier die For=
derung aufzustellen, daß diese Verbände nicht immer in der gleichen
Stärke von Divisionen zu drei Brigaden formirt werden. Welche
Gefahr für die Ausbildung in der stets gleichen Zusammensetzung der
größeren Exerzireinheiten liegt, ist bereits erörtert worden. Die
kriegsgemäße Forderung geht dahin, daß der höhere Kavallerieführer
dem Bedürfniß des Ernstfalls entsprechend geübt werde Divisionen zu
zwei, drei und mehr Brigaden, kurz in beliebiger Zusammensetzung
oder auch ein aus mehreren Divisionen bestehendes Korps mit gleicher
Sicherheit zu führen, daß die Truppe aber lernt sich in beliebig
großen Verbänden mit gleicher Gewandtheit zu bewegen und die er=
lernten Gefechtsgrundsätze auch im erweiterten und wechselnden Rahmen
zum Ausdruck zu bringen.

Was nun die Art und Weise anbetrifft, in welcher während der
einzelnen Perioden die Uebungen geleitet werden sollen, so entsteht zu=
nächst die Frage ob das Schwadrons=, Regiments= und Brigadeexerziren
in zusammenhängenden geschlossenen Perioden abgehalten werden,
oder ob es mit der Ausbildung zum Felddienst Hand in Hand gehen
soll. Diese Frage scheint mir um so mehr eine prinzipielle Klärung
zu erfordern, als sie thatsächlich in den verschiedenen Armeekorps
unserer Armee in verschiedenem Sinne gelöst wird. Wo die Truppe
zu den genannten Uebungen die Garnison verläßt, um auf einem im
Gelände ausgesuchten Platz zu üben, und dem entsprechend kantonnirt,
da wird natürlich die Kostenfrage sehr erheblich mitsprechen. Durch
solche Ausnahmezustände kann aber die grundsätzliche Regelung der An
gelegenheit nicht berührt werden. In den weitaus meisten Fällen wird
in der Garnison oder auf Truppenübungsplätzen exerzirt, und auch auf
diesen letzteren dürften durch eine angemessene Ausdehnung der Exerzir
perioden die Kosten nicht allzusehr erhöht werden. Bietet also eine
Ausdehnung der Exerzirperioden durch zwischengeschobene Felddiensttage
wesentliche Vortheile, so würde man sich unbeschadet aller besonderen
Verhältnisse grundsätzlich für diesen letzteren Modus zu entscheiden
haben.

Ich möchte nun zunächst glauben, daß es nicht empfehlenswerth bezw. durch die Natur der Dinge begründet ist die Alternative für alle genannten Exerzirperioden in der gleichen Weise zu stellen.

Für das Schwadronsexerziren, das mit einer noch ganz unausgebildeten Truppe beginnt, liegen die Verhältnisse offenbar ganz anders als für die späteren Uebungen, bei denen es auf das Zusammenwirken taktisch in sich fertiger Einheiten ankommt.

Diesem Unterschied entsprechend muß man zunächst das Schwadronsexerziren besonders betrachten.

Im Beginn desselben sind die Anstrengungen verhältnißmäßig gering. Die Trab- und Galoppreprisen werden nur ganz allmählich gesteigert, und auch die Tempos werden im Anfang kürzer geritten als vorschriftsmäßig. Wenigstens möchte ich diese letztere Maßregel aus praktischer Erfahrung dringend empfehlen. Der Lehrer kann die Präzision aller Bewegungen, die Einwirkung der Reiter und das Verhalten der Pferde in kürzeren Gängen besser kontrolliren und korrigiren als in starken: Reiter und Pferde gewöhnen sich allmählicher und daher leichter an die Bewegungen in der geschlossenen Masse. Grade im Anfang des Exerzirens aber ist es von entscheidender Wichtigkeit für den ganzen Verlauf der Ausbildung die Harmonie zwischen Reiter und Pferd unter den neuen und ungewohnten Verhältnissen möglichst vollkommen sicherzustellen.

Wird dieser Gesichtspunkt festgehalten, so scheint es mir zweckmäßig in dieser Anfangsperiode täglich exerziren zu lassen. Denn einerseits steht eine allzu große Ermüdung der Pferde nicht zu befürchten, andererseits kommt es darauf an die Truppe möglichst bald zu einem einheitlichen festen Ganzen zusammenzuschweißen und ihr die wesentlichsten Grundsätze der taktischen Elementarbewegungen einzuprägen, um sie allererst gefechtsfähig zu machen.

Anders dagegen liegen die Verhältnisse in der späteren Periode des Schwadronsexerzirens. Jetzt gilt es die richtigen Tempos fest zulegen, die Truppe einzugaloppiren und unter gefechtsmäßigen Gesichtspunkten auszubilden. In dieser Periode halte ich es für empfehlenswerth einen oder mehrere Felddiensttage zwischen den einzelnen Exerzirtagen einzuschieben. Zunächst ist es an und für sich von hoher Wichtigkeit die praktische Felddienstausbildung so bald als möglich zu

fördern. Dann aber bedingen die genannten Uebungen große Anstrengungen für die Pferde. Die eingeschobenen Felddiensttage ermöglichen es das Pferdematerial vor Uebermüdung zu bewahren und
kleinere im Entstehen begriffene Schäden auszuheilen, ehe sie zu
bedeutenden Lahmheiten und Niederbrüchen führen. Auch beruhigen
sich viele durch das Exerziren heftig und nervös werdende Pferde,
wenn man sie immer wieder ruhig im Gelände gehen läßt, und schonen
sich daher wesentlich. Das aber muß jedenfalls als eine der wichtigsten
Aufgaben des Reiterführers bezeichnet werden das Pferdematerial wie
im Kriege durch rechtzeitiges Schonen leistungsfähig so auch im Frieden
auf den Beinen frisch zu erhalten, damit ein ausbrechender Feldzug uns
zu jeder Stunde auf gesunden, frischen und widerstandsfähigen Pferden
findet. Selbstverständlich darf solche Schonung nicht so weit gehen,
daß die kriegsgemäße Ausbildung unter derselben leidet. Exerzir und
Manövererfolge aber, wie sie so häufig vorkommen, die auf Kosten des
Materials erzielt werden, müssen als verwerflich bezeichnet werden.

Sprechen diese Gesichtspunkte für ein Einschieben von Felddienst
tagen in die Exerzirperiode, so dürfte endlich auch ein Ausbildungs-
resultat, das bei abwechselndem Exerziren und Felddienstüben erzielt
wurde, einen richtigeren Maßstab für die wirkliche Exerzirleistung der
Truppe im Kriege liefern als das Ergebniß täglichen Exerzirens. Bei
letzterem Modus ist es ja entschieden leichter Einheit, Geschlossenheit
und Präzision in die Bewegungen zu bringen. Im Kriege aber geht man
ins Gefecht, nachdem man vielleicht wochenlang keine Exerzirbewegungen
gemacht hat. Die Friedensausbildung muß diesen Umstand in Rechnung
stellen und die Truppe daran gewöhnen auch ohne tägliche Uebung
geschlossen und sicher die gefechtsmäßigen Bewegungen auszuführen.

In höherem Grade wie für die zweite Periode des Schwadronsexerzirens gelten diese Grundsätze natürlich für die Uebungen im Regiment und in der Brigade. Da diese stets wachsende Anstrengungen
bedingen, so tritt die Nothwendigkeit dem Pferdematerial die nöthige
Zeit zur Erholung zu gewähren in entsprechend wachsendem Maße in
den Vordergrund. Auch sollen gerade diese Uebungen viel weniger ein
einmaliges Erlernen einer gewissen Exerzirgewandtheit darstellen, als
vielmehr ein immer vollständigeres Hineinwachsen der Truppe in die
Grundsätze der Gefechtstaktik erzielen. Das wird man nur dann er-

reichen, wenn man sie möglichst während der ganzen Sommerperiode fortsetzt, so daß sie in den großen Kavallerieübungen im Divisions oder Korpsverbande bezw. im Manöver auch zeitlich ihren natur gemäßen Abschluß finden. Im Manöver ist es selbstverständlich aus geschlossen der Pferdeschonung zu Liebe die festgesetzten Uebungszeiten zu verlängern. Um so dringender erscheint der Wunsch bei den großen Exerzirübungen, die die größten Anstrengungen bringen, außer den Rube= tagen noch einige Felddiensttage einzuschieben. Wir werden im Laufe unserer Erwägungen noch erkennen können, daß damit nicht nur dem Pferde material sondern auch wichtigen Ausbildungszwecken gedient werden könnte.

Wende ich mich nun zu den Uebungen selbst, so ist im Allgemeinen vorauszuschicken, daß bei denselben eine angemessene allmähliche Steigerung der Anstrengungen eingehalten werden muß, und der Galopp nur soweit in Anwendung kommen darf, als es auch unter kriegsgemäßen Verhältnissen möglich wäre. Es ist ferner zu betonen, daß natürlich Alles geübt und durchgemacht werden muß, was das Reglement vorschreibt.

Nichtsdestoweniger macht es einen sehr wesentlichen Unterschied, in welchem Geiste das Reglement aufgefaßt wird.

Davon wird es abhängen, auf welche Dinge bei der Ausbildung das Hauptgewicht gelegt, welcher Charakter überhaupt den Uebungen gegeben wird.

Beim Exerziren der Eskadrons kommt das allerdings weniger zur Sprache. Hier kann und soll dem ganzen Wesen der Waffe nach nichts Anderes geübt werden als formales Exerziren. Hier soll der Grund gelegt werden für strammen nie versagenden Drill, für den unbedingten Zusammenhalt der Schwadron in sich, für das sichere Eingeben der Truppe auf die Absichten des Führers, sei es, daß dieser sich des Kom= mandos, des Winks, des Zurufs oder des bloßen Direktionsreitens bedient. Hier sollen ferner die Tempos der Truppe zur mechanischen Gewohnheit gemacht und die verschiedenen Formen der Bewegung und der Attacke geübt werden, so daß in allen diesen Richtungen wie im raschen Ralliiren und unrangirten Exerziren unbedingte Sicherheit erreicht wird. Es kann sich dabei also höchstens um individuell ver= schiedene Ausbildungsmethoden handeln, die sich nach Eigenart und Können des Führers richten und alle gut sind, wenn sie zum gleichen Ziele führen. Unterschiede von wesentlicher Bedeutung kann es hier eigentlich nur bei Einübung der Attacke geben, für welche das Reglement die leitenden Gesichtspunkte vielleicht noch klarer zum Ausdruck bringen könnte, als es der Fall ist.

Beim Angriff gegen Kavallerie kommt es vor Allem auf Geschlossenheit an. Es muß den einzelnen Pferden unmöglich sein nach rechts oder links auszuweichen. Seitenrichtung und klares Festhalten von zwei Gliedern stehen erst in zweiter Linie. Gegen Infanterie und Artillerie dagegen kommt es darauf an, daß die Pferde bequem jedes nach seiner Weise galoppiren können, so daß kein Gedränge, kein Hin- und Herwerfen der einzelnen Thiere entsteht, und diese die Möglichkeit haben stürzenden Pferden und Leuten einigermaßen auszuweichen oder dieselben mit einiger Sicherheit zu überspringen. Wenn demnach auch auf dem ebenen Exerzirplatz den Anforderungen des Reglements bezüglich Richtung und Innehaltung der Glieder Rechnung getragen werden muß, so soll man sich doch andererseits darüber klar sein, daß diesen Anforderungen nicht in jedem Gelände genügt werden kann, und daß es in solchen Fällen darauf ankommt das Wesentliche im Auge zu behalten. In beiden Fällen dürfte es dann kaum vortheilhaft sein auf normale Fühlung und Seitenrichtung besonderen Werth zu legen. Gegen Kavallerie muß vielmehr die Eskadron von den Flügeln her zusammengepreßt werden. Den Leuten muß schon in der Ausbildung der Glaube, daß nur festeste Geschlossenheit den Sieg und die persönliche Sicherheit verbürgt, zur zweiten Natur werden. Gegen Infanterie dagegen muß sich die Fühlung lockern, jedes Pferd muß seinen natürlichen Sprung gehen — wie auf der Jagd — und nur hinten darf sich möglichst Niemand herausdrängen lassen oder zurückbleiben, so lange die Pferdekräfte irgend ausreichen. Also: festes Zusammenballen und rasende Karriere (§ 319 des E. Rgls.) im einen, natürliches losgelassenes Galoppiren im andern Fall stellen die Pointe bei der Attacke dar. Festhalten der Seitenrichtung und der Glieder wird dagegen zum Fehler, wenn die wichtigeren Gesichtspunkte darunter leiden. Das sollten meines Erachtens auch die Vorgesetzten in erster Linie zum Maßstab ihrer Beurtheilung machen.

Abgesehen hiervon aber ist der Rahmen für die Eskadronsausbildung derart gezogen, daß verschiedene Auffassungen ausgeschlossen erscheinen.

Anders liegt jedoch die Sache schon im Regiment und noch mehr bei den höheren Kommandoeinheiten. Hier kommt es nicht nur darauf an den inneren Halt der Truppe durch Festigung der Exerzirdisziplin zu stärken bezw. die Bewegungs- und Gefechtsformen zu erlernen, obgleich auch diesen Gesichtspunkten natürlich genügend Rechnung getragen werden muß; hier liegt das Hauptgewicht vielmehr auf der Forderung die Verwendungsart der reglementarischen Formen im Gefecht zu lehren.

Ein Regiment, das das Exerzir-Reglement glatt und präzise durch exerziren kann, ist noch lange nicht gefechtsmäßig ausgebildet sondern hat lediglich die elementare Grundlage gelegt, auf der sich nunmehr die gefechtsmäßige Ausbildung aufbauen muß. Dasselbe gilt von einer Brigade, die alle Uebergänge, Entwickelungen und Attackenformen, bezw. von einer Division, die ihre verschiedenen Bewegungsformen, Treffen wechsel, Entwickelungen und Angriffe, einschließlich derer gegen markirten Feind, bezw. das formale Zusammenwirken der Treffen geübt hat und hierin sicher ist. Alle diese Dinge sind an sich nothwendig und nützlich, aber sie stellen an Führer und Truppe doch immerhin nur recht subalterne und elementare Anforderungen: genaue Kennt niß der Bestimmungen und eine gewisse Routine in deren formaler Anwendung.

Damit ist aber den Anforderungen des Krieges in keiner Weise genügt. Vom kriegsgemäßen Standpunkt müssen vielmehr ganz andere Forderungen gestellt werden.

Zunächst muß schon bei der formalen Ausbildung das Hauptgewicht auf diejenigen Formen gelegt werden, die auf dem Gefechtsfeld wirklich anwendbar sind. Dann muß die Truppe geübt werden, diese Formen nicht nur auf dem Exerzirplatz sondern auch im wechselnden Gelände vollkommen zu beherrschen. — Ferner müssen taktisches Urtheil und Selbständigkeit aller Führer entwickelt werden. Diese müssen zu nächst lernen grundsätzlich richtig zu handeln, dann aber auch die erlernten Grundsätze selbständig überall anzuwenden, wo die Lage rasches Handeln fordert, die Vortheile des Geländes für ihre taktischen Zwecke auszunutzen und die wenigen taktischen Formen, die vor dem Feinde überhaupt verwendbar sind, dem wechselnden Gelände praktisch anzupassen. Endlich muß den Führern Gelegenheit

gegeben werden im Rahmen größerer Massen sich im operativen Zusammen=
wirken getrennter Abtheilungen zu einheitlichem Gefechtszweck zu üben.

Solchen Anforderungen gegenüber nun will es mir scheinen, als
ob die taktische Ausbildung unserer Kavallerie vielfach noch zu sehr
im Elementaren stecken bleibt und das Kriegsgemäße nicht un=
mittelbar genug anstrebt.

Die Schuld daran liegt keineswegs allein bei der Truppe sondern
ist auf die verschiedensten Ursachen zurückzuführen. Zunächst macht sich
die passive Widerstandskraft, das Trägheitsmoment des Hergebrachten
und Traditionellen dabei geltend, und es ist von der Truppe nicht zu
verlangen, daß sie selbständig die gewohnten Bahnen verläßt. Dazu
kommt, daß bei den Besichtigungen der hergebrachte Schematismus meistens
beibehalten wird, neue bahnbrechende Gesichtspunkte in systematischer Weise
bei denselben bisher nicht zur Geltung gebracht wurden. — Eine fernere
Ursache dieses Zustandes ist im Reglement zu suchen. Dieses giebt
keine festen Anhaltspunkte für die Beurtheilung der Frage, welche Formen
und Bewegungen denn eigentlich die wirklich kriegsgemäßen sind und
giebt auch die Grundsätze für das Gefecht, wohl in dem Bestreben die
individuelle Führerfreiheit so wenig als möglich zu beschränken, nicht
in einer Weise, die eine verschiedenartige Beurtheilung der Grund=
prinzipien ausschlösse. — Endlich bieten für die Ausbildung im Gelände
die Garnisonverhältnisse oft unüberwindliche Hindernisse.

Diesen Verhältnissen gegenüber müssen wir entschlossen neue
Bahnen betreten, wenn wir nicht hinter der Zeit zurückbleiben
wollen.

Dazu aber müssen wir uns zunächst darüber klar werden, welche
der reglementarischen Formen die gefechtsmäßigen sind und daher bei
der Ausbildung besondere Berücksichtigung verlangen. Dann müssen
wir die formalen Grundsätze der Gefechtsführung so scharf und be=
stimmt zu formuliren suchen, daß sie sich leicht und sicher dem Ge=
dächtniß einprägen, und die Art und Weise ermitteln, in welcher sie der
Truppe am besten geläufig zu machen sind. Endlich müssen wir darüber
ganz bestimmte Anschauungen gewinnen, was im Gelände zu üben ist,
und nach welchen Gesichtspunkten diese letzteren Uebungen vorzunehmen
sind, um sie dem kriegerischen Zweck in seiner modernen Gestalt mög=
lichst unmittelbar dienstbar zu machen.

Um zunächst über den ersten Punkt Klarheit zu gewinnen, wird es am zweckmäßigsten sein sich den Gefechtsverlauf in allgemeinen Zügen zu vergegenwärtigen und aus ihm die kriegsgemäßen Bewegungsformen abzuleiten.

Betrachtet man zunächst den Kampf der Kavallerie im Verein mit den anderen Waffen, so wird zu Beginn des Gefechts die Reiterei in Versammlungsformation verdeckt außerhalb der unmittelbaren Gefechtssphäre entweder auf dem Flügel oder hinter der Gefechtslinie halten. Tritt der Moment zum Eingreifen ein, so geht sie je nach der Entfernung und den Geländeverhältnissen in verkürzter Marsch- oder sonst einer gedrängten Formation, die rasche Entwickelung gestattet, in der Richtung des Angriffsobjekts beschleunigt vor. Häufig werden bei diesen Bewegungen Geländeschwierigkeiten bezw. Defileen von verschiedener Breite zu überwinden sein. Gelangt man in die Nähe des Attackenfeldes, so nimmt man die Gefechtsfront an, entwickelt sich und greift an. Hierbei kann man vielfach in die Lage kommen die eigene Flanke durch Staffelung sichern zu müssen oder die feindliche durch entsprechende Bewegungen zu umfassen.

Handelt es sich um das Gefecht allein operirender Kavallerie, so wird häufig auch ein unmittelbarer Uebergang aus der Marschkolonne zur Gefechtsformation nötbig werden. Es wird ferner darauf ankommen ein günstiges Zusammenwirken von Avantgarde und Gros bezw. getrennter Kolonnen herbeizuführen, die aus verschiedenen Richtungen auf dem Gefechtsfelde eintreffen.

Es ist von vornherein klar, daß für diese wenigen auf dem Schlachtfelde wirklich erforderlichen taktischen Bewegungen auch wenige und einfache Formationen und Bewegungsgrundsätze genügen werden, und daß unter den erregenden Einflüssen eines Schlachttages auch nur solche anwendbar sind.*) Hieraus erhellt, daß alle komplizirten Bewegungen und Uebergänge, Deploiements, längere Bewegungen in Halb-

---

*) Anm. In wie hohem Grade das der Fall ist, mag folgendes Beispiel bezeichnen. Während des großen Reiterkampfes bei Mars la Tour ging eine ausgezeichnet geführte Schwadron in Zugkolonne im Galopp dem Gegner in die Flanke. In der Höhe des Feindes angekommen sollte eingeschwenkt werden. Die Leute waren aber so erregt und hingenommen, daß sie auf Kommando und Zuruf nicht reagirten, und es nur mit der größten Anstrengung dem Eskadronchef gelang die Züge zum Einschwenken zu bringen.

kolonne, Treffenwechsel, Formation der dreifachen Zugkolonne und ähnliche reglementarische Bewegungen zu derjenigen Kategorie von Evolutionen gehören, die mehr einem disziplinären Zweck zu dienen bestimmt sind. Dagegen werden als kriegsgemäß besonders zu üben sein: längere Bewegungen auch in rascherer Gangart in gedrängter Manövrirformation, also in Doppel= bezw. Regimentskolonnen, Direktionsveränderungen dieser Kolonnen durch Tetendrehen, Durchziehen durch Defileen, Entwickelung zur Gefechtsformation eventuell mit gleichzeitiger geringer Direktionsveränderung zur Annahme der Attackenfront; ferner Maß= regeln zur Sicherung der eigenen Flanke oder zur Bedrohung der feind= lichen, Entwickelung zur Gefechtsformation unmittelbar aus Defileen oder aus der Marschformation, Zusammenwirken getrennter Abtheilungen, endlich die Attacke selbst unter den verschiedensten Annahmen, der Uebergang aus dem Handgemenge zur Verfolgung und das Sammeln, eventuell um gegen einen neu erscheinenden Gegner den Angriff in neuer Richtung und entsprechender Formation fortzusetzen. Auch müssen natürlich rasche Entwickelungen aus jeder beliebigen Formation gegen überraschend erscheinenden Gegner vielfach geübt werden, denn Ueberraschungen sind im Kriege immer möglich. Zu vermeiden sind dagegen als meistens ganz unkriegsgemäß alle zeitraubenden Bewegungen zur Herstellung der Attackenform sowie längere Manövrir= Bewegungen und größere Direktionsveränderungen in entwickelter Gefechtsformation.

Bei allen diesen Uebungen wird im Allgemeinen und grundsätzlich eine Gruppirung der Kräfte anzustreben sein, die eine flügelweise Verwendung der Kommandoeinheiten gewährleistet, da, wie ich nachzuweisen versuchte, gerade diese Verwendungsart den Anforderungen des Gefechts am besten entspricht und den Bedürfnissen der Führung am meisten entgegenkommt.

So sei beispielsweise darauf hingewiesen, daß unter Umständen die Regimentskolonnen als praktische Gefechtsformation Verwendung finden können. Soll gegen Infanterie oder Artillerie eine vielfache Tiefengliederung erzielt werden, so ergiebt sich dieselbe ganz von selbst für den Frontalangriff, wenn man mit einer Anzahl nach der Flanke abgeschwenkter Regimentskolonnen nebeneinander anreitet — für den Flankenangriff, wenn man die Flankenbewegung mit einer Anzahl

nach der Front formirter hintereinander reitender Regimentskolonnen
ausführt und dann einschwenkt. In beiden Fällen braucht man, in
letzterem nach dem Einschwenken, nur die nebeneinander befindlichen
Estadrons mit Treffenabstand gleichzeitig anreiten zu lassen. Eine derartige Formation kann ihren Flankenschutz durch geschlossene Kommandoeinheiten in leichtester Weise bewirken oder durch Vorziehen der rückwärtigen Estadrons auf beiden Flügeln ihre Front verlängern. Jedenfalls
wird sie der dreifachen Zugkolonne vorzuziehen sein, die jede Einwirkung der Führer unmöglich macht und bei der Attacke alle Verbände
durcheinander mischt.

Doch wird natürlich auch die treffenweise Verwendung bei den
Uebungen berücksichtigt werden müssen, da sie durch besondere Gefechts-
verhältnisse bedingt werden kann.

Analog dem Streben für die größeren Gefechtskörper von der
Brigade einschließlich aufwärts die flügelweise Gruppirung der Kräfte
herbeizuführen wird man innerhalb des Regiments, das die eigentliche
Gefechtseinheit der Kavallerie darstellt, als Manövrirformationen diejenigen bevorzugen müssen, welche es am besten gestatten die Truppe
in sich nach der Tiefe zu gliedern und gleichzeitig eine sichere und
bequeme Handhabung ermöglichen.

Daß die Estadronskolonnen nach der Front diesen Anforderungen
nicht zum besten entsprechen, wird kaum geleugnet werden können. Sie sind
wenig handlich, erschweren sehr wesentlich jede Direktionsveränderung,
verlieren leicht Richtung und Abstände und bedingen komplizirte Bewegungen, um zur Tiefengliederung überzugehen. Besonders bei der Vereinigung größerer Massen treten diese Nachtheile schlagend hervor.
Schon in der Brigade machen sie sich sehr erschwerend geltend. Sie
sind eben eine Formation, die eine treffenweise Verwendung der
Kommandoeinheiten ausschließlich im Auge hat, und die schon deshalb
nur einseitigen Anforderungen entspricht. Es liegt jedoch gar kein
zwingender Grund vor sie als Hauptmanövrirformation der Kavallerie
beizubehalten und gewissermaßen als außerhalb der Diskussion stehend
zu betrachten. Mir will z. B. scheinen, als ob eine Formation, die
je zwei Schwadronszugkolonnen in eine Einheit zusammenfaßte, entschieden vortheilhafter wäre. Der Kommandeur hat dann nur zwei
Einheiten zu dirigiren, die ihr gegenseitiges Verhältniß leichter aufrecht

erhalten werden als vier, die Direktionsveränderungen mit großer Leichtigkeit ausführen, die Linie ebenso rasch entwickeln können wie die Eskadronskolonnen und einen viel leichteren Uebergang zur Tiefengliederung, bezw. zur Treffenbildung gestatten wie jene.

```
  ——  ——       ——  ——       ——  ——
  ==  :=       ==           ==  ==
  ==  ==       ==  ==       ==  ==
  ==  ==       ==  ==       ==  ==
```

Das Reglement allerdings sieht diese Formation nicht ausdrücklich vor.*) Unter den von demselben vorgeschlagenen Formen bietet dagegen die Doppelkolonne im Regiment ähnliche und für gewisse Verhältnisse sogar noch größere Vorzüge. Sie gestattet in einfachster Weise Treffenentwickelung nach Front und Flanke, Staffelung nach jeder beliebigen Richtung; sie ist sehr beweglich, gut im Gelände zu verbergen und verbindet die Vortheile einer verkürzten Marsch= und einer Manövrirformation. Als letztere dürfte sie besonders in großen Verbänden im unübersichtlichen Gelände mit großem Nutzen zu verwenden sein, da sie die Truppe geschlossen und einheitlich in der Hand des Regimentskommandeurs läßt und doch rascheste Entwickelung in gefechtsmäßiger Tiefengliederung nach Front und Flanke gestattet. Die gleichen Vortheile dürfte sie auch in der Brigade bei flügelweiser Verwendung der Regimenter bewähren. Besonders angezeigt wird sie bei Flankenbewegungen sein, bei denen es darauf ankommt während der Bewegung rasch eine möglichst starke Gefechtskraft in der Richtung der Bewegung entwickeln zu können und nach dem Einschwenken sowohl nach der Tiefe gegliedert zu sein als auch den äußeren Flügel geschützt zu sehen.

Es würde an dieser Stelle zu weit führen die Vor- und Nachtheile dieser und ähnlicher Formationen eingehend gegeneinander abzuwägen. Ich habe nur darauf hinweisen wollen, in welcher Richtung eine kriegsgemäße Weiterentwickelung auch auf dem Gebiete der formalen Taktik wohl zu erzielen ist selbst ohne die Grenzen zu überschreiten, die durch das Reglement gesteckt sind. Hervorheben möchte ich schließlich nur noch einen Punkt, der mir von besonderer Wichtigkeit scheint.

*) Aus der Doppelkolonne könnte man durch Tetenruf die vorerwähnte Formation nach der Flanke, durch Vorziehen aus der Tiefe auf Befehl auch nach der Front bilden. Das Reglement also steht nicht hindernd im Wege.

Je mehr die flügelweise Verwendung Platz greift, desto mehr treten auch die Vortheile der für gewisse Kommandoeinheiten bestimmten Signale vor Allem der Regimentsrufe zu Tage, da bei dieser Verwendungsart die Regimenter zc. in sich geschlossen bleiben, nicht mit anderen Truppentheilen vermischt und daher auch einheitlich als taktische Körper verwendet und dirigirt werden können, was bei der treffenweisen Anordnung weit weniger der Fall ist. Es sind diese Signale die einzigen, die niemals zu Mißverständnissen Veranlassung geben können, wenn sie nicht bloß als Avertissementssignale sondern als Ruf verwendet werden, auf den hin sich die Truppe in Linie oder besser noch in Gefechtskolonne nach der Richtung hin sammelt oder entwickelt, aus der das Signal gehört wurde. Mit solchem Signal wäre demnach dem Kommandeur die Möglichkeit gegeben seine Truppe in jeder beliebigen Richtung und aus jeder beliebigen Formation oder Auflösung ohne viele Kommandos oder Befehle hinter sich fortzureißen. In diesem Sinne könnten diese Signale, besonders aber — wie gesagt — die Regimentsrufe, die Hauptexerzir- und Gefechtssignale der Kavallerie werden. Es könnte damit meines Erachtens eine wesentliche Erleichterung des kriegsgemäßen Exerzirens geschaffen werden, und würden sie ihre Wirkung um so weniger verfehlen, je öfter sie angewendet würden und jedem Reiter gewissermaßen in Fleisch und Blut übergegangen wären. Das Reglement gestattet ihre Anwendung in diesem Sinne allerdings nicht, sondern läßt sie nur als Avertissementssignale zu (§ 115 Anm.). Auch unter diesen beschränkenden Bedingungen empfiehlt sich ihre häufige Anwendung beim Exerziren, da sie immerhin ein Mittel bilden um Mißverständnissen in der Ausführung anderer Signale einigermaßen vorzubeugen.

Sind hiermit die Gesichtspunkte für die Wahl der wichtigsten Bewegungs- und Gefechtsformen gegeben, so muß in zweiter Linie, wie wir sahen, über die taktischen Grundsätze der Gefechtsführung Klarheit geschafft werden. Es giebt deren nicht übermäßig viele. Dafür ist ihre völlige Beherrschung für jeden Reiterführer eine absolute Nothwendigkeit. Keine auch noch so genaue Kenntniß aller formalen Bestimmungen des Reglements kann einen Mangel in dieser Richtung ausgleichen. Sie sind im Reglement allerdings nicht ausdrücklich als Gefechtsnormen zusammengestellt, lassen sich aber alle mehr oder weniger bestimmt aus den Paragraphen des Reglements entwickeln.

Ich will versuchen die wichtigsten derselben zusammenzustellen.

Für das Gefecht gegen Kavallerie:

1. Die deutsche Kavallerie muß stets bestrebt sein zuerst zu attackiren, um das moralische Uebergewicht zur Geltung zu bringen und den Gegner in der Entwickelung zu fassen. Bietet sich hierzu die Möglichkeit, so darf man auch vor langem Attackengalopp nicht zurückscheuen (§ 339).

2. Der vordersten Linie müssen stets Unterstützungs-Eskadrons in ausreichender Zahl folgen (§ 343 u. Anm. bezw. § 346).

3. Man muß stets bestrebt sein die letzte Reserve in der Hand zu behalten, weil im Handgemenge zumeist die zuletzt eingesetzte geschlossene Truppe entscheidet. Niemals darf man daher, solange man beim Gegner noch Reserven vermuthen muß, mehr Eskadrons gleichzeitig einsetzen als der Gegner, um Reserven zu sparen.

4. Der Erfolg darf nicht durch Ueberlegenheit der Zahl, sondern muß durch die größere Wucht des Chocs erstrebt werden (§ 313). Es muß daher auf Geschlossenheit das größte Gewicht gelegt werden, und es darf, wo es nicht gilt den Gegner in der Entwicklung zu fassen, nicht zu früh in den Galopp übergegangen werden und nicht zu spät in die Karriere (§ 339).

5. Ueberflügelnde oder in hinteren Treffen befindliche Abtheilungen wenden sich gegen feindliche Reserven oder bleiben selbst in Reserve. Niemals werfen sie sich ohne zwingenden Grund in ein bereits engagirtes Handgemenge (§ 313).

6. Man muß immer darauf bedacht sein mindestens einen Flügel im Gelände oder an eigene Truppen anzulehnen.

7. Reserven, die nicht als Unterstützungs-Eskadrons den Angriffstruppen folgen, staffeln sich im Allgemeinen je nach der Gefechtslage vorwärts oder rückwärts des äußeren (nicht angelehnten) Flügels, um die eigene Flanke zu sichern, diejenige des Feindes zu bedrohen und zum Kampf gegen dessen Reserven bereit zu sein (§§ 323, 343, 345).

8. Umfassenden Bewegungen des Gegners begegnet man am besten durch Seitwärtsziehen auf der Grundlinie ohne die eigene

Front zu verändern (vergl. § 338). Defensive Flankendeckung mit
Front nach außen ergiebt dagegen die denkbar ungünstigste Attacken
richtung, da man im Fall des Mißlingens auf die Rückzugslinie des
eigenen Haupttreffens geworfen wird.

9. Zu offensiven Flankenangriffen werden, wenn möglich, die
vorderen Abtheilungen angesetzt, weil sie den kürzeren Weg haben.
Solche Angriffe versprechen nur dann Erfolg, wenn sie vom Feinde
nicht rechtzeitig wahrgenommen d. h. im Gelände verdeckt ausgeführt
werden können, oder wenn dem Gegner Zeit und Raum zu Gegen
maßregeln fehlen. Zweck der Flankenangriffe ist die rückwärtigen
Reserven des Gegners auf sich zu lenken und womöglich überraschend
anzufallen.

10. In ein Handgemenge, das nachtheilig zu enden droht, werden
Reserven in möglichst breiter Front und zwar nicht aus der
Flanke sondern frontal hineingeworfen. Je breiter die Gefechts-
front ist, desto weniger kommen Angriffe auf deren Flanke zur
Geltung. Sie gestalten sich leicht zu Luftstößen und damit zur Ver
gendung der Kräfte.

11. Aus jedem siegreichen Handgemenge muß man versuchen
sebald als möglich wieder geschlossene Abtheilungen zu sammeln (§ 326).
Zur unmittelbaren Verfolgung werden nur Theile der verfügbaren
Truppen eingesetzt (§ 325).

Für das Gefecht gegen Infanterie und Artillerie:

1. Der Angriff ist möglichst umfassend aus verschiedenen Richtungen zu führen um das Feuer des Gegners zu theilen.

2. Der Angriff ist womöglich so überraschend auszuführen, daß
der Gegner nicht zum Feuern kommt, gegen Artillerie wenn möglich
aus der Flanke.

3. Wo eine weite Feuerzone zu durchschreiten ist, bedarf der Angriff
auch gegen Artillerie meistens der Tiefengliederung und zwar um so
mehr, je weniger der Gegner erschüttert ist (§ 350). Frontal an-
gegriffene Artillerie muß durch die vorderen Linien gezwungen werden,
Aufsatz und Feuerart zu ändern.

4. Es kommt jedoch für den Erfolg weniger auf die Form des
Angriffs an als auf die rasche Ausnutzung momentan günstiger
Gefechtslagen.

5. Nur breite geschlossene Linien versprechen Erfolg. Wo die Estadrons sich einzeln ihre Attackenobjekte suchen sollen, stoßen sie meist an denselben vorbei.

6. Der frontal geführte Angriff bedarf meistens auf beiden Flügeln der Reserven, um gegen degagirende feindliche Kavallerie gesichert zu sein.

7. Man muß - auch wenn man Verluste erleidet — so nahe an der vorderen Gefechtslinie bleiben, daß man rechtzeitig einzugreifen vermag.

8. Aufmärsche, Direktions- und Frontveränderungen sind nur außerhalb der Hauptfeuerzone des Gegners möglich.

9. Der Treffenabstand richtet sich nach der Art des feindlichen Feuers.

Diese Grundsätze den Truppen geläufig zu machen, muß man vom Regimentsexerziren an unausgesetzt bestrebt sein. Zugleich müssen die Unterführer lernen dieselben selbständig anzuwenden, wenn ein entsprechender Gefechtsbefehl sie nicht erreicht, oder sie gezwungen sind nach nur kurzen Andeutungen des Oberführers zu handeln (§§ 330, 333, 348), und zwar wird das selbständige Handeln der Unterführer um so mehr geübt werden müssen, je größer die Verbände sind, um die es sich handelt (§ 317).

Um dieses Ziel zu erreichen wird man, nachdem der formale Exerzirmechanismus genügend eingeübt ist, eine Reihe von Uebungen anzuschließen haben, die einerseits das Grundsätzliche in der Führung klar erkennen lassen, andererseits die Urtheilsfähigkeit und Selbständigkeit der Unterführer zu entwickeln geeignet sind. Die Grundlage solcher Uebungen muß demnach stets eine präzise Gefechtsannahme bilden. Es muß aus derselben klar hervorgehen, ob die Kavallerie selbständig ist oder ob sie sich auf dem Flügel beziehungsweise hinter der Mitte einer Gefechtslinie befindet: es müssen sich ferner die entsprechenden Verhältnisse beim Gegner aus derselben erkennen lassen. Auf solcher Grundlage müssen dann unter stets wechselnden Annahmen der Stärke und der Entfernung des Feindes die Formation zum Gefecht, der Uebergang aus einer Gefechtsformation in die andere, Flankenangriff und Flankendeckung, die Entwickelungen aus der Tiefe beziehungsweise aus Defileen geübt werden. Hat man hierdurch eine gewisse Sicherheit in der Anwen

dung der Grundsätze erzielt, dann müssen dieselben Uebungen unter
erschwerenden Verhältnissen durchgemacht werden. Man wird die Be=
fehle zur Entwickelung geben, während sich Führer und Truppe in
rascher Gangart befinden; Beobachten, Denken und Befehlen im Galopp
will gelernt sein; man wird die verschiedensten Bewegungen ohne Kom=
mando und Signal auf kurze durch Adjutanten überbrachte Befehle
ausführen lassen; man wird die Truppe gegen einen plötzlich er=
scheinenden Gegner (Flaggen) auf bloße Avertissements wie „gegen
Kavallerie", „gegen Infanterie", oder auf das bloße Rufsignal hin
die für den gegebenen Fall grundsätzlich richtige Formation ein=
zunehmen üben. Hierbei bleibt es den einzelnen Unterführern
überlassen selbständig die Situation zu beurtheilen und auf dem
kürzesten Wege den entsprechenden Platz in der nothwendig
werdenden Gesammtformation einzunehmen. Als Grundsatz gilt
dabei natürlich, daß die dem Gegner zunächst befindlichen Theile
die erste Gefechtslinie bilden, die weiter entfernten sich ihrem augen
blicklichen Platz entsprechend als Flankenschutz, Unterstützungstruppe
oder Reserve angliedern.

Gelingt es auf diese Weise bei den Unterführern völlige Klarheit
über die Grundsätze des Gefechts zu erzielen und sie zugleich findig,
gewandt in der Beurtheilung der Gesammtlage und rasch im Entschluß
zu machen, dann hat die Ausbildung ihre Aufgabe erfüllt die Truppe
für die Uebungen im Gelände vorzubereiten. Nicht genug kann hierbei
die Nothwendigkeit hervorgehoben werden, das bloße formale be=
ziehungsweise parademäßige Exerziren grundsätzlich vom kriegsgemäßen
Einüben der Gefechtsgrundsätze zu trennen und bei der Ausbildung
nicht in ersterem stecken zu bleiben. Dasselbe behält — wie schon im
ersten Abschnitt betont — seinen vollen Werth zur Erzielung von
Gefechtsdisziplin und Anspannung, führt aber nur zu leicht zu einem
mit dem Verhalten vor dem Feinde unvereinbaren Formalismus und
zum gedankenarmen Schematismus, zu welchem die menschliche Natur
nun einmal hinneigt.

An die formale und normative Ausbildung, die ich bisher allein
ins Auge faßte, hat sich nun eine Reihe von Uebungen anzuschließen,
welche die Verwendung der erlernten Formen und Grundsätze im
wechselnden Gelände lehren sollen. Ehe wir uns jedoch der Betrachtung

derselben zuwenden können, müssen wir zunächst die Frage beantworten, wie weit überhaupt der Exerzirplatz für die Zwecke der Ausbildung genügt. Im Allgemeinen wird man sich an den Schlichting'schen Grundsatz halten können, daß Formen und Grundsätze auf dem Exerzirplatz, Anwendung des Erlernten im Gefecht aber nur im Gelände geübt werden soll. Gefechtsübungen auf dem Exerzirplatz, die nicht den Zweck verfolgen gewisse Gefechtsgrundsätze formal zum Ausdruck zu bringen, sind immer vom Uebel und verbilden die Truppe. Dagegen eignen sich die Grundsätze der Gefechtsverwendung gerade bei der Kavallerie ganz besonders zur formalen Darstellung auf dem Exerzirplatz, weil sie selbst vielfach rein formaler Natur sind.

Hält man an diesen bewährten Grundsätzen fest, so braucht, um die Leistungsfähigkeit des Exerzirplatzes zu begrenzen, nur noch die Frage beantwortet zu werden, innerhalb welcher taktischen Verbände formales und normatives Exerziren überhaupt noch lehrreich und möglich ist. Ich möchte glauben, daß dasselbe in der Brigade seinen Abschluß finden muß, weil in ihr alle Grundsätze der Kavallerieverwendung dargestellt werden können, und sie andererseits diejenige größte taktische Einheit ist, die noch einigermaßen exerzirmäßig geführt werden kann. In der Division dagegen und bei allen größeren Formationen waltet das operative Element derart vor, daß von einem eigentlichen Exerziren überhaupt nicht mehr die Rede sein kann, und daß alle Bewegungen, die in ihr ausgeführt werden können, eine volle Beherrschung des Grundsätzlichen in der Kavallerietaktik schon voraussetzen.

Es soll damit natürlich nicht gesagt sein, daß man nicht auch im größten Verbande das formale Zusammenwirken der Massen anfangs üben dürfe, um eine sichere Grundlage für die angewandten Uebungen zu gewinnen. Doch wird man sich mit dieser formalen Arbeit nicht länger aufhalten dürfen als unbedingt nöthig, da das Hauptgewicht auf den kriegsmäßigen Uebungen liegt. Auch darf darüber nirgends ein Zweifel gelassen werden, welche Uebungen als rein formale und welche als kriegsgemäße gedacht sind.

Ebenso wenig soll behauptet werden, daß das Regiments und Brigadeexerziren ganz auf den Exerzirplatz verwiesen werden dürfte.

Im Gegentheil, die Uebungen im Gelände sind für die kriegsgemäße Ausbildung durchaus erforderlich und bilden den Prüfstein
für alles vorher Erlernte. Dagegen erscheint es allerdings nicht
nur zulässig sondern wünschenswerth, daß ein Theil dieser Uebungsperioden auf den Exerzirplatz verlegt wird, um dort den formalen
und normativen Theil der Uebungen zu erledigen. Um so energischer
muß dann aber darauf hingewiesen werden, daß der andere Theil
in wirklich kriegsgemäßem möglichst wechselndem Gelände statt-
findet, und daß alle Uebungen größerer Verbände unbedingt unter
kriegsgemäßen Terrainverhältnissen vorgenommen werden, denn sie
sind nicht nur die weitaus wichtigsten für die höhere Gefechtsausbildung der Waffe, sondern lassen sich auf dem Exerzirplatz
überhaupt nicht ausführen. Sie kommen ihrem ganzen Wesen nach
gar nicht zum Ausdruck, wenn sie auf den ebenen Platz verwiesen
werden.

Daß die Garnison und Kulturverhältnisse der Durchführung gerade
dieser Forderung hinderlich im Wege stehen, liegt auf der Hand. Ersatz
für das freie Gelände muß daher geschaffen werden, wo solches nicht benutzt werden kann, was immer am besten ist, und ist wohl nur in den
großen Truppenübungsplätzen zu finden. Auch auf ihnen wird ja die
Reihe der möglichen verschiedenen Uebungen bald erschöpft sein. Das
aber kann trotzdem keinem Zweifel unterliegen, daß es immer noch
unendlich vortheilhafter ist stets auf dem Truppenübungsplatz als überhaupt gar nicht im Gelände sondern nur auf dem Exerzirplatz zu
üben. Es muß daher erstrebt werden sämmtliche Exerzirübungen der
Kavallerie vom Regiment aufwärts, wo sie nicht im Gelände stattfinden können, auf die Truppenübungsplätze zu verlegen, auf denen
sich ein als Exerzirplatz brauchbares Stück wohl immer finden wird,
und die Uebungszeit auf demselben derart auszudehnen, daß in allen
Perioden zwischen die einzelnen Exerzirtage neben den Ruhetagen
die nöthige Zahl von Felddienstübungs-Tagen eingeschoben werden
kann. Vorausgesetzt ist dabei natürlich, daß der Truppenübungsplatz
wechselndes Gelände darbietet. Wo das nicht der Fall ist, muß
man trotz vielleicht hoher Kosten das wirkliche Gelände aufsuchen.
Auf einige 100 000 Mark mehr kann es unmöglich ankommen, wo
es sich um die Ausbildung einer Waffe handelt, deren Wichtigkeit

in viel höherem Grade gewachsen ist als ihre numerische Stärke, die also für den Erfolg hauptsächlich auf ihre innere Tüchtigkeit angewiesen bleibt.

Was nun die Art der Uebungen im Gelände anbetrifft, besonders wo es sich um größere Verbände handelt, so muß vor Allem betont werden, daß ein systematisches Verfahren Grundbedingung ist, wenn allen Theilnehmern die Anforderungen des Ernstfalls und die Mittel ihnen zu genügen wirklich zu klarem Bewußtsein kommen sollen. Es liegt auf der Hand, daß eben diese Anforderungen die Grundlage der geforderten Systematik bilden müssen.

Da die Verhältnisse im Kriege stets wechselnde sind, so scheint hierin ein gewisser Widerspruch zu liegen: das ist aber in Wirklichkeit nicht der Fall, denn wie auch immer sich die Lage gestalten möge, so wird sich bei ihrer Beurtheilung doch stets ein Hauptgesichtspunkt ergeben, der für den Gesammtcharakter der zu treffenden Maßregeln und damit auch für die systematische Gruppirung der Uebungen entscheidend sein muß.

Diese letzteren können zunächst in zwei Hauptgruppen getheilt werden, die danach zu unterscheiden sind, ob es sich bei der Uebung um selbständig operirende Kavallerie oder um ein Gefecht im Zusammenhange eines größeren Kampfes aller Waffen handeln soll. Die all gemeinen Verhältnisse, die in beiden Fällen bestimmend sind, müssen dabei klar zum Ausdruck gebracht werden und geben zugleich den Anhalt für die weitere Gruppirung der Uebungen.

Also im ersten Fall:

Aufklärung aus weiter Entfernung.

Entwickelung aus dem Anmarsch aus einer oder mehreren Kolonnen, aus Defileen oder im freien Gelände. Das Uebungsgelände des Uebungsplatzes wird hierbei für die Anmärsche mit Vortheil herangezogen werden können.*)

Uebergang aus dem Verhältniß von Avantgarde (Arrieregarde) und Gros in das Gefechtsverhältniß.

---

*) Anm. Unzweckmäßig ist es hierbei die Teten getrennter Anmarschkolonnen von Hause aus auf das Gefechtsfeld anzusetzen. Man muß ihnen vielmehr weiter gesteckte Marschziele geben und fordern, daß sie bei richtig funktionirendem Melde- und Befehlsmechanismus rechtzeitig zum Gefecht herankommen.

Keine Flügelanlehnung außer etwa im Gelände; daher taktische Sicherung beider Flanken, wo Letztere nicht vorhanden.

Uebergang aus der Gefechtsform in das Operationsverhältniß nach Durchführung des Gefechts: Verfolgung des Gegners mit einem Theil der Stärke, Fortführen der Operation mit dem andern. Die letztere Bewegung braucht natürlich nur befehls-mäßig angedeutet zu werden, wichtig aber ist es, wie die durch das Gefecht oft nothwendig werdende operative Trennung ange-ordnet wird.

Zurückgehen nach unglücklichem Gefecht einheitlich oder in getrennten Kolonnen.

Abzug durch Defileen.

Im zweiten Fall:

Aufstellung auf dem Gefechtsfelde in richtigem Verhältniß zur vorderen Gefechtslinie und zur Verlustzone. Aufklärung in Front und in äußerer Flanke.

Vorgehen aus der Reservestellung zum Angriff gegen feindliche Kavallerie auf einem Armeeflügel.

Uebergang aus dem siegreichen Kampf mit der feindlichen Kavallerie zum Angriff gegen die feindliche Gefechtsflanke.

Sicherung des nicht angelehnten Flügels in beiden Fällen.

Rückzug nach verlorenem Kavalleriegefecht in den Schutz des eigenen Armeeflügels.

Vorgehen zum Frontalangriff gegen die feindliche Schlachtfront: Durchziehen durch die eigene Infanterie und Artillerie; Sicherung beider Flanken; Angriff gegen Infanterie oder Artillerie, oder beide zugleich. Degagiren einer angegriffenen Gefechtsfront: Kampf gegen degagirende Kavallerie.

Selbstverständlich soll hiermit kein Schema für die Uebungen gegeben, es soll vielmehr nur angedeutet werden, in welcher Weise etwa dieselben systematisch geregelt und unter einheitliche Gesichtspunkte ge-bracht werden können, die sich dem Verständniß einprägen. Selbst-verständlich ist ferner, daß durch das eventuell anzuordnende Verhalten des Gegners und durch dessen Stärkenormirung die reichste Abwechselung in die Gruppirung und Darstellung dieser Gesichtspunkte gebracht werden kann. Kurz die Uebungen müssen unmittelbar den verschiedensten An

forderungen des Krieges entnommen sein; sie müssen stets im Rahmen
einer angenommenen Gesammtlage stattfinden und dürfen sich nicht
schematisch auf das bloße Fechten zu Pferde unter beliebiger Verwendung des Platzes und unter häufig ganz unnatürlichen aus
dem Zusammenhange gerissenen Gefechtsannahmen beschränken.
Wünschenswerth ist es womöglich auch Infanterie zu denselben heranzuziehen.

Inwiefern das Gefecht zu Fuß zu berücksichtigen ist, soll im
nächsten Abschnitt erörtert werden.

In allen Fällen aber, ob das Gefecht zu Fuß oder zu Pferde
geübt wird, muß der Führer darauf halten, daß die Truppe nach
taktischen Normen verwendet wird, die der jedesmaligen Gefechtslage
und den besonderen Verhältnissen des gegebenen Falles bewußt entsprechend gewählt sind. Dazu gehört vor Allem — auch auf dem
kleineren Uebungsplatz — eine zweckmäßige Ausnutzung des
Geländes.

Das Streben die taktischen Formen dem Gelände entsprechend zu
wählen, Umfassungen gedeckt auszuführen, die Flügel im Gelände anzulehnen, so daß sie nicht umfaßt werden können, das Attackenfeld so
zu wählen, daß uns der Vortheil des Geländes, der Staubrichtung,
der Sonne, des verdeckten Aufmarsches rc. zufällt, Engen und
Defileen richtig zu behandeln, starke Abschnitte defensiv auszunutzen
und Aehnliches muß überall klar und bestimmt zu Tage treten. Bei
der Kritik muß dieser Gesichtspunkt besonders betont werden, da er der
immer noch mehr oder weniger an der Ebene klebenden Kavallerie
keineswegs geläufig ist. Ich habe bei Kavallerie-Divisionsübungen disponiren sehen, ohne daß auf das Gelände die geringste Rücksicht genommen wurde, und ohne daß die Kritik dieses Umstandes auch nur
erwähnte.

Es muß ferner zu klarem und prägnantem Ausdruck gebracht
werden, unter welchen Bedingungen die flügelweise Verwendung der
Kommandoeinheiten sich empfiehlt, unter welchen anderen ein treffenweises Einsetzen nothwendig werden kann. Die hierfür maßgebenden
Gesichtspunkte wurden bereits in Theil I, 5 erörtert. Die Freiheit,
die, wie wir sahen, der § 346 des Reglements gewährt, muß dabei
in vollstem Maße ausgenutzt werden, denn sie allein entspricht, wie

wir uns überzeugen konnten, den Anforderungen des modernen
Gefechts. *)

Auf einen letzten Punkt muß schließlich noch hingewiesen werden,
der für die Uebungen der Kavallerie von nicht unwesentlicher Bedeutung
sein dürfte: es handelt sich um die Verwendung des markirten Feindes.

Bei keiner Waffe ersetzt der markirte Feind den wirklichen
reiterlichen Gegner so wenig wie bei der Kavallerie.**) Reitet er die
vorschriftsmäßigen Gangarten, so ist er wegen der Leichtigkeit der
Bewegung und der Entwickelung in unnatürlichem Vortheil; reitet er
langsam oder bleibt er gar als Scheibe stehen, so macht er es der
Truppe unnatürlich leicht. Außerdem ist es ganz etwas Anderes eine
Anzahl von Flaggen richtig zu beurtheilen als eine wirkliche in
rascher Bewegung befindliche Reitertruppe. Die meisten Bewegungen
entwickeln sich in Wirklichkeit so rasch und ergeben je nach den Staub-
und Geländeverhältnissen so wechselnde Bilder, daß es außerordentlich
schwer ist sie aus dem Sattel unter Umständen bei eigner rascher Be-

---

*) Sollte sich im Laufe der Zeit, wie ich nicht daran zweifle, die Noth-
wendigkeit geltend machen der im § 346 niedergelegten Anschauungsweise erweiterten reglementarischen Ausdruck zu geben, so würde das freilich eine fast vollständige Umarbeitung des Reglements bedingen. Es dürften dann folgende
Gesichtspunkte für die Abfassung zu erwägen sein:

1. Grundsätzliche Trennung der taktischen Vorschriften von den Bestimmungen,
die die Methode der Uebung betreffen.

2. Vereinfachung des formalen Regimentsexerzirens zugleich im Sinne größerer
Bewegungsfreiheit der Unterabtheilungen (Eskadrons — Doppel-Eskadrons). Be-
schränkung der Eskadronskolonnen und theilweiser Ersatz derselben durch geeignetere
Formationen.

3. Formellere und präzisere Fassung der Gefechtsgrundsätze und Erweiterung
derselben durch Bestimmungen über treffenweise und flügelweise Verwendung.

4. Wiedereinführung des eigentlichen „Treffenbegriffes“. Einführung der
Bezeichnung „Staffeln“ für debordirende, und „Reserve“ für zurückgehaltene
Abtheilungen.

5. Abfassung aller Bestimmungen für die Bewegungen und das Gefecht
größerer Massen (d. h. größerer Abtheilungen als Brigaden) ohne eine bestimmte
Stärke und Eintheilung zu Grunde zu legen.

6. Ausgiebige Anwendung der verschiedenen Ruf-Signale.

7. Erweiterung der Bestimmungen für das Gefecht zu Fuß im Hinblick auf
die Verwendung mehrerer Eskadrons, Regimenter oder Brigaden, und unter besonderer Betonung Entscheidung suchender Offensive. (Siehe den nächsten Abschnitt.)

**) Für Darstellung eines infanteristischen oder artilleristischen Gegners ist die
Verwendung von Flaggen im gleichen Maße zulässig wie bei den anderen Waffen.

wegung richtig zu beurtheilen. Zu einem raschen Moment muß häufig der Reiterführer Stärke, taktische Gruppirung und Bewegungsrichtung des in dichte Staubwolken gehüllt heranjagenden Gegners wenigstens im Allgemeinen richtig erkennen und beurtheilen; im selben Augenblick muß er auch schon die eigenen Anordnungen unter Berücksichtigung der Verhältnisse beim Gegner und des Geländes treffend berechnen und klar zum Ausdruck bringen. Die Anforderung ist eine so hohe, daß der körperliche und geistige Blick selbst des geborenen Kavallerieführers ausreichender Uebung an wirklichen Objekten bedarf um ihr einigermaßen gerecht werden zu können. Es ergiebt sich daraus die Nothwendigkeit so oft als möglich stärkere Kavalleriemassen also mindestens Divisionen gegeneinander manövriren zu lassen und zwar derart, daß die gegenseitigen Stärken möglichst unbekannt bleiben, was sich bei einiger Umsicht wohl erreichen läßt. Kennt man die Stärke des Feindes, wie das bei stets gleicher Stärke der Kavallerie-Divisionen auf dem Uebungsplatze ja meist der Fall sein wird, so ist die Aufgabe schon wesentlich erleichtert, dafür aber auch unkriegsgemäß. So dürfte auch diese Erwägung die bereits aus anderen Gründen ausgesprochene Forderung unterstützen, die zur Uebung bestimmten Kavallerieformationen möglichst verschieden zusammenzusetzen.

Man sieht, es ist ein weites Arbeitsfeld, das sich für die Gefechtsausbildung der Kavallerie eröffnet, sobald man die Verhältnisse des wirklichen Krieges scharf und bestimmt derselben zu Grunde legt und sich von allem konventionellem Wesen frei macht.

Ob die Truppe dazu gelangen wird den neuen Anforderungen zu genügen, die von allen Seiten an sie herantreten, wird bei der Vorzüglichkeit des vorhandenen Materials, das zu den höchsten Leistungen befähigt ist, im Wesentlichen von den höheren Vorgesetzten abhängen.

Denn die Art, wie Kavallerie besichtigt wird, entscheidet über das, was sie übt und was sie lernt, ebenso wie die Art der Führung über das entscheidet, was sie leistet.

4. Ausbildung für das Feuergefecht.

Hat die bisherige Betrachtung ergeben, daß bei der Ausbildung für das Gefecht zu Pferde den veränderten Anforderungen des modernen Krieges in höherem Maße Rechnung getragen werden muß als bisher, wenn die Kavallerie ihnen auf dem dereinstigen Schlachtfelde gerecht werden soll, so muß doch andererseits betont werden, daß die in der Waffe vorhandene Grundlage eine vorzügliche ist. Unsere Schwadronen sind im Allgemeinen hervorragend gut ausgebildet, leistungsfähig und sicher in der Hand ihrer Führer. Es bedarf daher meines Erachtens nur einer etwas veränderten Richtung, der praktischen Berücksichtigung einiger neuer Gesichtspunkte, vor Allem der erweiterten Uebung in höheren Verbänden, um das höchste Ziel zu erreichen.

Anders liegt die Sache bezüglich des Gefechts zu Fuß.

Trotz der eminenten Bedeutung, die demselben für den Krieg zweifellos zukommt, wird der Ausbildung für diese Fechtart wohl noch nirgends in unserer Kavallerie die ihr gebührende Beachtung geschenkt. Sie wird fast überall recht nebensächlich betrieben, und selbst Kavalleristen betrachten sie vielfach noch als eine ziemlich überflüssige wenn nicht gar schädliche Zugabe.

Es beruht diese Auffassung auf langjähriger Tradition in der Waffe, die schwer zu überwinden ist. Ist es doch noch gar nicht so lange her, daß Mancher auf dem Schießstand mitunter Salvenfeuer geben ließ, um die Patronen so schnell als möglich zu verknallen und den lästigen Dienst loszuwerden. Erhalten und befördert aber wird diese Tradition vor Allem dadurch, daß bei den Besichtigungen das Gefecht zu Fuß durch die höheren Vorgesetzten der Beachtung meistens nicht werth gehalten wird, ferner dadurch, daß im Manöver wie bei den großen Kavallerieübungen Aufgaben, die das Fußgefecht im größeren Stil nöthig machen, fast niemals an die Truppe herantreten, endlich aber auch durch die Art und Weise, wie das Gefecht zu Fuß in unserem Reglement besprochen wird.

Dieses geht in der Frage des Fußgefechts von anderen Gesichtspunkten aus wie ich, indem es die Grenzen der der Kavallerie zufallenden Aufgaben enger gesteckt hat. Es spricht sich ganz unverhohlen

dahin aus, daß Reiter immer nur unter besonders günstigen Ver=
hältnissen rasche und leichte Erfolge mit dem Karabiner erzielen können,
daß sie dagegen nicht im Stande sind hartnäckige Gefechte durch=
zuführen. Es legt das Hauptgewicht auf das Vertheidigungsgefecht
und zieht den Kampf größerer Massen überhaupt nicht in den Kreis
der Bestimmungen.*) Es faßt eben nur das ins Auge, was unbedingt
geleistet werden muß, wenn die Kavallerie nicht ganz in den Hinter=
grund treten will. Die letzten Konsequenzen der modernen Ent=
wickelung hat es dagegen offenbar noch nicht gezogen.

Es ist nur natürlich, daß die Truppe selbständig sich die Ziele
nicht höher steckt, als es das Reglement thut. Um so mehr halte ich
es für nöthig mit allem Nachdruck zu betonen, daß die Ausbildung
weit über die Grenzen, die das Reglement steckt, hinaus gehen muß,
wenn man den Aufgaben, die der Krieg stellt, in vollem Maße gerecht
werden will. Dazu aber halte ich die Kavallerie für vollauf befähigt,
und selbst wenn sie es nicht wäre, so dürfte man das, meine ich, der
Truppe gegenüber niemals Wort haben. Denn damit läuft man Ge=
fahr Selbstbewußtsein, Initiative, Wagemuth und Entschlossenheit bei
der Durchführung nothwendiger Gefechte zu untergraben. Kühnheit,
die bei allen Unternehmungen der Kavallerie im höchsten Maße ge=
fordert werden muß, kann sich nur entwickeln, wo sich die Truppe jeder
Aufgabe gewachsen glaubt, die an sie herantreten kann. Den Gedanken,
daß Reiterei irgend welcher Infanterie auch zu Fuß nicht gewachsen
sein könne, darf man daher überhaupt nicht aufkommen lassen: viel=
mehr muß man in ihr die Ueberzeugung großziehen, daß sie infolge
ihrer längeren Dienstzeit jeder anderen Truppe überlegen ist. Nur
wenn sie das glaubt, wird sie das Erreichbare leisten. Nothwendig
ist es aber hierzu, daß sie sich in den Formen des Fußgefechts sicher
fühlt und dieselben vollkommen beherrscht. Nur wenn das der Fall
ist, wird sie mit Vertrauen zum Karabiner greifen.

Dieses Ziel ist in unserer Kavallerie noch keineswegs erreicht:
sie muß vielmehr mit ihrem ganzen bisherigen Ausbildungsmodus
brechen und neue Wege einschlagen, wenn es erreicht werden soll.

Für die taktische Eintheilung der Eskadron und die elementaren
Formen des Schützengefechts bietet das Reglement eine vorzügliche

*) §§ 355 mit Anm., 357, 363, 365, 366.

Grundlage. Die Anwendung dieses Letzteren aber muß der Truppe in
ganz anderer Weise geläufig werden, als es bisher der Fall ist.

Die Rekruten müssen schon wenige Wochen nach ihrem Eintreffen
(spätestens Anfang November) mehrere Male in der Woche ins
Gelände geführt und in der Benutzung desselben sowie in den
Bewegungen einer Schützengruppe bezw. einer Schützenlinie geübt
werden. Zugleich müssen Unterweisung mit dem Karabiner, Ziel-
übungen und Entfernungsschätzen sofort nach der Einstellung beginnen
und zwar sofort unter dem Gesichtspunkt den Mann zum selbständigen
Schützen praktisch auszubilden ohne jede theoretische Künstelei oder
Pedanterie. Bald nach Weihnachten muß die junge Mannschaft soweit
vorgebildet sein, daß man mit dem Schießen beginnen kann, das mit der
größten Sorgfalt zu betreiben ist. Eine bedeutende Erhöhung
der Uebungsmunition wäre dringend erwünscht, um die Mannschaften fortdauernd im Schießen üben zu können derart, daß keine allzu großen Pausen zwischen den einzelnen Schießtagen entstehen, und diese
möglichst über das ganze Jahr vertheilt werden können. Bis zum
Beginn des Schwadronsexerzirens müssen die Leute sowohl im Absitzen zum Gefecht zu Fuß wie auch im raschen Aufsitzen nach demselben fertig ausgebildet sein. Das Voltigiren am gepackten Pferde ist
zu diesem Zwecke besonders zu kultiviren. Vor dem Beginn des
Schwadronsexerzirens müssen die elementaren Vorübungen soweit gefördert sein, daß nun auch mit der taktischen Ausbildung der Eskadron
im Gefecht zu Fuß begonnen werden kann. Alle Detailübungen aber
müssen während des ganzen Ausbildungsjahres fortgesetzt werden, wenn
sie der Truppe in Fleisch und Blut übergehen sollen.

Man wird mir einwenden, daß die Zeit hierfür nicht vorhanden
ist, wenn nicht andere vielleicht noch wichtigere Dienstzweige darunter
leiden sollen.

Gerade aus der Praxis heraus kann ich das nicht zugeben.

Zeit ist vielmehr reichlich vorhanden, wenn man sie nur richtig
ausnützt und nicht auf unpraktische Dinge verwendet.

Distanzschätzen und Geländebenutzung kann z. B. während der
Felddienstperiode in ausgiebigster Weise geübt werden. Während der
Zug auf Feldwache, die Schwadron auf Piket steht — und die Leute
oft stundenlang unthätig herumliegen, können diese Uebungen in zweck

mäßigster Weise vorgenommen werden, besonders das Distanzschätzen, auf dem alles feldmäßige Schießen wesentlich beruht, und dessen Bedeutung bei der Reiterei keineswegs genügend gewürdigt wird.

Auch den Nachmittagsdienst kann man vielfach entlasten, um damit Zeit für die Gefechtsausbildung zu Fuß zu gewinnen.

Beispielsweise sei darauf hingewiesen, wie wenig zweckmäßig es ist längeren Dienst im Lanzenfechten anzusetzen, wie das vielfach ge= schieht. Kein Mensch kann eine Stunde lang Lanzenübungen machen. Die Folge ist, daß der größere Theil der Zeit zum Ausruhen ver= wandt werden muß. Der Zweck aber den Arm allmählich zu kräftigen und den Mann gewandt zu machen wird nicht erreicht, wenn man vielleicht wöchentlich zwei Mal Lanzenfechten ansetzt. Viel zweckmäßiger ist es etwa vor jedem Nachmittagsdienst die Mannschaft täglich das ganze Jahr hindurch unter allmählicher Steigerung der Kraftleistung während weniger Minuten Waffenübungen machen zu lassen. Dann werden die Armmuskeln sich viel rascher stählen und zugleich wird be= deutend an Zeit gespart. Ebenso kann man bei der Instruktion wesentlich Zeit gewinnen, indem man einerseits nur das instruirt, was der Mann wirklich wissen muß, und alles Ueberflüssige fortläßt, anderer= seits aber Märsche, Stalldienst, Putzstunde und ähnliche Veranlassungen für die Instruktion ausnutzt.

Läßt sich demnach die Zeit für die Elementarvorübungen zum Fuß= gefecht sehr wohl erübrigen, so wird sich dieselbe für die Fußgefechts=Aus= bildung der Eskadron als solcher fast noch leichter finden lassen. Während der Exerzirperiode werden am besten die Ruhepausen des Exerzirens, die der Erholung der Pferde gewidmet werden müssen, für die Einübung des Fußgefechts ausgenutzt, bei den Felddienstübungen aber müssen die Aufgaben nicht allzu selten derart gestellt werden, daß sie zur An= wendung des Fußgefechts führen. Für die technische Ausbildung der Truppe ist es dabei von besonderer Wichtigkeit, daß sowohl das rasche Koppeln bei unbeweglichen Pferden als vor Allem auch das Vor= und Zurückführen der beweglichen Pferde fleißig geübt werden. Beide so außerordentlich wichtigen Uebungen werden bei der deutschen Reiterei in ganz unzureichendem Maße betrieben. Die Hauptschwierigkeit bei der letzteren liegt darin, daß jeder Mann außer einem Handpferde zwei Lanzen führen muß. Das ist schon an und für sich höchst un=

bequem, indem die Lanzen, die der Reiter nicht festhalten kann, in
raschen Gängen hin und her fliegen. Zu den größten Unordnungen
aber kann es Veranlassung geben und wohl auch Verletzungen herbei=
führen, daß die Lanzen bei jeder raschen Bewegung leicht aus dem
Schuh gerathen und dann am Boden nachschleifen. Es ist dringend
erforderlich diesem Uebelstand abzuhelfen. Am wünschenswerthesten
wäre es vielleicht eine Vorrichtung zu schaffen, vermöge deren jede
Lanze zweckmäßig an dem zugehörigen Pferde befestigt werden könnte.
Gelingt das nicht, so muß jedenfalls ermöglicht werden die Lanze so
tief in den Schuh zu stecken, daß sie im Trabe und Galopp nicht
herausgeschleudert werden kann und andererseits doch nicht durch den
Schuh durchglitscht. Es liegt auf der Hand, daß dieses Problem
unschwer zu lösen ist, sobald nur erst die absolute Nothwendigkeit
einer solchen Verbesserung zugleich mit der die Pferde rasch zu bewegen
erkannt sein wird.

Aus Vorstehendem dürfte zur Genüge hervorgehen, daß für die
gründliche Ausbildung der Escadron zum Fußgefecht ernste Schwierig=
keiten überhaupt nicht bestehen. Diese beginnen erst da, wo es sich um
das Gefecht größerer Abtheilungen handelt, und zwar in erster Linie
deswegen, weil das Reglement für dieses keinen Anhalt bietet, und
weil unsere Kavallerieoffiziere in keiner Weise für dasselbe vor=
gebildet sind.

Für die Verwendung der Gefechtseinheiten und die Grundsätze der
Gefechtsführung sind wir daher zunächst gezwungen uns an die Be=
stimmungen des Infanterie=Reglements anzulehnen. Aber wie vielen
Kavallerieoffizieren sind denn diese Bestimmungen so bekannt und
geläufig, daß sie dieselben gefechtsmäßig anwenden können, da Nie=
mand von ihnen solche Kenntniß fordert? Um für die Ausbildung
der Führer wenigstens einigermaßen zu sorgen, müßten daher Kavallerie=
offiziere aller Grade veranlaßt werden, so oft es Zeit und Um=
stände gestatten, an den größeren Gefechtsübungen der Infanterie
theilzunehmen. Besser noch würde eine ausgiebige Kommandirung
von Kavallerieoffizieren zur Infanterie in geeigneten Dienstperioden
(etwa Leutnants zum Kompagnie=, höhere Offiziere zum Bataillons=
und Regimentsexerziren) den Zweck erreichen. Doch muß man
sich, meine ich, darüber klar sein, daß auf diese Weise doch nur

eine nothdürftige Aushülfe für eine Uebergangszeit geschaffen werden kann, die auf die Dauer keineswegs genügt. Es muß unter allen Umständen als ein unnormaler Zustand bezeichnet werden, wenn eine Waffe die für ihre Kriegsausbildung nothwendigsten Lehren im Reglement und auf den Uebungsplätzen einer anderen Waffe suchen soll, und zwar um so mehr, als die Grundsätze des Infanterie=gefechts doch nicht unmittelbar auf das Gefecht zu Fuß der Reiterei übertragen werden können. Der Dienst und die Eigenthümlich=keiten der Kavallerie bedingen vielmehr vielfache Modifikationen, die Berücksichtigung erheischen. Es sei beispielsweise darauf hingewiesen, daß die Kompagnie in drei, die abgesessene Eskadron in zwei Züge formirt ist, was eine vollständig verschiedene Oeconomie der Kräfte bedingt. Ich kann es daher nur als ein dringendes Bedürfniß und eine nicht abzuweisende Forderung bezeichnen, daß das Kavallerie=Reglement selbst die nothwendige Erweiterung erfährt, und daß die praktische Ausbildung der Truppe im Gefecht zu Fuß in derselben Weise systematisch betrieben werde, wie es für das Gefecht zu Pferde er forderlich ist.

Für die reglementarischen Bestimmungen müssen meines Erachtens im Großen und Ganzen die Grundsätze der Kompagniekolonnen=Taktik maß=gebend sein.

Eine abgesessene Schwadron bringt mit unbeweglichen Pferden etwa 125, mit beweglichen etwa 70 Karabiner ins Feuer, ein Regiment dementsprechend 500 bezw. 280. Diese Gefechtsstärken bleiben hinter denen einer Kompagnie bezw. eines Bataillons sehr wesentlich zurück, und die Gefechtsleistung wird dementsprechend eine geringere sein. Immerhin wird es sich mit Rücksicht auf die Kommandoverhältnisse empfehlen bei den taktischen Anordnungen die Schwadronen analog den Kompagnien und die höheren Verbände dementsprechend zu be=handeln. Es erscheint das um so mehr angängig, als, wie wir sahen, für alle größeren Gefechte das Absitzen mit unbeweglichen Pferden das Ge=wöhnliche sein wird, und die Stärke der Eskadron dann annähernd der jenigen einer Friedens=Kompagnie entspricht. Innerhalb dieses Rahmens müssen die Grundsätze für Schützenentwickelung, Tiefengliederung und Staffelung der Kommandoeinheiten für Angriff und Vertheidigung klar und bestimmt reglementarisch festgelegt werden.

Der Formulirung dieser Grundsätze müßten im Allgemeinen die=
jenigen Gesichtspunkte zu Grunde gelegt werden, die ich bei der Be=
sprechung der taktischen Führung (I, 5) zu entwickeln versuchte. Es
wird dabei jedoch streng unterschieden werden müssen, ob die Truppe
vereinzelt steht oder ob sie mit einem oder beiden Flügeln angelehnt
ist, was für Vertheilung und Staffelung der Reserven ausschlaggebende
Bedeutung hat und daher verschiedene Vorschriften nöthig macht. Das
Hauptgewicht muß dabei im Gegensatz zu den bisherigen Vorschriften
auf das Gefecht der Regimenter und Brigaden als derjenigen Verbände,
deren Verwendung unter modernen Verhältnissen im Ernstfall haupt=
sächlich wird gefordert werden müssen, sowie auf die Offensive gelegt
werden. Speziell muß den Ortsgefechten und den Kämpfen um
Defileen eine besondere Würdigung zu Theil werden. Es müssen
ferner reglementarische Normen dafür aufgestellt werden, wann die
Anwendung des Fußgefechts mit beweglichen bezw. mit unbeweglichen
Handpferden angezeigt erscheint, und wie die Handpferde aufzustellen
und zu sichern sind.

Das heutige Reglement geht über alle diese Dinge leicht hinweg,
weil es, wie gesagt, dem Gefecht zu Fuß gegenüber einen von dem
hier vertretenen grundsätzlich verschiedenen Standpunkt einnimmt.
Giebt man jedoch die erweiterte Bedeutung dieser Fechtart zu, so
wird man auch für diese Fragen eine grundsätzliche Entscheidung
fordern müssen, und keineswegs kann es der Willkür der einzelnen
Führer anheimgegeben werden, wie sie sich mit denselben prinzipiell
abzufinden gedenken.

Wenden wir uns nun zu der praktischen Ausbildung in den
größeren Verbänden, so muß zunächst gefordert werden, daß auf dem
Exerzierplatz das grundsätzliche Verhalten in Angriff und Vertheidigung
bei den hauptsächlichsten typischen Gefechtslagen und das ent=
sprechende Verhalten der Handpferde gelehrt und geübt werde. Als
solche typischen Gefechtslagen möchte ich bezeichnen:

Angriff auf Oertlichkeiten mit und ohne taktische Umfassung.

Ueberraschender und vorbereiteter Angriff.

Vertheidigung eines Abschnitts oder einer Oertlichkeit bei bekannter
Angriffsrichtung des Feindes, bezw. wenn umfassende Bewegungen
des Gegners möglich sind.

Hartnäckige Vertheidigung und Behauptung einer vereinzelt ge=
legenen Oertlichkeit.

Offenhalten von Defileen um ein offensives Vorgehen über die=
selben hinaus oder einen Abzug durch dieselben sicher zu stellen.

Entwickelung zu überraschendem Feuereinsatz mit der Absicht sich
der Gegenwirkung zu entziehen.

Zusammenwirken der zum Fußgefecht abgesessenen Mannschaften
mit der Reserve zu Pferde zur Abweisung eines feindlichen An=
griffs oder zur Verfolgung eines weichenden Gegners.

In allen diesen Fällen muß nicht nur an und für sich grund=
sätzlich verschieden verfahren werden, sondern das Verfahren wird auch
ein verschiedenes sein müssen, je nachdem mit beweglichen oder unbe=
weglichen Handpferden gefochten werden soll, weil in jedem Fall
die Gefechtsstärke der einzelnen taktischen Glieder eine ganz ver=
schiedene ist.

Diese gewissermaßen elementaren Uebungen nun müssen —
nachdem die Ausbildung der Eskadrons auch zu Fuß mit der Eskadrons=
besichtigung ihren Abschluß gefunden hat — vornehmlich im Regiment
durchgeführt werden, das auch abgesessen die eigentliche taktische Gefechts=
einheit der Kavallerie bildet; doch müssen sie auch in der Brigade
ganz systematisch fortgesetzt werden: hier muß vor Allem die flügel=
weise Verwendungsart der Regimenter unter den verschiedenen Gefechts=
bedingungen zur Darstellung gelangen.

Mir will scheinen, als ob bei dem augenblicklichen Ausbildungs=
stande unserer Kavallerie grade diese elementaren Uebungen von
besonderer Wichtigkeit sind, weil sie mehr als andere geeignet er=
scheinen, das Verständniß für die allgemeinen Bedingungen des Feuer=
gefechts zu eröffnen und zu klären, ein Verständniß, das den meisten
unserer Kavallerieführer dank ihrem spezifisch reiterlichen militärischen
Ausbildungsgange fast vollständig fehlt, so daß in dieser Richtung die
taktische Erziehung des Offizierkorps fast von Grund aus neu auf
gebaut werden muß.

Im Uebrigen bilden diese Uebungen wie beim Gefecht zu Pferde
nur die Grundlage für die eigentliche Gefechtsausbildung, die sich auf
dem Exerzirplatz überhaupt nicht erreichen läßt und das natürliche
Gelände mit allen seinen wechselnden Erscheinungen zur Voraussetzung

hat. Auch aus diesem Grunde muß gefordert werden, daß ein Theil
des Brigade- und des Regimentsexerzirens ins Gelände verlegt wird
und zwar auf große, abwechselungsreiche Uebungsplätze. Wo solche nicht
zu ermitteln sind, muß der Truppenübungsplatz aufgesucht werden. Auch
findet der Wunsch den Aufenthalt der Truppe im Gelände bezw. auf
den großen Uebungsplätzen möglichst auszudehnen und die größeren
Uebungen alljährlich für alle Kavallerie-Regimenter eintreten zu lassen
in der Nothwendigkeit einer gründlichen Ausbildung zu Fuß auch in
größeren und größten Verbänden eine weitere gewichtige Unterlage.

Das schließt natürlich nicht aus, daß auch die Umgegend der
Garnisonen ausgenutzt wird, soweit es die Verhältnisse irgend gestatten.

Was nun die Anordnung und Art der Uebungen anbetrifft, so
wird man auf dem Exerzirplatz schon der Zeitersparniß wegen die
Uebungen zu Fuß meist in die Pausen des Exerzirens zu Pferde
legen, doch darf das niemals zur Folge haben, daß sie in einigermaßen nebensächlicher Weise erledigt werden. Wo man im Gelände
übt, und wo es sich um größere zusammenhängende Gefechtsübungen
handelt, wird dieses Verfahren so wie so nicht möglich sein.

Auf die großen Uebungen womöglich ganzer Divisionen ist aber
grade das Hauptgewicht zu legen. Bei ihnen wird das Gefecht unter
den verschiedensten Kriegslagen durch Anmarsch eingeleitet werden:
Nach seiner Durchführung wird auch der Uebergang zur weiteren
Operation geübt werden müssen, der meist — wie wir sahen (1, 6) —
eine Wechselwirkung zwischen abgesessener Truppe und Reserve zu
Pferde bedingt. Solche Uebungen müssen natürlich ganz selbständig
angelegt, sie müssen in das Programm des Brigade- und Divisions-
exerzirens als gleichberechtigte Uebungsgegenstände aufgenommen werden.
Alle Führer müssen dieses Gebiet nach und nach vollständig beherrschen
lernen und sich in jeder Gefechtslage zu Fuß ebenso zurecht zu finden
wissen, wie sie in allen Sätteln gerecht sein sollen.

Auf die selbständige Entschlußfähigkeit aller Unterführer wird
demnach auch bei diesen Uebungen großes Gewicht zu legen sein. Vor
Allem aber wird ihnen ein rücksichtsloser Drang nach vorwärts an-
erzogen werden müssen, wie er dem Wesen der Waffe und den meisten
ihrer taktischen Aufgaben entspricht. Führer und Truppe müssen ferner
wissen, daß überall, wo einmal zu wirklichem Gefecht abgesessen wird,

nur der taktische Sieg zu den Pferden zurückführt. Ueber diese
Letzteren muß so disponirt sein, daß die Unmöglichkeit sich ihrer zum
Abbrechen des Gefechts zu bedienen jedem einzelnen Mann anschaulich
und handgreiflich wird. Nur das ergiebt klare Verhältnisse. So lange
die Leute das Gefecht zu Fuß nicht als etwas an und für sich Wichtiges
betrachten sondern vorwiegend an das Zurückkommen zu den Pferden
denken, so lange der Führer die Gefechtsanlage in erster Linie von
diesem Gesichtspunkt abhängig macht, so lange wird die Truppe dem
Gefecht selbst niemals ihre volle Kraft zuwenden, sondern es wird
halbes Wollen auch ein halbes und unsicheres Handeln zur Folge
haben, das im Erfolg zum Ausdruck kommen muß.

Auch diesen Gesichtspunkt muß die Ausbildung festhalten und die
Truppe nach demselben zu erziehen bestrebt sein.

Doch wird es nur dann gelingen mit der alten Ausbildungs-
tradition zu brechen und den veränderten Anforderungen des Krieges
auch in dieser Richtung gerecht zu werden, wenn die höheren Vorgesetzten bei ihren Besichtigungen dem Gefecht zu Fuß die gleiche Bedeutung beimessen wie den Uebungen zu Pferde und die Führung bei
demselben einer ernsten und scharfen Prüfung nach kriegsgemäßen Anforderungen unterziehen.

Zu diesen Anforderungen gehört auch die eines verständnißvollen
Zusammenwirkens der Schützen mit der Artillerie und eventuell den
Maximgeschützen. Grade auf diesem Gebiet liegt, wie auch schon betont
wurde (I, 6), die Hauptbedeutung der der Kavallerie überwiesenen reitenden Batterien, und doch bietet ihnen die Friedensausbildung so gut wie
niemals Gelegenheit sich auf demselben zu bethätigen. Dagegen ist es ein
Schauspiel, das sich immer von Neuem bei größeren Kavallerieübungen
wiederholt, daß die Batterien die formalen Exerzirbewegungen der Kavallerie mitmachen, was meines Erachtens auch nicht den entferntesten kriegsgemäßen Zweck hat sondern lediglich die Pferde unnütz anstrengt und die
Führer der Artillerie verhindert ihr Augenmerk auf das zu richten, was
für sie wirklich wichtig ist, auf den Feind und auf das Gelände. Gegen
solche Uebungsmethode muß meines Erachtens scharfer Protest erhoben
werden. So lange formale Exerzirbewegungen gemacht werden, gehört
die Artillerie überhaupt nicht zur Kavallerie, hier wird sie erst nöthig,
wenn es sich um Gefechtsübungen handelt, und dann gehört sie auf

ihren kriegsgemäßen Platz, in die Avantgarde oder vor die Front. Vor Allem aber muß ihr Gelegenheit geboten werden im Feuergefecht mit der Reiterei zusammenzuwirken und zwar nicht bloß ihrer eigenen Ausbildung wegen — wenn natürlich auch diese von hoher Wichtigkeit ist — sondern vornehmlich zur Ausbildung der Kavallerieführer, welche lernen müssen diese Waffe im Gefecht zu verwenden, ihre Wirkung abzuwarten und auszunutzen.

Daß sich dieser Zweck auf dem Exerzirplatz gar nicht und auch auf dem größeren Uebungsplatz nur unvollständig erreichen läßt, liegt auf der Hand. Es braucht bloß auf die grade für die Kavallerie so überaus wichtigen Angriffe auf Ortschaften (Bahnhöfe, Etappenorte und dergl.) hingewiesen werden, die sich auf dem Uebungsplatz, wenn überhaupt, so doch niemals abwechslungsreich üben lassen.

Der Gipfelpunkt der Ausbildung kann daher auf diesem Gebiete nur im wirklichen Gelände bezw. im Manöver erreicht werden, wo die Anwendung jeder Gefechtsart in der allmählichen Entwickelung der Lage ihre natürlichste Grundlage und Motivirung findet, und wo die Verschiedenartigkeit der Verhältnisse immer neue einigermaßen kriegs= gemäße Lagen schafft.

5. Felddienstausbildung und Manöver.

Wenn in den vorhergehenden Abschnitten fast ausschließlich die Ausbildung der Kavallerie zum Gefecht betrachtet wurde, so liegt das in der Natur der Sache. Der Sieg im Kampf, sei es der Reiter= masse, sei es der einzelnen Patrouille, bildet so sehr die Grund= lage jedes möglichen Erfolges auch in strategischer Richtung, daß die Ausbildung für den Kampf sich naturgemäß in erster Linie der Be= trachtung darbietet. Wie jedoch die Hauptbedeutung der Kavallerie nicht mehr in ihrer Schlachtenthätigkeit liegt, sondern auf dem Gebiete der Operation und der strategischen Aufgaben zu suchen ist, so bildet auch die Erziehung zum Kampf nicht mehr den Gipfel und Schluß= punkt, sondern sie ist nur eines der Elemente der Gesammtausbildung. Neben ihr muß die Erziehung der Truppe für den sogenannten Feld= dienst, die eigentliche Aufklärungsthätigkeit und die operativen Bewegungen als gleichberechtigter Faktor betrieben werden.

Ich möchte diese Nothwendigkeit sogar ganz besonders hervorheben, da bisher auf diesem Gebiete den Anforderungen der Neuzeit in noch viel geringerem Grade Rechnung getragen worden ist als bezüglich der Gefechts= ausbildung. Was üben wir denn in der Feldbienstperiode und im Manöver abgesehen vom Kampf der Kavallerie gegen Kavallerie? Hauptsächlich doch den formalen Vorpostendienst im Zusammenhang mit der In= fanterie, den kleinsten Krieg im kleinsten Maßstabe, die unmittelbare Gefechtsaufklärung und schließlich das Eingreifen kleiner Kavallerie= körper in das Gefecht gemischter Waffen: also lauter Dinge, die im modernen Kriege wesentlich der Thätigkeit der Divisionskavallerie zu= fallen und zwar auch nur in den wenigen Ausnahmefällen, wo die Divisionen oder noch kleinere Heereskörper selbständig operiren; denn der gewöhnliche tägliche Dienst der Divisionskavallerie im Massenheere wird ein viel beschränkterer sein. Höchstens kommt es im Korpsmanöver zur Verwendung von Brigaden und zur Erkundung eines Anmarsches.

Für die bedeutendsten Aufgaben der Waffe aber, die in der Thätigkeit der selbständigen Kavallerie zu suchen ist, ist das Alles ziemlich belanglos. Das, was die Kavallerie im Kriege wirklich zu thun hat, wird im Frieden überhaupt nur im beschränktesten Maße und zum Theil gar nicht geübt.

Rasche Dauermärsche, selbständige Vorposten, Angriff und Ver= theidigung von Ortschaften, Oeffnen von Defileen, von Flußübergängen, Waldeingängen und dergl., die von feindlichen Schützen besetzt sind, Unternehmungen gegen die Verbindungen des Gegners, Ver= folgung, hartnäckige Deckung des Rückzuges, Aufklärung im großen Stil, Märsche mit Kolonnen und Fuhrwesen, endlich Regelung und Durchführung größerer operativer Bewegungen unter kriegsgemäßen Bedingungen mit richtiger Berechnung von Zeit und Raum, richtige Verwendung des Gefechts zur Erreichung des strategischen Zweckes und die zweckmäßige operative Einleitung des bewußt herbeigeführten Kampfes — Alles das im Rahmen der Massenverwendung: das sind die Dinge, die den hauptsächlichen Inhalt aller Reiterthätigkeit bilden werden, für die aber in unserer heutigen Friedensausbildung kein Platz ist. Auch unsere großen Kaisermanöver füllen diese Lücke nicht aus, denn einmal nehmen an ihnen doch immer nur verhältnißmäßig wenige Regimenter — im Verhältniß zur Gesammt=

Kavallerie — theil, andererseits bleiben die Parteien meistentheils in so enger
Berührung, daß für die Kavallerie von wechselnden operativen Aufgaben
großen Stils doch eigentlich nicht die Rede sein kann, die Thätigkeit der
Waffe vielmehr sich in mehr oder weniger einseitigen Bahnen bewegt.

Indem auf diese Weise unsere gesammte Ausbildung für Verhältnisse berechnet ist, die im zukünftigen Kriege doch nur zu den Aus-
nahmen gehören werden, indem sie die Hauptaufgaben der Reiterei so
gut wie gänzlich außer Betracht läßt, bewegen wir uns in einem Kreise
von Vorstellungen und Formen, die einer vergangenen Kriegsperiode
angehören und mit dem Ernst der Wirklichkeit schon längst nur noch
in losem Zusammenhange stehen.

Daß dem schon vor den letzten Kriegen so war, haben die
negativen Erfolge der Waffe 1866 und 1870/71 zur Genüge bewiesen.
Keiner ihrer Aufgaben hat die Kavallerie in diesen Kriegen voll
gerecht werden können und zwar nicht wegen innerer Untüchtigkeit der
Truppe sondern einzig und allein, weil sie in Ausrüstung und Ausbildung hinter den Anforderungen des wirklichen Krieges zurückgeblieben war. Diese Erfahrung sollte uns eine ernste Mahnung sein
nicht wieder in den gleichen Fehler zu verfallen, und doch besteht
schon heute die Gefahr, daß ein zukünftiger Krieg uns abermals auf
einem veralteten Standpunkte grade in Bezug auf das weitaus wichtigste Thätigkeitsgebiet der Kavallerie findet.

Der Grund hierfür scheint mir der Hauptsache nach ein doppelter
zu sein. Einerseits werden die Aufgaben der Waffe in weiten Kreisen
des eignen Offiziercorps wie der Armee noch keineswegs überall dem Geist
und Wesen des zukünftigen Krieges nach gewürdigt, weil es nach dieser
Richtung hin an Aufklärung und Belehrung fehlt, andererseits aber
stellen sich thatsächlich sehr bedeutende Schwierigkeiten einer im modernen
Geist veränderten Ausbildung entgegen.

Im Gegensatze zu früherer Zeit bewegen sich die Aufgaben, die der
Reiterei in Zukunft warten, vorwiegend in großen und größten Verhältnissen und grade hierin liegt die Schwierigkeit. Große Armeen mit
ihren rückwärtigen Verbindungen, Aufklärungsübungen und Raids unter
wirklich kriegsgemäßen Bedingungen, also unter Mitführung aller Bagagen
und Trains, ausgedehnte Rückzüge größerer geschlagener Truppenmassen
und dementsprechende strategische Verfolgung — solche und ähnliche Ver-

hältnisse lassen sich eben im Frieden aus pekuniären, lokalen und anderen Rücksichten nur sehr schwer zur Darstellung bringen, und doch wären grade solche Uebungen diejenigen, welche der Waffe eine wirklich praktische Vorstellung von ihrer Kriegsthätigkeit geben könnten. Unter Berücksichtigung dieser Verhältnisse muß anerkannt werden, daß ein idеellen Anforderungen entsprechender Ausbildungsmodus kaum jemals wird erreicht werden können. Um so mehr muß man meines Erachtens bestrebt sein das praktisch Erreichbare energisch durchzuführen und für das Unerreichbare soweit als thunlich Ersatz zu schaffen.

Die Grundlage der Ausbildung muß natürlich nach wie vor hier wie auf allen andern Gebieten in der Eskadron gelegt werden. Die Belehrung muß aber einerseits von vielfach veränderten Gesichtspunkten ausgehen, andererseits muß sie in den höheren Verbänden systematisch weiter= geführt werden, was heutzutage überhaupt nicht geschieht. Denn wenn auch bisweilen Feldbienstübungen im Regimentsverbande aus= geführt werden, so ist doch von einem· systematischen Vorgehen und einer folgerechten Entwickelung und Darstellung der wichtigen Ge= sichtspunkte nirgends die Rede und in den höheren Verbänden fehlt sogar jeder Versuch die Ausbildung weiterzuführen. Der Einfluß der Brigadekommandeure beschränkt sich im Allgemeinen auf die Detail= ausbildung und das Exerziren, und in der Division wird wohl ab und zu exerzirt, niemals aber operirt.

Was nun zunächst die Erziehung in der Eskadron anbetrifft, so muß dieselbe von Anfang an mit Rücksicht auf die modernen Ver= hältnisse gestaltet werden. Es fordert das zunächst die Erziehung des Mannes zur größtmöglichen Selbständigkeit. Der Krieg fordert dieselbe sowie rasche Auffassungsgabe und Entschlußfähigkeit selbst in schwierigen Situationen vom Kavalleristen bis hinab zum untersten Reiter. Die Bethätigung solcher Eigenschaften kann jedoch nur von Leuten gefordert werden, die den Verhältnissen des Krieges wenigstens ein gewisses Verständniß entgegenbringen, und es ist daher von äußerster Wichtigkeit, daß dieses Verständniß durch eine zweckmäßige Instruktion geweckt wird. In dieser Richtung wird noch vielfach dadurch gesündigt, daß einerseits der Instruktion nicht genügende Bedeutung beigemessen, andererseits nach veraltetem Schema und ohne durchgehendes Prinzip verfahren wird. Meines Erachtens muß vor Allem der Rekrut nicht

mit einem Wust von völlig unbrauchbarem Wissen überlastet werden.
Man muß in dieser Erziehungsperiode das Maß dessen, was wirklich
gelernt werden muß, auf das Wichtigste und Nothwendigste beschränken,
dafür aber in diesen Punkten möglichst vollständige Klarheit zu erzielen
suchen. In den späteren Dienstjahren müssen dann die Kenntnisse des
Mannes systematisch ausgebaut werden. So möchte ich es zunächst
als völlig überflüssig bezeichnen die Rekruten mit den langathmigen
Erklärungen der Soldatenpflichten (Treue, Gehorsam und Tapferkeit),
mit der Belehrung über ungezählte verschiedene Honneurs zu be-
schweren, die sie niemals in die Lage kommen praktisch anzuwenden.
Ganz überflüssig ferner ist es die Leute über die einzelnen Schloß-
theile des Karabiners und ihr Zusammenwirken, über Stalldienst und
Wachtdienst zu instruiren. Auch die theoretische Belehrung über
Armee-Eintheilung, Behandlung von Druckschäden, Pferdekrankheiten
und dergl. kann in weit höherem Grade eingeschränkt werden, als es
vielfach geschieht. Wachtdienst, Stalldienst und dergl. lernt der Mann
aus der Praxis einfacher und schneller. Dahingegen muß die durch
alle diese Beschränkungen gewonnene Zeit auf das Eifrigste ausgenutzt
werden um ihn über das zu instruiren, was er im Kriege unbedingt
wissen muß, also über die einfachsten Grundlagen der Felddienst-
thätigkeit, über die Zusammensetzung gemischter Verbände, über das
praktische Schießen und die äußere Behandlung des Karabiners.
Was die Felddienstinstruktion betrifft, die uns hier besonders interessirt, so kann dieselbe für die Rekruten ebenfalls in verhältnißmäßig engen Grenzen gehalten werden. Nach welchen Gesichtspunkten Vorposten, Feldwachen, Vedetten ꝛc. aufgestellt werden,
braucht der Rekrut z. B. keineswegs zu wissen. Dahingegen muß er
über diejenigen Funktionen, die ihm selber zufallen können, auf das
Eingehendste instruirt sein, Patrouillen-, Melde- und Ordonnanzdienst:
ebenso über den allgemeinen Zusammenhang der kriegerischen Verhältnisse, in denen er sich selbstthätig bewegen bezw. die er beim Feinde
beobachten muß: Truppeneintheilung, Gliederung der Vorposten, Kommandoverhältnisse, Anlage und Aussehen künstlich verstärkter Stellungen,
Schützengräben, Artillerie Einschnitte, Deckungen und dergleichen.*)

---

*) Anm. Anschauungsunterricht am plastisch dargestellten Gelände und darin
markirten Truppen ꝛc. fördert den Mann am schnellsten, während es vor Allem dem
Rekruten sehr schwer fällt sich militärische Dinge in der Phantasie vorzustellen.

Er muß wissen, daß er in Gefangenschaft keinerlei Fragen über die eigene Armee richtig beantworten darf. Es ist sehr wohl möglich, die geistige Thätigkeit des Mannes auch in diesem engeren Rahmen des positiven Lernstoffes zu wecken und zu entwickeln. Im Gegentheil: je knapper im Stoff und dafür gründlicher in der Sache die Instruktion betrieben wird, desto mehr wird sich die Gedankenthätigkeit des Mannes klären, während die Masse des zu Lernenden ihn nur verwirrt. Die geistige Einwirkung des Vorgesetzten auf den Mann darf sich allerdings nicht auf die Instruktionsstunde beschränken, sondern es müssen alle möglichen Gelegenheiten herbeigezogen werden um solchen Einfluß zur Geltung zu bringen. Die ganze Sinnes- und Denkart des Vorgesetzten muß in gewissem Sinne auf die Mannschaften in fortdauernder Einwirkung übertragen werden. Besonderer Werth ist darauf zu legen, daß die Leute mündliche Meldungen und kurze Mittheilungen längere Zeit im Gedächtniß zu behalten und dann kurz und klar wiederzugeben lernen. Wesentlich fördert es die geistige Klarheit der Mannschaften, wenn man sie zwingt sich hierbei immer in vollständigen Sätzen und grammatisch richtig auszudrücken anstatt sich mit brockenhaften Andeutungen zu begnügen. Als ganz verfehlt dagegen möchte ich es bezeichnen schon die Rekruten über die Umgebung des Garnisonortes sowohl auf der Karte wie im Gelände eingehend zu instruiren. Man nimmt dem Manne auf diese Weise eine der wenigen Gelegenheiten, die sich ihm während seiner Dienstzeit darbieten, sich ohne Karte im unbekannten Gelände zu orientiren und so den Instinkt des Zurechtfindens auszubilden, was nur durch die Praxis möglich ist. Daß dies als eine der wichtigsten Kriegsanforderungen für jeden Reiter anzusehen ist, dürfte unzweifelhaft feststehen. Von demselben Gesichtspunkt aus muß auch scharfer Protest erhoben werden gegen den ungeheuren Mißbrauch der im Frieden mit Karten getrieben wird. Allerdings müssen die Leute und besonders die Patrouillenführer es verstehen eine Karte zu lesen und nach ihr zu reiten, und es muß das für Unteroffiziere und die älteren Jahrgänge zum Gegenstand besonderer Uebungen gemacht werden: unkriegsgemäß ist es dagegen und daher eine schlechte Vorbereitung für den Krieg, wenn man im Interesse besserer Manövererfolge Karten in ungezählter Menge und sogar in größeren Maßstäben

12*

ausgiebt und es nicht nur jedem Patrouillenführer sondern sogar
jedem Meldereiter ermöglicht sich für wenige Pfennige eine solche zu
verschaffen. Im Kriege ist selbstverständlich an eine auch nur annähernd ähnliche Kartenausrüstung besonders in Feindesland gar nicht
zu denken.

Auch die Erziehung der Unteroffiziere muß systematisch betrieben
werden, indem man sie ihren Fähigkeiten und Leistungen nach in verschiedene Instruktionsgruppen theilt (zwei Klassen genügen) und die
begabteren nicht nur für höhere Dienstleistungen besonders instruirt
sondern sie auch rationell und bewußt zu Lehrern ausbildet. Ebenso
muß man der Unteroffizierschule eine eingehende Beachtung schenken;
wird dieselbe nicht ernst und konsequent betrieben, so ist sie eine arge
Zeitverschwendung; erhalten die Leute aber einen ernsten und wirklich
fördernden Unterricht, so trägt derselbe sehr wesentlich zu ihrer
geistigen Entwicklung bei und wirkt damit günstig auch auf ihre militärische Leistungsfähigkeit zurück.

Was die praktischen Uebungen in der Schwadron betrifft, so
müssen sich dieselben von dem Geiste des kleinen Detachementskrieges
möglichst freimachen und der Thätigkeit in großen Verhältnissen möglichst unmittelbar vorzuarbeiten suchen. Eisenbahn- und Brücken-
zerstörungen, Requisitionsdienst und dergleichen müssen natürlich nach
wie vor geübt werden, da sie, wenn auch ihrem Wesen nach zum
kleinen Kriege gehörig, auch im Rahmen der größten Verhältnisse
immer wieder vorkommen werden. Vor Allem wird man den Vorpostendienst nicht lediglich nach dem gewohnten einseitigen Schema von
Pikets und Feldwachen üben dürfen, sondern man wird den wechselnden Anforderungen des Krieges in weitgehender Weise Rechnung tragen
müssen. Besonders wird man die nach den verschiedenen Zwecken
verschiedenartige Besetzung und Ausnutzung von Ortschaften, ferner die
Benutzung von Wäldern, Geländeerhebungen und Abschnitten in ausgiebiger Weise in den Kreis der Uebungen hineinziehen und hierbei
schon in der Eskadron den Leuten der Unterschied zwischen Vorposten
gemischter Waffen und solchen selbständiger Kavallerie klar machen.
Auf diese letzteren muß dabei das Hauptgewicht der gesammten Vor-
postenausbildung gelegt werden, was heute noch keineswegs der
Fall ist. Dazu gehört auch eine gründliche Ausbildung im Sicherungs-

und Aufklärungsdienst bei Nacht und die nächtliche Vertheidigung von Kantonnements. Auch der Verwendung des Gefechts zu Fuß im Angriff muß — wie schon oben gesagt — die dem Ernst der Sache entsprechende Würdigung bei den Uebungen zu Theil werden, damit die Truppe mit dieser Fechtart vollkommen vertraut wird.

Im Allgemeinen aber muß man sich darüber klar sein, daß die Ausbildung in der Eskadron immer nur das Elementare umfassen kann und daher lediglich als die Vorstufe der Gesammt-Felddienstausbildung betrachtet werden darf. Wo diese letztere vollständig den Eskadrons überlassen wird, da fehlt den Leuten die so außerordentlich wichtige Gewohnheit sich in größeren militärischen und Raumverhältnissen zurechtzufinden. Auch führt die fortgesetzte Uebung im gleichen Verbande zu geistlosen Wiederholungen und mannigfachen Unnatürlichkeiten. Die Felddienstausbildung in der Eskadron muß daher auch zeitlich begrenzt, und sobald sie ihren Abschluß gefunden hat, muß zu Uebungen im Regiment und, wo es die Verhältnisse irgend gestatten, d. h. wo die Garnisonorte nicht allzuweit auseinander liegen, des Weiteren zu solchen in der Brigade übergegangen werden. Der Training der Pferde muß zu dieser Zeit entsprechend gefördert, und Marschleistungen von 30 bis 40 Kilometer für die Gros dürfen keine Anstrengung mehr sein. Es eröffnet sich hier ein weites und segensreiches Feld für die Thätigkeit der Brigadekommandeure. Wichtig ist dabei, daß die Uebungen in systematischer Anordnung die hauptsächlichsten Thätigkeitsgebiete der Reiterei zur Darstellung bringen (Sichern, Verschleiern, Aufklären, Raid, Ueberfall), damit allen Führern das grundsätzlich Verschiedene bei den jeweiligen Aufgaben zum Bewußtsein kommt. Ebenso wichtig ist es ferner, daß in diesen Verbänden das Operiren in getrennten Abtheilungen, das Reguliren ihrer Marschgeschwindigkeit, ihr Zusammenwirken im Gefecht, das richtige Funktioniren des Befehls- und Meldeapparats bis ins Einzelne geübt und darin volle Sicherheit erlangt wird. Auch muß schon hier darauf hingewiesen werden, daß es für eine weise Oeconomie der Kräfte dringend erforderlich ist die Einrichtung des Patrouillendienstes systematisch zu regeln nicht nur bezüglich der den Patrouillen zu stellenden Aufgaben sondern auch bezüglich ihrer Absendung. Beispielsweise kann das etwa so geschehen, daß bei geschlossenem Vormarsch die Sicherung von der Truppe

selbst, die Aufklärung von der obersten Leitung angeordnet wird, bei
getrennten Kolonnen, jeder einzelnen derselben eine bestimmte Auf-
klärungsaufgabe von der obersten Leitung zugewiesen wird, diese letztere
sich dann aber persönlichen Eingreifens enthält. Sonst kommt es nur
allzu leicht vor, daß für denselben Zweck von verschiedenen Stellen
Patrouillen angesetzt werden und damit entweder eine unzulässige
Kraftvergeudung eintritt oder unter Umständen das Patrouillennetz in
einzelnen Richtungen Lücken zeigt.

Auch die Führer gemischter Truppenverbände sollten sich die
Nothwendigkeit einer solchen Systematik der Anordnungen klar machen
und entweder die gesammte Aufklärung dem Kavallerieführer überlassen
oder aber, wenn sie gewisse Aufklärungsrichtungen ihrer persönlichen
Anordnung vorbehalten, dieses dem Kavallerieführer mittheilen, nicht
aber nachträglich in die Anordnungen des Kavalleristen eingreifen.
Das erstere Verfahren ist das prinzipiell richtige und wird überall da zu den besten Resultaten führen, wo ein umsichtiger Reiterführer genügend über die Absichten der höheren Truppenführung orientirt
und für das Ergebniß der Aufklärung allein verantwortlich gemacht wird.

Was endlich das Zusammenüben mit den anderen Waffen anbetrifft, so muß auch dieses vielfach in neue gegen das jetzt Uebliche
veränderte Bahnen gelenkt werden. Abtheilungen gemischter Waffen
bedürfen ja natürlich der Kavallerie für den Aufklärungs-, Sicherungs-
und Ordonnanzdienst, für die Kavallerie selbst aber haben diese
Uebungen, so lange es sich um kleinere Verbände handelt, doch nur
den beschränkten Werth, daß die Mannschaften die Verbände und die
Gefechtsentwicklung der anderen Waffen kennen und auch aus der Entfernung beurtheilen lernen. Das taktische Zusammenwirken mit
Kompagnien, Bataillonen und Regimentern hat dagegen so gut wie
gar keine Bedeutung und läuft meistens auf eitel Spielerei hinaus. Viel
wichtiger ist es, daß die Truppe geübt wird, größere Infanterie-
aufstellungen, Kolonnen und Entwicklungen zu beurtheilen. Man wird
daher die Uebungen in jener ersten Richtung auf das nothwendigste
Maß zu beschränken, dafür aber jene anderen möglichst häufig herbeizuführen suchen müssen. Verabredungen mit nicht allzu fernen Neben-
garnisonen werden hierzu häufig geeignete Gelegenheit bieten. Auf
diesem Wege kann schon in der Garnison und im Brigadeverbande der

Ausbildung der Kavallerie für den großen Krieg vorgearbeitet, die
wirkliche Uebung in großen Verbänden kann hierdurch aber keineswegs
ersetzt werden.

Es muß vielmehr mit allem Nachdruck gefordert werden, daß
die gesammte Felddienstausbildung der Kavallerie in operativen
Uebungen größerer und wechselnder Verbände ihren systematischen
Abschluß findet. So wichtig die Ausbildung im Manöver ist, so kann
dieselbe derartige Uebungen doch niemals ersetzen. Diese letzteren
müssen daher als mindestens ebenso wichtig bezeichnet werden wie die
großen Exerzirübungen in höheren Verbänden, da von der verständniß
vollen operativen Führung die strategische Bedeutung der Waffe für die
obere Heeresleitung wesentlich bedingt wird, und da die gerade auf
diesem Gebiet zu überwindenden Schwierigkeiten außerordentlich groß sind.
Auch bei diesen Uebungen wird es sich empfehlen die Aufgaben systematisch
zu stellen, um Klarheit für die wesentlichen Gesichtspunkte herbeizuführen.
Von besonderer Wichtigkeit wird es sein Bagagen und womöglich Trains
dem mobilen Verhältniß entsprechend mitzuführen und auch die Ver
pflegung von Mann und Pferd in kriegsgemäßer Weise aus nach=
geführten Beständen eintreten zu lassen. Sonst würden auch solche
Uebungen allzuleicht über die wirkliche Schwierigkeit größerer opera
tiver Bewegungen der Kavallerie hinwegtäuschen. Gerade die Selbsttäuschung zu vermeiden muß aber auf alle Fälle erstrebt werden.
Es wird daher auch nothwendig sein die Entfernungen und Frontbreiten
mit Rücksicht auf die Verhältnisse und Ausdehnungen des Zukunftskrieges
bezw. der Massen=Armeen zu wählen und den Maßstab für diese Dinge
nicht etwa aus dem Kriege 1870/71 herzunehmen. Ebenso ist eine kriegs=
gemäße Verwendung des Telegraphen anzustreben und mit Strenge darauf
zu halten, daß er nur in solchen Fällen zu Meldungen benutzt wird, in
denen das auch im Ernstfall möglich wäre. Es ist daher u. A. auch
erforderlich, daß vorher bestimmt wird, welche Partei in Feindesland
operirt. Zur Darstellung nachfolgender Armeetheile können Flaggen
Kolonnen und Friedens-Garnisonen Verwendung finden. Daß das
geschieht, ist für die systematische Uebung des Patrouillendienstes dringend
erforderlich.

Daß solche Uebungen unter Umständen bedeutende Kosten verursachen
werden, läßt sich allerdings nicht verkennen, und wenn man ihre eminente

Wichtigkeit und Nothwendigkeit auch nicht leugnen kann, so wird man
doch zunächst wenigstens kaum darauf rechnen können sie jährlich für die
gesammte Kavallerie durchgeführt zu sehen. Es muß daher auch von
diesem Gesichtspunkt aus zunächst erstrebt werden die Uebungsperioden
der größeren Kavalleriekörper derart zu verlängern, daß zwischen den
Exerzirtagen Felddiensttage eingeschoben werden können, bei denen
wenigstens das formale Zusammenwirken von Massen im Rahmen
größerer Felddienstaufgaben geübt werden könnte. Es fragt sich ferner
aber, ob man nicht gut thäte eventuell einen Theil der taktischen Kavallerie-
(Divisions- zc.) Uebungen im Interesse operativer Kavallerie Manöver zu
opfern, und ob man den von diesen Letzteren zu erwartenden Nutzen nicht
theilweise wenigstens auf andere Weise erreichen kann. Mir will scheinen,
daß Letzteres bis zu einem gewissen Grade wohl möglich wäre, wenn wir
uns entschließen könnten von unseren gewohnten Uebungsbestimmungen
theilweise abzuweichen und anzuordnen, daß eine gewisse Anzahl von
Garnisonen gruppenweise gegeneinander zu üben habe. Sieht man
bei der Gruppirung von Korpsgrenzen und dergleichen ab und richtet
die Uebungen so ein, daß die Truppe vielleicht nur eine Nacht außerhalb
der Garnison zuzubringen braucht, während welcher biwakirt werden kann,
so dürften bei relativ großem Nutzen verhältnißmäßig geringe Kosten
entstehen, besonders da es bei derartigen Uebungen gar nicht darauf
ankäme alle Gefechte wirklich durchzuführen, sondern hauptsächlich darauf
die Konzentration zu denselben, wo eine solche nöthig wird, zweckmäßig
herbeizuführen und den gesammten Aufklärungs-, Befehls- und Melde-
Apparat in Funktion zu setzen. Auf diese Weise würde auch der Flur-
schaden sich in engen Grenzen halten lassen.

Ein Beispiel wird dazu beitragen diesen Gedanken klarzustellen.
Bildet man aus den Regimentern in Metz, Diedenhofen und St. Avold
einerseits sowie aus denen in Dieuze, Saarburg, Saargemünd und
Saarbrücken andererseits je eine Gruppe, so läßt sich sehr wohl eine
Kriegslage supponiren, nach welcher jede dieser Gruppen als selbständig vorgeschobene Kavallerie einer Armee die betreffenden Garnisonorte als Kantonnements erreicht hat. Die Entfernung der genannten
Ortsgruppen von einander und der einzelnen Orte unter sich ist dabei
eine derartige, daß sie wirklichen Verhältnissen annähernd entspricht
und die beiderseitigen Kräfte sehr wohl am Ende eines Tagesmarsches

theilweise zusammenstoßen können. Wenig kostspielige Biwaksplätze würden sich in den lothringischen Waldungen oder sonst an geeigneten Stellen leicht finden lassen. Die in den genannten Garnisonen stehende Infanterie könnte die nachfolgenden Armeeteten darstellen, ohne in ihrer Ausbildung wesentlich beeinträchtigt zu werden. Rückt man zu vier Schwadronen aus, so können auch die Fahrzeuge einigermaßen kriegsgemäß bespannt werden. Es käme dabei weniger darauf an die volle Zahl der Kriegsfahrzeuge mitzunehmen, als daß dieselben kriegsgemäß beladen werden. Am Nachmittage und in der Nacht vor dem Ausrücketage könnten schon Vorposten ausgestellt und der Erkundungsdienst begonnen werden. So ließe sich in zwei Tagen eine strategische Uebung der Kavallerie in großem Stile durchführen, ohne daß besondere Kosten und Schwierigkeiten entständen. Die Kavallerieinspekteure wären die gegebene Instanz für die Leitung derartiger Uebungen, die sich, wie an dem vorliegenden Beispiel gezeigt, wenn auch nicht überall so doch in den verschiedensten Gegenden unschwer organisiren lassen.*)

Wie es nun bei allen Kavallerieübungen unbedingt erforderlich ist den Massen= und Raumverhältnissen des Zukunftskrieges Rechnung zu tragen, so würde es für die Kavallerie von hoher Bedeutung sein, wenn auch bei den Manövern, bei denen das Zusammenwirken mit den anderen Waffen gelehrt werden soll, dieser Gesichtspunkt mehr in den Vordergrund träte.

Es würde ja natürlich unbillig sein zu verlangen, daß bei diesen Uebungen das Interesse der übrigen Waffen gegen dasjenige der Kavallerie irgendwie zurückgestellt würde; doch fragt es sich, ob in dieser Richtung die Interessen nicht identische sind. Auch für die Infanterie hat der kleine Detachementskrieg sehr wesentlich an Bedeutung verloren: auch für sie ist die Massenverwendung in den Vordergrund getreten, ebenso für die Artillerie. Der Detachementskrieg kann des Ferneren bei

---

*) Anm. Unter Berücksichtigung derartiger und ähnlicher an die Inspetteure herantretender Aufgaben kann wohl der Erwägung anheimgegeben werden, ob es sich nicht empfiehlt ihnen Generalstabsoffiziere beizugeben. Zudem ist jede Vermehrung von Generalstabs=Offizierstellen im Frieden ein großer Vortheil für den Krieg, da die Kriegsformation der Armee sehr viel Generalstabsoffiziere mehr erfordert, als im Frieden vorhanden sind, was als ein schwerer Uebelstand bezeichnet werden muß

Garnisonübungen und dergl. meist genügend gelehrt werden. Sehr
viel geringer dagegen ist die Gelegenheit zu Uebungen in größeren
Verbänden. Ich möchte daher glauben, daß es für alle Waffen von
wesentlichem Vortheil wäre, wenn die bisherigen Brigademanöver mit
all ihren veralteten Unnatürlichkeiten zu Gunsten der Divisions= und
Korpsmanöver gänzlich fortfielen. Die Kavallerie jedenfalls könnte das
nur freudig begrüßen. Es würde das wesentlich dazu beitragen die
Manöververhältnisse im kavalleristischen Sinn kriegsgemäßer zu gestalten.
Auch der Manöverleitung würde es dann leichter sein der Kavallerie
Aufgaben zu stellen, die der Wirklichkeit entsprechen.

Zu dieser Richtung muß es als besonders wünschenswerth bezeichnet
werden, wenn der Reiterei von Zeit zu Zeit Gelegenheit gegeben würde
die Grundsätze der Verfolgung im größeren Stil zur Darstellung zu
bringen und ebenso die Deckung von Rückzügen. Für beides ist die
Kavallerie auf die Manöver mit gemischten Waffen angewiesen, da
derartige Uebungen bei den selbständigen Kavallerieübungen naturgemäß
nicht zur Darstellung kommen können.

Sehr wesentlich wird ferner die Manöverleitung dazu beitragen
können die Uebungen für die Kavallerie lehrreich zu gestalten und zugleich
das Interesse aller am Manöver Betheiligten zu fördern, wenn sie
darauf hält, daß die Anforderungen an die Aufklärungsleistung der
Kavallerie in verständigen Grenzen gehalten werden. Immer und immer
wieder erlebt man es, daß die Patrouillen viel zu spät weggeschickt
werden, um rechtzeitig Meldung bringen zu können. Immer wieder
verlangen die Führer über jedes einzelne Bataillon des der Stärke
nach meist bekannten Gegners orientirt zu werden, man will die genaue
Stärke der Besatzung eines Ortes oder eines Waldes erfahren — als
ob Kavallerie das überhaupt ermitteln könnte — und wenn am Abend
kein Kroki über die feindliche Vorpostenstellung vorliegt, so soll die
Kavallerie ihre Schuldigkeit nicht gethan haben. Es kann meines
Erachtens gar nicht scharf genug darauf hingewiesen werden, daß diese
Verhältnisse gänzlich untriegsgemäß sind. Im Kriege ist man über die
Stärke des Feindes niemals genau orientirt. Keinem verständigen
Menschen fällt es im Ernstfall ein die Kräfte der Kavallerie zu ver=
brauchen, um die feindlichen Vorposten bis ins Einzelne auszuspioniren.
Derartige Anforderungen sind Fossilien aus vergangener Zeit und nur

vielleicht noch gerechtfertigt, etwa wo man einen Ueberfall plant. Auch
das ist vollständig unkriegsgemäß unter allen Umständen eine eingehende
Gefechtsaufklärung zu fordern; eine solche ist bei den heutigen Waffen-
wirkungen nur da möglich, wo die Geländeverhältnisse sie besonders
begünstigen. Alle diese Dinge entsprechen aber nicht nur nicht der
Wirklichkeit, sondern sie wirken auch außerordentlich nachtheilig. Allzu
genaue Nachrichten verwöhnen die Führung in ganz unstatthafter Weise,
und die Kavallerie wird durch derartige Anforderungen geradezu verdorben. Sie soll allerdings, wo die Verhältnisse es nöthig machen, sich
nicht scheuen nahe an den Gegner heranzugehen, um sich Nachrichten
unter den feindlichen Kugeln zu holen. Im Allgemeinen aber ist eine
sichere und ruhige Beobachtung nur außerhalb des feindlichen Feuer-
bereichs möglich; die Kavallerie soll also lernen von weither zu beobachten, auch aus der Entfernung feindliche Verhältnisse annähernd richtig
zu beurtheilen; sie soll lernen ihre Aufmerksamkeit auf das Wesentliche
zu richten und ihre Kraft nicht in unwesentlichen Nebensachen zu vergeuden. Sucht sie nun aber diesen letzteren Anforderungen gerecht zu
werden, so ist es natürlich unmöglich alle die Nachrichten zu verschaffen, die so vielfach von der Führung verlangt werden. Sie
gewöhnt sich daher daran unkriegsgemäß zu beobachten und wird
dadurch in ihrem wichtigsten Ausbildungszweige geschädigt. Ja es
kommt sogar vor, daß die Patrouillenführer sich gegenseitig über die
Verhältnisse ihrer Partei orientiren, weil es ihnen thatsächlich nach Zeit
und Raum unmöglich ist die gewünschten Nachrichten in kriegsgemäßer
Weise zu verschaffen und es ihnen immer noch zweckmäßiger erscheint
diesen Modus zu wählen, als ihre Leute an unkriegsgemäßes Reiten
zu gewöhnen. Die Erkundung und ihre Ergebnisse können aber nur
dann für die Ausbildung von Nutzen sein, wenn sie sich innerhalb der
Grenzen halten, die auch die Wirklichkeit bedingt. Gerade die fort-
dauernde Unsicherheit über die Verhältnisse des Gegners, die Atmosphäre
von Unklarheit und verwirrenden Nachrichten, in denen man sich fortdauernd bewegt, bietet für die Führung — das fortwährende Element der
Gefahr für die Beobachtung das Charakteristische des Krieges. Weder
das Eine noch das Andere darf bei den Friedensübungen vollständig
ausgeschaltet werden.

6. Die höhere militärische Ausbildung des Offizierkorps.

Die Betrachtung der Reiterthätigkeit in einem zukünftigen Kriege hat uns gezeigt, welche ungeheuer hohen Anforderungen in Zukunft an den Führer größerer Reitermassen gestellt werden müssen. Er muß die Technik seiner eigenen Waffe vollkommen beherrschen. Er muß im Stande sein mit Verständniß auf die umfassendsten strategischen Absichten der oberen Heeresleitung einzugehen und unter Umständen im Sinne derselben selbständig zu handeln. Er muß mit dem Wesen, der Fechtart und den Eigenthümlichkeiten der anderen Waffen genau vertraut sein, um die Momente für sein Eingreifen ins Gefecht richtig würdigen zu können. Er muß von rascher Entschlossenheit es verstehen Kühnheit mit Umsicht zu vereinigen. Außerdem fordert seine Aufgabe im Kriege größte körperliche Frische, unermüdliche Thätigkeit und verwegenes Reiten.

Müssen solche Anforderungen an die höheren Reiterführer gestellt werden, so müssen andererseits auch die niederen Chargen — ganz abgesehen von Körper- und Charaktereigenschaften — über eine Summe militärischen Könnens und militärischer Bildung verfügen, wie das bisher weitaus nicht in gleichem Maße der Fall war. Welcher Grad von Selbständigkeit im einfachen Reitergefecht größerer Massen und bei den operativen Bewegungen der Reiterei an den einzelnen Unterführer herantreten kann, ist bereits zur Sprache gekommen, und es mußte hervorgehoben werden, wie nur ein eingehendes Verständniß für die Gesammtlage den Einzelnen befähigen kann in solchen Momenten zweckmäßig zu handeln. Hier tritt also die Nothwendigkeit umfassenden allgemein militärischen Verständnisses schlagend hervor. In gleich hohem Grade aber tritt dieser Gesichtspunkt besonders da in den Vordergrund, wo es sich um die strategische Aufklärung handelt. Diese ganze Thätigkeit erfordert heute nicht nur sehr wesentlich gegen früher gesteigerte Dauerleistung und Kühnheit, sondern vor Allem auch erhöhtes Verständniß für den Zusammenhang der großen Operationen und reife militärische Urtheilsfähigkeit bis hinab zum Führer der einzelnen Patrouille.

Die ganze Art zu beobachten und zu erkunden sowie die Ergebnisse dieser Thätigkeit werden sich ganz anders gestalten, wenn diese letztere von Offizieren betrieben wird, die es gelernt haben große Verhältnisse zu verstehen und zu beurtheilen, als wenn sie von solchen ausgeführt wird, die nur gewohnt sind im beschränkten Kreise ihrer Dienststellung zu denken und zu handeln. Die Letzteren werden immer nur beobachtete Einzelheiten melden können; Folgerungen aus ihnen zu ziehen, das Wichtige und Unwichtige des Beobachteten zu unterscheiden und danach die Erkundung mit bewußter Absicht in einem bestimmten Sinne weiter zu führen werden sie meist nicht in der Lage sein. Gerade das aber muß von allen Offizieren gefordert werden, die bei der Aufklärung thätig sind. Sie müssen es verstehen aus einer gewissen Summe von Wahrnehmungen Stärke, Verhalten und Zustand des Gegners im Allgemeinen zu beurtheilen, den wahrscheinlichen Zusammenhang der feindlichen Operationen gewissermaßen herauszufühlen, danach die wichtigen Punkte und Richtungen zu erkennen und nach solchen Gesichtspunkten die Erkundung fortzusetzen. Trifft er auf Vorposten oder besetzte Stellungen, so muß ein solcher Offizier im Stande sein schon nach dem Gelände bezw. nach der Karte zu beurtheilen, wo voraussichtlich die Flügelpunkte zu suchen sind, wohin er daher seinen Ritt zu richten hat. Trifft er auf ruhende oder marschirende feindliche Truppen, so muß er sich zu entscheiden vermögen, ob es wichtiger erscheint sich gerade diesen anzuhängen oder die Erkundung in anderer Richtung fortzusetzen. Er muß eben beurtheilen können, was zu wissen der höheren Führung nothwendig, was von weniger Belang ist, auch da, wo sein Auftrag oder seine Instruktion ihn angesichts veränderter Verhältnisse im Stich lassen. Dergleichen Beispiele ließen sich noch beliebig vermehren; stets aber werden sie ergeben, daß eine umfassende militärische Schulung und ein wenigstens allgemeines Verständniß für das Wesen des großen Operationskrieges für den erkundenden Offizier ein dringendes Erforderniß ist. Schon die Geschichte früherer Kriege beweist das in ungezählten Fällen; um wie viel mehr wird der Krieg der Zukunft diese Anforderung stellen. Nur beispielsweise sei auf die Lage vor der Schlacht bei Gravelotte hingewiesen. Hier kam es darauf an festzustellen, ob die Franzosen sich noch bei der Festung befänden oder im Abmarsch begriffen seien. Keine der Patrouillen aber, deren Thätigkeit man verfolgen kann, bezw. deren Meldungen noch vorliegen, ist anscheinend mit dem nöthigen Verständniß für die Situation geritten

bezw. hat im Sinne dessen gemeldet, was der oberen Heeresleitung zu
wissen wichtig war. Nicht einmal die Marschrichtung beobachteter
Kolonnen, auf die doch Alles ankam, nicht die Größe wahrgenommener
Lager, nicht das vollständige Freisein wichtiger Straßenzüge wurde
festgestellt oder gemeldet, obgleich sich die Patrouillen in nächster Nähe
befanden, wo das Wissenswerthe sicher ermittelt werden konnte. So
führten selbst die wichtigsten Wahrnehmungen zu falschen Schlüssen und
das, was für die Anordnung der Schlacht von äußerster Wichtigkeit ge=
wesen wäre, konnte erst festgestellt werden, nachdem diese selbst schon
längst im Gange war. Derartige Kriegserfahrungen haben sich immer
von Neuem wiederholt.

Wenn man nun erwägt, wie sehr der Werth zuverlässiger Aufklärung im zukünftigen Operationskriege der Massenheere gewachsen ist,
so wird man sich der Einsicht nicht verschließen können, daß eine diesen
Verhältnissen entsprechende Erziehung unserer Kavallerieoffiziere von
äußerster Wichtigkeit ist. Die heutige Ausbildung derselben bietet nicht
überall die Gewähr dafür, daß auch nur das Nothwendige erreicht wird.

Das militärwissenschaftliche Gepäck, das von der Kriegsschule mit
gebracht wird, kann immerhin nur als ein leichtes bezeichnet werden.
Es ist ja auch keineswegs die Aufgabe der Kriegsschulen eine höhere
militärische Bildung zu gewähren. Um so mehr muß es als ein schwerer
Uebelstand bezeichnet werden, daß die militärwissenschaftliche Ausbildung
unserer Reiteroffiziere mit der Kriegsschule abschließt, denn die Praxis
des Dienstes gewährt ihnen nicht den nöthigen Ersatz für höhere theo=
retische Ausbildung. Sie bewegt sich im Allgemeinen in kleinen und
kleinsten Verhältnissen, die nicht geeignet sind den Blick im Sinne des
modernen Krieges zu erweitern, und wo bei den wenigen größeren
Manövern dem Offizier Gelegenheit gegeben wird sich auch in größeren
Verhältnissen zu versuchen, tritt er ohne die nothwendige Vorschulung
in dieselben ein und ist selten in der Lage den vollen Vortheil aus ihnen
zu ziehen, den sie vielleicht gewähren können.

Der gewöhnliche Ausbildungsgang des Offiziers genügt nun einmal
für den Reiteroffizier nicht, der schon in jungen Jahren in die Lage
kommen kann strategisch wichtige Verhältnisse beurtheilen zu müssen,
und es drängt sich daher gewissermaßen von selbst die Forderung auf,
daß die oberste Heeresleitung für die weitere theoretische und praktische

Ausbildung der Kavallerieoffiziere sorgen möchte. Die praktische Weiterbildung würde im Anschluß an die erweiterte Felddienstausbildung der Truppe zu suchen sein. Für die wissenschaftliche Ausbildung aber würde wohl weitaus am besten gesorgt durch Errichtung einer Kavallerieschule, ähnlich der Artillerie= und Ingenieurschule, in welcher die jungen Kavallerieoffiziere theoretisch für ihren Beruf ausgebildet würden, nachdem sie einige Jahre praktischen Truppendienst gethan haben. Wenn die so gewonnene militärwissenschaftliche Grundlage, die lediglich die operativen, strategischen und taktischen Verhältnisse zu umfassen hätte, durch theoretische Belehrung seitens der Regimentskommandeure bezw. der Generalstabsoffiziere bei den Divisionen oder beim Armeekorps weiter ausgebaut und der praktische Dienst im gleichen Geiste betrieben würde, so ließen sich meines Erachtens mit unserem erstklassigen Offiziermaterial, dem vielfach nur Anregung und Möglichkeit zur Weiterbildung fehlen, außerordentliche Resultate erzielen. Eine solche Schule ließe sich vielleicht am besten der Reitschule in Hannover angliedern, deren augenblicklicher Leiter schon jetzt auf die geistige und militärwissenschaftliche Weiterbildung der Offiziere in sehr dankenswerther Weise bedacht ist. Das frische Reiterleben würde vielleicht ein wünschenswerthes Gegengewicht gegen die Gefahr grauer Theoretik bilden, und die Umgebung der Garnison Hannover bietet zugleich vorzügliche Gelegenheit zu praktischen Uebungen in Erkundungs= und Dauerritten.

So lange ein solches meines Erachtens äußerst wünschenswerthes Ziel nicht erreicht ist oder gar unerreichbar erscheint, muß im Rahmen der jetzigen Ausbildungsmittel Ersatz geschaffen werden, da eine intensive Steigerung in der militärischen Erziehung der Reiteroffiziere eine unabweisbare Nothwendigkeit ist. Diese intensivere Ausbildung muß schon beim Beginn der Offizierlaufbahn einsetzen. Sie muß das doppelte Ziel verfolgen einerseits den Offizier in das Verständniß der taktischen und operativen Verhältnisse derart einzuweihen, daß er im Stande ist im Sinne der oberen Heeresleitung den Feind zu erkunden, andererseits ihn zu befähigen seine Truppe im Sinne einer gegebenen strategischen Lage zu führen.

Alle Mittel müssen in den Dienst dieses Zweckes gestellt werden.

Ein wesentliches Moment im Sinne solcher Erziehung bildet zunächst das Reiten selbst. Wer sich in jeder Lage sicher im Sattel fühlt,

mit seinem Pferde nicht zu kämpfen und gelernt hat im Galopp zu
denken, zu überlegen und zu befehlen, der wird mit ganz anderer
Sicherheit und anderem Erfolge Kavallerie führen und vor dem Feinde
erkunden, als wer diese Eigenschaften nicht besitzt. Entschlossenes und
kühnes Reiten wirkt übrigens auf alle übrigen soldatischen Charakter=
eigenschaften fördernd zurück und bildet somit ein erziehliches Moment
ersten Ranges, ganz abgesehen davon, daß es dem Untergebenen
imponirt und ihn mit fortreißt.

Auch im Sinne der höheren Ausbildung ist daher auf die
Förderung und Erhaltung erstklassigen Reitens im Offizierkorps immer
von Neuem Bedacht zu nehmen. Des Ferneren wird im praktischen
Dienst — wie bei der Ausbildung der Truppe selbst so auch bei
derjenigen der Offiziere bei Felddienstmanövern und Kavallerieübungen —
unausgesetzt danach getrachtet werden müssen im Sinne der modernen
Kriegsanforderungen zu wirken. Da aber, wie wir sahen, dieser
praktische Dienst nirgends den Rahmen bietet, innerhalb dessen sich die
Thätigkeit im Kriege wirklich bewegen wird, so erscheint es unerläß=
lich, durch ganz systematisch betriebene Uebungsritte, Kriegsspiele und
Generalstabsreisen, an denen sämmtliche Offiziere in bestimmter
Reihenfolge theilzunehmen hätten, für die dann aber auch die Geld=
mittel in regelmäßigen Quoten geliefert werden müßten, hierfür
wenigstens einigermaßen Ersatz zu schaffen. Solche Uebungen müßten
im Regiment beginnen und in der Brigade sowie unter dem In=
spekteur unter gleichzeitiger Erweiterung des militärischen Rahmens
fortgesetzt werden. Werth und Bedeutung haben sie aber nur dann,
wenn ihnen größere zusammenhängende militärische Situationen zu
Grunde gelegt werden, wenn sie sich im Rahmen moderner Armee=
verhältnisse bewegen und im Allgemeinen den Theilnehmern Aufgaben
gestellt werden, die weit über der Thätigkeit ihrer Charge liegen und
ihren Gesichtskreis eigentlich übersteigen. In der Wirkungssphäre seiner
Charge ist jeder Offizier fortdauernd thätig; in kleineren taktischen Ver=
hältnissen hat er ausreichend Gelegenheit sich zu üben. Derartige Verhält=
nisse auch noch zum Gegenstand taktischer Uebungsritte 2c. zu machen,
erscheint demnach weniger erforderlich und wird auch das nothwendige
Interesse der Theilnehmer nicht auf die Dauer zu fesseln vermögen.
Hingegen hat der Truppenoffizier sehr viel seltener oder eigentlich

niemals Gelegenheit sich eine Vorstellung von der Ausführung und dem
Zusammenhang größerer Operationen zu machen, sich von der Bedeutung der Einzelhandlung im Rahmen einer Gesammtsituation
Rechenschaft zu geben, sich zu vergegenwärtigen, wie das Einzelne und
vielleicht scheinbar Unbedeutende bis in die weitesten Kreise weiter
wirken kann. Je höher die Warte ist, auf die man ihn stellt, desto
mehr wird er den relativen Werth des Einzelnen richtig beurtheilen
lernen; je klarer er sich in solcher Lage über die Schwierigkeiten und
Reibungen einer Gesammthandlung ist, desto eher wird er später in
seiner thatsächlichen Stellung im Sinne einer Gesammtsituation zu
handeln wissen, deren ursächlichen und zweckmäßigen Zusammenhang er
zu verstehen und zu würdigen gelernt hat.

Solche umfassende Uebungsanlage schließt es im Uebrigen keineswegs aus gelegentlich auch auf die Einzelverhältnisse selbst einzugehen
und neben den Bedingungen und Friktionen der größeren operativen
Bewegungen auch das zur Sprache zu bringen, was sich im engeren
Rahmen der einzelnen Truppe oder Patrouille abspielt und seinerseits
bestimmend auf die Gesammthandlung zurückwirkt. Indem man den
Offizier auf diese Weise in seiner Eigenschaft als Führer fördert, wird
man zugleich seine Fähigkeit als Erkundungsoffizier steigern. Auch
muß man stets darauf bedacht sein seine geistige Schlagfertigkeit und
seine Entschlußfähigkeit weiter auszubilden. Man wird daher bei allen
derartigen Uebungen Schnelligkeit der Auffassung, der Ueberlegung
und des Entschlusses, bei Uebungsritten auch in raschen Gangarten
fordern und streng darauf halten müssen, daß alle durch die Lage bedingten Befehle und Anordnungen nicht nur mit Umsicht alle ein-
schlagenden Verhältnisse berücksichtigen, sondern vor Allem auch mit
unbedingter Klarheit und Präzision gegeben werden. Wichtig ist es
ferner, daß der Lernende immer von Neuem in schnell wechselnde und
überraschende Lagen gebracht wird, in denen rasch sich zurechtzufinden
er gezwungen wird, und daß man mit der taktischen Uebung zugleich
große körperliche Anstrengung verbindet, wie sie im Kriege immer als
gegeben vorausgesetzt werden kann. Umfangreiche schriftliche Arbeiten
in größerer Zahl ausführen zu lassen, empfiehlt sich dagegen in den
meisten Fällen nicht. Die nöthigen Befehle und Anordnungen werden
am zweckmäßigsten während der Uebung selbst niedergeschrieben. Die

Lage muß am Schluß jedes Uebungstages schriftlich festgelegt werden.
Alles Weitere ist vom Uebel. Es lähmt meistens nur die Freudigkeit
und die Frische der Theilnehmer.

Werden besonders Uebungsritte, die ich für lehrreicher halte als
jedes Kriegsspiel, in diesem Sinne betrieben, werden die Aufgaben
systematisch nach bewußten Gesichtspunkten gestellt, sorgen die höheren
Vorgesetzten der Waffe und des Truppenverbandes (Inspecteure, com-
mandirende Generale) dafür, daß überall in den maßgebenden Beziehungen gleiche Gesichtspunkte zur Geltung kommen und nach gleichen
Grundsätzen verfahren wird, so lassen sich, glaube ich, auch auf diesem
Wege recht namhafte Erfolge erzielen.

Eine werthvolle Ergänzung kann die auf solche Weise angestrebte
militärische Weiterbildung der Offiziere eventuell durch taktische
Arbeiten erhalten nach Art derjenigen, welche im Generalstab zur
Ausbildung der commandirten Offiziere gestellt werden. Nur müßte
natürlich dem verschiedenen Zweck auch eine anderweitige Wahl der
Themata entsprechen. Von den jüngeren Offizieren wäre in erster
Linie die richtige Beurtheilung gegebener Situationen zu fordern, um
sie auf diese Weise für den Aufklärungsdienst unmittelbar vorzubereiten.
Erst den älteren wären Aufgaben zu stellen, in denen es sich um
Führerentschlüsse handelte. Immer würden die Aufgaben im Rahmen
größerer Armeeverhältnisse aus dem so abwechselungsreichen Gebiet der
Reiterthätigkeit zu wählen sein.

Können derartige in bestimmter Frist zu bearbeitende kurze Aufgaben sehr günstig wirken, so möchte ich dagegen den schriftlichen
Ausarbeitungen von Felddienstübungen mit obligatem Kroki einen verschwindend geringen Werth für die taktische Ausbildung beimessen. Auch
für die Beurtheilung der Offiziere bieten sie den höheren Vorgesetzten keine
Grundlage. Ebenso geringe Bedeutung für die wissenschaftliche Förderung
kommt meines Erachtens den vielfach noch üblichen sogenannten Winter-
arbeiten zu. Man braucht nur aus der Praxis, auch aus der eigenen,
zu wissen, wie diese meistens gemacht werden, um jeden Zweifel an
ihrer gänzlichen Nutzlosigkeit zu verlieren. Sapienti sat. Daß Einer
oder der Andere auch dabei etwas lernen kann, soll deshalb nicht geleugnet werden. Es ist jedoch überhaupt, glaube ich, Täuschung, wenn
man meint, daß die wissenschaftliche und geistige Förderung eines

ganzen Offizierkorps auf einem Wege erreicht werden könne, der nicht
mit systematischer Konsequenz in bewußter Methode nach klar er=
kannten Zielen strebt. Mag man daher den Einzelnen, der sich für
ein besonderes Fach interessirt und für dasselbe Talent hat, dadurch
zu fördern suchen, daß man ihn zu wissenschaftlichen Arbeiten gerade
auf diesem Gebiet anregt. Die Ausbildung des Offizierkorps im
Ganzen kann auf dem Wege derartiger ganz systemlos und willkürlich
gestellter Aufgaben niemals gefördert werden; wohl aber läßt sich ein
wissenschaftlicher Ausbildungsmodus denken, durch den dieses Ziel wohl
zu erreichen sein dürfte.

Zunächst kommt es darauf an festzustellen, welche Ziele denn eigent=
lich durch die wissenschaftliche Winterbeschäftigung erreicht werden sollen,
und wie demnach das Gebiet begrenzt werden muß, auf welchem sich
dieselbe bewegen soll.

Die Ansichten darüber können natürlich verschieden sein.

Meines Erachtens muß auch hier eine weise Beschränkung auf
das Nothwendigste und Wichtigste Platz greifen, d. h. es müssen auch
hier die kriegsgemäßen Anforderungen in den Vordergrund gestellt
werden. Das rein Waffentechnische gründlich zu erlernen bietet der
praktische Dienst Gelegenheit genug. Die allgemeine wissenschaftliche
Weiterbildung muß jedem Einzelnen selbst überlassen bleiben. Es
bleibt daher als das für diese Studien geeignete Gebiet diejenige
höhere militärische Ausbildung, deren jeder Reiteroffizier, wie wir
sahen, bedarf. Sie müssen das zu ergänzen suchen, was auf Uebungs=
ritten u. s. w. praktisch gelehrt werden soll. Dazu aber eignen sich meines
Erachtens am besten kriegsgeschichtliche Studien, wenn sie in geeigneter
Weise systematisch betrieben und auf diejenigen Gebiete gelenkt werden,
welche gerade für den Reiteroffizier wichtig sind, d. h. auf die Thätig=
keit der Kavallerie in ihren Beziehungen zu den operativen Verhält
nissen der Armeen.

Wenn in einem mehrjährigen Zeitraum jeder Offizier veranlaßt
würde von diesem Gesichtspunkt aus die Kriegsgeschichte etwa der letzten
150 Jahre, von der Neuzeit beginnend bis etwa zu den Kriegen
Friedrich des Großen durchzuarbeiten und darüber in Vorträgen oder
schriftlichen Arbeiten Rechenschaft zu geben, so würde damit eine sehr
wesentliche Erweiterung der militärischen Bildung zu erzielen sein.

13*

die sich unmittelbar in die Praxis, vom Wissen ins Können übertragen
ließe, wenn sie richtig geleitet, wenn der Offizier von seinen Vor
gesetzten auf die entscheidenden Gesichtspunkte hingewiesen, wenn ihm das
nothwendige Quellenmaterial auf dienstlichem Wege zugänglich gemacht,
wenn die Offiziersbibliotheken in diesem Sinne ergänzt würden.

Bedingung für den Erfolg aller derartiger wissenschaftlicher Be
strebungen ist jedoch, abgesehen von der Nothwendigkeit zielbewußter
Systematik, daß überall die Freudigkeit bei der Arbeit erhalten wird,
daß diese nirgends mit pedantischem Formalismus betrieben, nie über
trieben werde, daß sie in stetem lebendigen Zusammenhang bleibt
mit dem praktischen Dienstleben, daß die Belehrung niemals in öde
Schulmeisterei und Theorienreiterei ausarte.   Denn gerade die Reiter
waffe fordert ihrem ganzen Wesen nach einen frischen fröhlichen Geist,
der überall mit Lust und Liebe bei der Sache, der immer bereit ist sein
Bestes herzugeben, frisch zu wagen, auch das Schwere mit Gleichmuth
zu tragen und auch im Unglück wie unter der Last der Arbeit nicht
die Spannkraft zu verlieren.   Wer solchen Sinn auch nur un
absichtlich unterdrückt, wer es unternimmt ihn in die spanischen Stiefel
der grauen Theorie oder des lebentödtenden Formalismus einzu
zwängen, der versündigt sich an dem Geist der Waffe und schädigt sie
in ihrem innersten Lebensprinzip.   Es ist vielmehr die nächste und
höchste Pflicht jedes Vorgesetzten mit allen Mitteln einen solchen Geist
zu erhalten, denn mehr wie alles dienstliche Können, wie alle mili
tärische und geistige Ausbildung sichert im Kriege den Erfolg der
Geist, der die Truppe beherrscht, der allein im Stande ist in den
Augenblicken des höchsten Erfolges wie in den Tagen des schwersten
Unglücks die Leistungen über das Maß des Gewöhnlichen hinauszu
heben.   Dieser Geist aber geht von den Führern aus.

Wie im menschlichen Körper der Schlag des Herzens den ganzen
Blutumlauf regelt, so muß im Kriege der geistige Pulsschlag der
Truppe bestimmt werden von allem Wollen und Können, das im
Herzen des Führers lebendig ist.   Wie eine geistige Blutwelle muß
sich sein Denken und Fühlen in alle Glieder der Truppe ergießen.
Ein solcher Einfluß aber läßt sich nicht willkürlich im Augenblick her
vorzaubern.   Er läßt sich nur da geltend machen, wo schon im Frieden die
Truppe auf den Ton gestimmt ist, den der Krieg erfordert.   Wie er aber

im Kriege von den Führern ausgeht, so wird er auch im Frieden bedingt von dem Geist, der den Erzieher der Truppe, das Offizierkorps belebt.

Zu diesem Sinne gehört es vielleicht in erster Linie zur höheren militärischen Ausbildung, daß man lernt diese seelische Spannkraft im Offizierkorps und in der Truppe zu erzeugen und zu erhalten. Es ist eine schwere Kunst, die hiermit von dem Offizier verlangt wird. Nur offene, frische und hochgestimmte Soldatennaturen können ihr voll genügen, und niemals wird sie dem gelingen, der nicht der Jugend Rechnung zu tragen versteht, mit all ihrer Kraft, all ihrem Idealismus und all ihrem Leichtsinn: der nicht jugendliches Empfinden und Streben jedem Einzelnen seiner Untergebenen so lange als möglich zu erhalten versteht, der selbst unter der Last alles theoretischen Wissens und Studirens, das der heutige Krieg erfordert, verknöchert und vergilbt und es nicht versteht, auch unter weißen Haaren sich selbst ein jugend liches, frisch wagendes, verantwortungsfrohes Herz und ritterlichen Sinn zu bewahren.

Vor Allem muß meines Erachtens die Disziplin in diesem Sinne gehandhabt werden.

Es ist keineswegs gesagt, daß diejenige Truppe, die im Frieden äußerlich am besten disziplinirt ist, nun auch im Kriege und auf dem Schlachtfelde das Beste leistet. Es ist eine bekannte Thatsache, daß Leute, die im Frieden nur Aerger und Sorge bereiten, im Kriege oft die hingebendsten und besten Soldaten sind.

Auch die kaiserlich französische Armee ist ein beredtes Beispiel in diesem Sinne. Auf dem Marsche und während der Ruhe waren diese Truppen zum Theil im höchsten Grade undisziplinirt und wechselnden Einflüssen haltlos zugänglich: trotzdem haben sie theilweise ganz außerordentliche Marschleistungen zu verzeichnen und auf dem Schlacht felde schlugen sie sich mit einer Heldenhaftigkeit, die selbst von unsern besten Truppen nirgends überboten worden ist. Die Art, wie sich das erste Armeekorps bei Wörth geopfert hat, kann sich getrost den größten Ruhmesthaten aller Zeiten zur Seite stellen.

Es soll damit natürlich keineswegs gesagt sein, daß die Erhaltung der äußeren Disziplin nicht unter allen Umständen dringend geboten ist: ganz abgesehen von ihrer moralischen Nothwendigkeit schon des= wegen, weil sie allein eine gewisse Sicherheit bei der Durchführung

aller operativen Bewegungen gewährleistet. Dahingegen muß ebenso
bestimmt betont werden, daß es mit der äußeren Form der Disziplin
allein nicht gethan ist, daß es vielmehr auf die inneren Triebfedern
der Disziplin ankommt, auf die Gesinnung, aus der sie hervorgeht.
Wo bei der Durchführung der disziplinären Form zugleich die Frische
und die Kraft der Individualitäten gebrochen wird, wo diejenigen
Eigenschaften beeinträchtigt werden, welche im Kampf und im Ernstfalle
die höchste Leistung versprechen, da schädigt die Disziplinirung die
Truppe anstatt sie zu fördern. Nicht auf der todten Form, sondern
auf dem lebendigen Geist beruht der Werth der Disziplin. Diese Auffassung in der Armee lebendig zu erhalten und praktisch zur Geltung
zu bringen, ist eine der wichtigsten Aufgaben der Truppenführung im
Frieden. Bei allen Strafthaten muß – natürlich innerhalb der Grenzen
der gesetzlichen Bestimmungen – die Gesinnung, aus der die Handlung
hervorgeht, zum Maßstab der Beurtheilung gemacht werden; bei allen
generellen disziplinären Anordnungen ist zu berücksichtigen, wie dieselben
auf den Gesammtgeist der Truppe zurückwirken werden, und auch
darauf wird Bedacht genommen werden müssen, daß bei jeder Waffe
gerade diejenigen Eigenschaften besonders gepflegt und bei der Durchführung der Disziplin berücksichtigt werden, deren Bethätigung gerade
von ihr besonders im Kriege verlangt werden muß. Wo sich z. B.
bei Reitersleuten Wagemuth, Unternehmungslust und überquellender
Lebensmuth zeigen, da dürfen solche Eigenschaften, die im Kriege
unschätzbar sind, einer todten Buchstabendisziplin zu Liebe nicht unterdrückt werden auch da, wo sie die Grenzen des Statthaften zu überschreiten scheinen, so lange nur die Gesinnung eine ehrliche ist, die
ihrer Bethätigung zu Grunde liegt.

Wenn der Vorgesetzte in diesem Sinne die lebendigen Seelen-
kräfte in den Dienst der Disziplin zu stellen weiß und den Glauben
an sich in den Untergebenen zu erzeugen versteht, da wird er bald
auch das Vertrauen derselben erringen, das als die beste Grundlage
jeder Disziplin bezeichnet werden muß: denn es beruht auf der
seelischen Unterordnung, auf der inneren Ueberzeugung, daß der Vorgesetzte nicht nur die Dinge besser versteht sondern sie auch besser
kann wie seine Untergebenen. Wo dieses Vertrauen fehlt, da wird
gerade in Stunden der Anstrengung und der Gefahr jeder Einzelne sich

auf sich selbst angewiesen fühlen und die Bande der Disziplin werden sich lockern. Wo es vorhanden ist, wird gerade die höchste Anforderung auch die höchste disziplinäre Unterordnung hervorbringen. Je höher ein Führer steht, desto mehr bedarf er solchen Vertrauens, denn desto schwerer ist es für ihn seinen Geist, seinen Willen und seinen Einfluß auf die Masse seiner verschieden gearteten Untergebenen und durch alle Zwischeninstanzen hindurch bis zu der Masse der Truppe zur Geltung zu bringen.

Ich kann daher diese Zeilen, die die höhere Führerthätigkeit im Frieden wenn auch nur flüchtig berühren, nicht besser schließen, als indem ich die Worte eines von mir hochverehrten kommandirenden Generals anführe, der kein Hehl daraus machte, „daß er um das Vertrauen seiner Untergebenen werbe".

Rückblick.

Wenn ich am Schlusse meiner Erörterungen den Hauptinhalt dessen, was ich zu entwickeln versuchte, in kurzen Worten zusammenfasse, so ergiebt sich etwa folgender Gedankengang:

Der Werth der Kavallerie ist infolge der Verhältnisse des modernen Krieges bedeutend gestiegen, da ihre strategischen Aufgaben an Wichtigkeit gewonnen haben, und sich ihr auf dem Schlachtfelde neue Chancen des Erfolges bieten. — Ihre Bedeutung liegt in Zukunft vornehmlich auf strategischem Gebiete. Das Feuergefecht ist als gleichberechtigte Fechtart neben den Kampf zu Pferde getreten. — Erfolge in taktischer und strategischer Hinsicht lassen sich nur noch durch Masseneinsatz erzielen. — Die wechselnden Verhältnisse des Krieges verlangen gesteigerte organische, operative und taktische Beweglichkeit. Die Schwierigkeiten der Führung sind infolge dieser Verhältnisse sehr wesentlich gestiegen. — Dagegen ist die Kavallerie hinter den Anforderungen der Zeit in jeder Richtung weit zurückgeblieben, und es ergeben sich daher eine ganze Reihe neuer Forderungen für die Friedensvorbereitung, von denen als die wichtigsten zu bezeichnen sind:

„Bedeutende numerische Verstärkung auf Grundlage der alten bewährten Organisation.

Erhöhung des Remonte-Ankaufspreises.

Vermehrung der Munitionsquote im Kriege.

Formation der reitenden Batterien zu vier Geschützen unter entsprechender Vermehrung der Zahl der Batterien.

Ausstattung der Kavallerie mit Maximgeschützen.

Organisirung des gesammten Fuhrwesens und der Pionier-Detachements im Sinne der geforderten operativen Beweglichkeit.

Verbesserung der Reitausbildung im Sinne verbesserter Soldatenreiterei und kriegsgemäßeren Trainings.

Umgestaltung der gesammten taktischen Ausbildung im Geiste der operativen und Massenverwendung sowie der vermehrten Bedeutung des Feuergefechts.

Ausbau des Kavallerie-Reglements unter noch weiterer Vereinfachung, vermehrter Betonung der flügelweisen Verwendung der Kommandoeinheiten, Erweiterung der Vorschriften für das Fußgefecht und präziserer Formulirung der Gefechtsgrundsätze.

Verbesserte und systematischere praktische und allgemein militärische Ausbildung des Offizierkorps; Schaffung einer wissenschaftlichen Kavallerieschule.

Hebung der Disziplin im Sinne ihrer kriegsgemäßen Bethätigung."

Es ist eine große Anzahl hochgespannter Forderungen, die sich in diesen wenigen Worten zusammendrängt, und ich bin mir wohl bewußt, daß sie sich nicht mit einem Schlage erreichen lassen, ja daß ein gutes Theil Optimismus dazu gehört, um sie überhaupt für erreichbar zu halten.

Ebenso bewußt aber bin ich mir, daß eine gesunde Weiterentwickelung nur da möglich ist, wo auch die äußersten Ziele klar erkannt werden, auf die sich das Streben zu richten hat.

Dazu gehört vor Allem, daß man den Muth hat bestehende Mängel offen zu besprechen, und daß man sich darüber vollständig klar wird, was der unerbittliche Ernst des Krieges fordert.

Auch darf man nicht glauben, daß sich das Gute ohne Kampf erringen läßt, und daß der Weg bequemer Reformen, die alle sogenannten berechtigten Interessen wahren, auf ein Siegesfeld führt.

Alles Halbe schadet mehr als es nützt, und nicht diejenigen Völker bleiben in den großen Konflikten der Weltgeschichte Sieger, die eine harmonische Entwickelung aller lebendigen Kräfte anstreben, sondern die, welche in erster Linie zielbewußt die Kraft entwickeln. Dafür fördert der Triumph der Kraft in gesteigertem Maße die Entwickelung aller übrigen Kulturinteressen. Ihre Blüthe ergiebt sich dann gewissermaßen von selbst.

Wenn wir aber die Entwickelung der Volkskraft mit allen Mitteln erstreben, so müssen wir uns auch darüber klar sein, daß — wie in allen menschlichen Dingen — so auch im Kriege und für den Krieg das Beste niemals erreicht wird. Wohl aber winkt auf dem Felde der Ehre, auf dem die Würfel fallen um das Schicksal von Nationen, die Palme des Erfolges, dem, der das Höchste erstrebt, am ehrlichsten gearbeitet, der die größten Opfer gebracht und am meisten gewagt hat.

In diesem Sinne ist es jedes Einzelnen Pflicht, unbekümmert um Erfolg und Folgen sein bestes Wollen und Können einzusetzen für die Sache, der er dient, und je mehr Widerstände zu brechen, Hindernisse zu überwinden und Energien aufzurütteln sind, desto weniger soll er vor dem Kampf zurückscheuen, denn desto mehr gilt auch hier die alte Wahrheit, die zugleich ein echter Reiterspruch ist:

„Per aspera ad astra."

❧

Gedruckt in der Königlichen Hofbuchdruckerei von E. S. Mittler & Sohn, Berlin SW 12.
Kochstraße 68—71.

www.ingramcontent.com/pod-product-compliance
Lightning Source LLC
Chambersburg PA
CBHW021708210326
41599CB00013B/1564